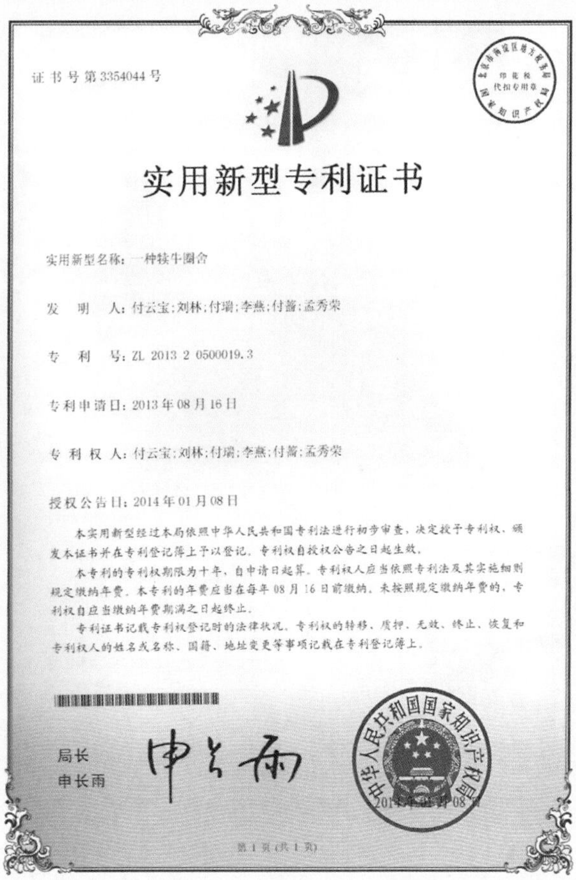

证书号第3354044号

实用新型专利证书

实用新型名称：一种转牛圈舍

发　明　人：付云宝;刘林;付瑞;李燕;付蓄;孟秀荣

专　利　号：ZL 2013 2 0500019.3

专利申请日：2013 年 08 月 16 日

专　利　权　人：付云宝;刘林;付瑞;李燕;付蓄;孟秀荣

授权公告日：2014 年 01 月 08 日

　　本实用新型经过本局依照中华人民共和国专利法进行初步审查，决定授予专利权，颁发本证书并在专利登记簿上予以登记。专利权自授权公告之日起生效。

　　本专利的专利权期限为十年，自申请日起算。专利权人应当依照专利法及其实施细则规定缴纳年费。本专利的年费应当在每年 08 月 16 日前缴纳，未按照规定缴纳年费的，专利权自应当缴纳年费期满之日起终止。

　　专利证书记载专利权登记时的法律状况。专利权的转移、质押、无效、终止、恢复和专利权人的姓名或名称、国籍、地址变更等事项记载在专利登记簿上。

局长
申长雨

第 1 页（共 1 页）

图5

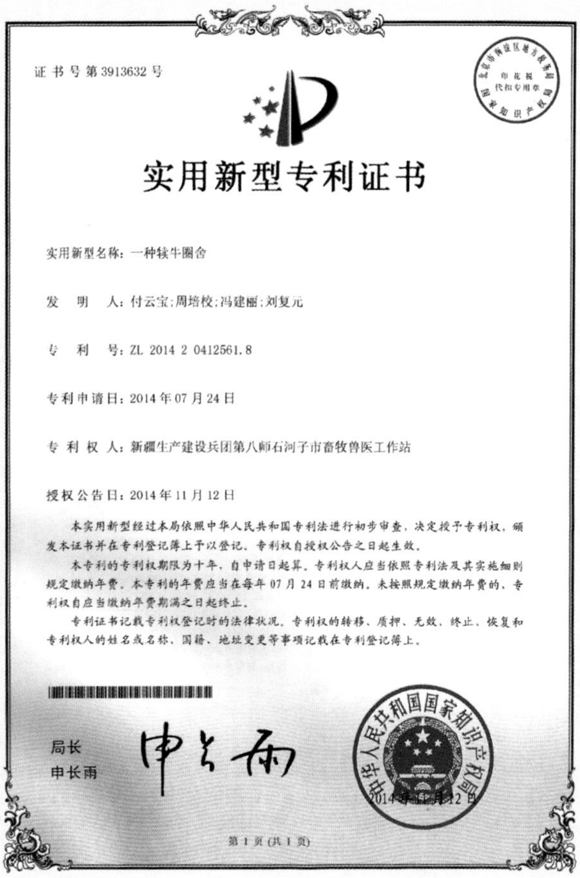

证书号第3913632号

实用新型专利证书

实用新型名称：一种转牛圈舍

发　明　人：付云宝;周培校;冯建丽;刘复元

专　利　号：ZL 2014 2 0412561.8

专利申请日：2014 年 07 月 24 日

专　利　权　人：新疆生产建设兵团第八师石河子市畜牧兽医工作站

授权公告日：2014 年 11 月 12 日

　　本实用新型经过本局依照中华人民共和国专利法进行初步审查，决定授予专利权，颁发本证书并在专利登记簿上予以登记。专利权自授权公告之日起生效。

　　本专利的专利权期限为十年，自申请日起算。专利权人应当依照专利法及其实施细则规定缴纳年费。本专利的年费应当在每年 07 月 24 日前缴纳，未按照规定缴纳年费的，专利权自应当缴纳年费期满之日起终止。

　　专利证书记载专利权登记时的法律状况。专利权的转移、质押、无效、终止、恢复和专利权人的姓名或名称、国籍、地址变更等事项记载在专利登记簿上。

局长
申长雨

第 1 页（共 1 页）

图6

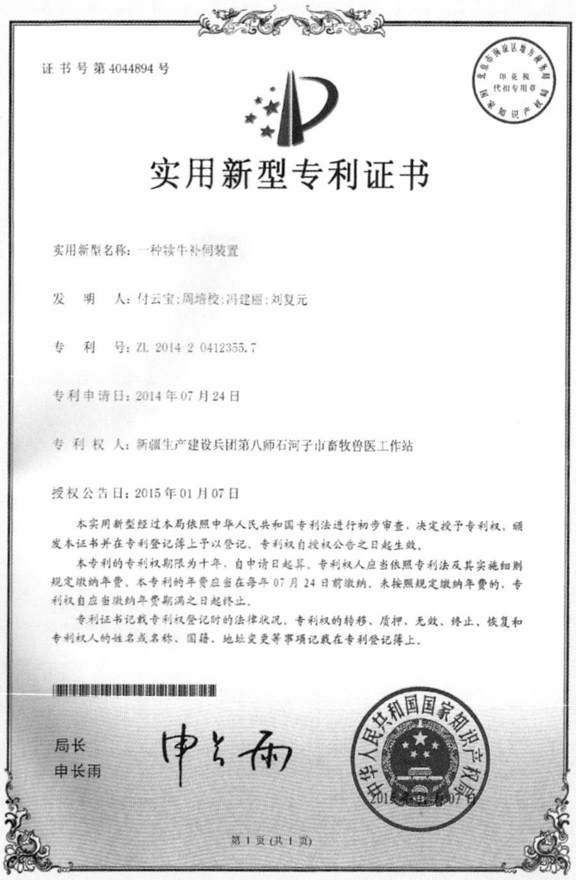

证书号第4044894号

实用新型专利证书

实用新型名称：一种转牛补饲装置

发　明　人：付云宝;周培校;冯建丽;刘复元

专　利　号：ZL 2014 2 0412355.7

专利申请日：2014 年 07 月 24 日

专　利　权　人：新疆生产建设兵团第八师石河子市畜牧兽医工作站

授权公告日：2015 年 01 月 07 日

　　本实用新型经过本局依照中华人民共和国专利法进行初步审查，决定授予专利权，颁发本证书并在专利登记簿上予以登记。专利权自授权公告之日起生效。

　　本专利的专利权期限为十年，自申请日起算。专利权人应当依照专利法及其实施细则规定缴纳年费。本专利的年费应当在每年 07 月 24 日前缴纳，未按照规定缴纳年费的，专利权自应当缴纳年费期满之日起终止。

　　专利证书记载专利权登记时的法律状况。专利权的转移、质押、无效、终止、恢复和专利权人的姓名或名称、国籍、地址变更等事项记载在专利登记簿上。

局长
申长雨

第 1 页（共 1 页）

图7

荣誉证书

授予：

　　付云宝、付蓄、刘林、付瑞、孟秀英"2014 中国科技创新发展论坛年度发明奖"。

　　特发此证

中国国际经济技术合作促进会　中国管理科学研究院
二零一四年八月

图8

奶牛健康养殖科研专项
荷斯坦犊牛冬季饲养环境控制技术的研究（2013NY06）
西北农区奶牛健康养殖生产技术集成及产业化示范（2012BAD12B07）
缩短奶牛胎间距技术集成与示范（2014NY03）

奶牛场标准化管理手册

付云宝　主编

中国农业出版社

图书在版编目（CIP）数据

奶牛场标准化管理手册 / 付云宝主编 . —北京：
中国农业出版社，2015.4
ISBN 978 - 7 - 109 - 20403 - 4

Ⅰ.①奶… Ⅱ.①付… Ⅲ.①乳牛场-标准化管理-
手册 Ⅳ.①S823.9 - 62

中国版本图书馆 CIP 数据核字（2015）第 087559 号

中国农业出版社出版
（北京市朝阳区麦子店街 18 号楼）
（邮政编码 100125）
责任编辑 刘 伟 冀 刚

中国农业出版社印刷厂印刷 新华书店北京发行所发行
2015 年 6 月第 1 版 2015 年 6 月第 1 次印刷

开本：880mm×1230mm 1/16 印张：18 插页：1
字数：500 千字
定价：48.00 元
（凡本版图书出现印刷、装订错误，请向出版社发行部调换）

编写人员名单

主　　编　付云宝

副 主 编　周培校　付　蕾

编写人员　刘　林　许益民　陈红莉

　　　　　段瑞萍　屈鹏辉　杨贵梅

　　　　　付　瑞　吴妍妍　李　强

前　言

　　我国规模化奶牛场标准化体系建设与 GAP 认证工作起步较晚，而且标准化体系建设水平也较低。随着全国农业产业结构调整和畜牧业的大力发展，在新疆生产建设兵团提出职工多元增收、大力发展畜牧业的背景下，笔者从目前股份制荷斯坦奶牛养殖场生产经营实际需要出发，总结 2006 年以来农业部在新疆生产建设兵团第八师石河子市 133 团场、134 团场、142 团场、145 团场和新疆西部牧业股份有限公司等推进全国农垦现代化农业示范区经验的基础上，围绕奶牛场规模化、集约化、产业化和标准化体系建设中的工作标准、技术标准和管理标准等重要精细部分展开集成研究与示范推广。现以新疆生产建设兵团第八师、石河子市奶牛场建立企业标准为例进行示范，以便规模化奶牛场建立符合本场实际的奶牛场企业管理标准与 GAP 认证，从而尽快提高干部职工素质，及早落实精准标准化管理，达到降低成本和提高效益的目的。本书仅供同行借鉴参考，如有不妥之处请给予批评指正。

编　者

2014 年 10 月

目　　录

第二部分　技术标准

第三部分 工作标准

第一部分
管 理 标 准

方针目标管理标准

1　范围

本标准规定了奶牛场经营发展的宗旨和方向。

本标准适用于石河子市所有奶牛场所属各部门。

2　规范性引用文件

下列文件中的条款通过本标准的引用而成为本标准的条款。凡是注日期的引用文件，其随后所有的修改单（不包括勘误的内容）或修订版均不适用于本标准。然而，鼓励根据本标准达成协议的各方研究是否可使用这些文件的最新版本。凡是不注日期的引用文件，其最新版本适用于本标准。

GB 3157—82　中国黑白花奶牛

GB 6914　生鲜牛奶收购标准

3　职责

牛场场长负责方针、目标得到有效理解和沟通，并在计划管理评审中对其在持续性适宜方面得到评审，确保方针目标在各有关部门的建立，并确保其顺利完成。

4　内容与方法

4.1　制定程序、方法与要求

4.1.1　方针要为目标制定和评审制定框架。

4.1.2　方针审议通过，并形成章程。

4.2　修订程序、方法与要求

4.2.1　当目标或方针不适用于本牛场时，应经会议讨论，并提出新的目标方针。

4.2.2　各部门要结合本部门的实际情况制定本部门的目标，如制定的目标高于实际完成能力或因为不可抗力造成无法完成时，要及时上报进行调整。

4.3　经营方针与目标

4.3.1　经营方针

以市场为导向，通过科学管理和技术进步，不断提高牛场产品的质量及其科技含量，创建名优产品，使牛场的原料奶、良种母牛能够立足团场，积极参与市场竞争。产品质量应符合 GB 3157、GB 6914 的要求。

4.3.2　总体目标

以经济效益为中心，以科技进步为手段，以追求效益最大化为目标，充分发挥自身在农牧业方面的人才、技术、设施等优势，发展奶牛，输出奶牛生产技术和管理，扩大企业的影响力，把牛场发展成为具有市场竞争力、技术创新力、良好经营业绩、可持续发展的大型农业产业化企业。

生鲜牛奶营销管理标准

1 范围

本标准规定了生鲜牛奶营销管理的职责与要求。

本标准适用于石河子市所有奶牛场营销管理。

2 规范性引用文件

下列文件中的条款通过本标准的引用而成为本标准的条款。凡是注日期的引用文件，其随后所有的修改单（不包括勘误的内容）或修订版均不适用于本标准。然而，鼓励根据本标准达成协议的各方研究是否可使用这些文件的最新版本。凡是不注日期的引用文件，其最新版本适用于本标准。

GB 6914—86 生鲜牛奶收购标准

3 职责

3.1 师市畜牧兽医工作站（奶协）负责制订牛场的生鲜牛奶的销售计划和营销合同。

3.2 产品质量检验以乳品厂检验报告为重要依据。

4 要求

4.1 营销合同的签订

4.1.1 师市畜牧兽医工作站（奶协）负责年度生鲜牛奶的销售计划。

4.1.2 根据生鲜牛奶的销售计划确定销售渠道，与客户洽谈合同事项，拟订合同文本。

4.1.3 师市畜牧兽医工作站（奶协）与客户签订生鲜牛奶营销合同。

4.1.4 已签订的生鲜牛奶销售合同原本交办公室归档。

4.2 合同要求

4.2.1 牛场按合同保证每日向指定客户供应生鲜牛奶。

4.2.2 保证牛奶质量，达到 GB 6914—86 生鲜牛奶收购标准。

4.2.3 牛奶营销价格按合同价格收购。

4.2.4 产品质量检验以乳品厂检验报告为重要依据。

4.3 合同争议的解决

4.3.1 因其他因素（如气候、饲料、疫病等）影响，使供应量与原合同量有出入时，由企业主管领导与客户协商解决。

4.3.2 牛奶质量出现争议时，以师市畜牧兽医工作站出具的检测结果为准。

合同管理标准

1　范围

本标准规定了合同管理的职责、管理内容与要求、报告与记录。

本标准适用于奶牛场合同的管理。

2　规范性引用文件

下列文件中的条款通过本标准的引用而成为本标准的条款。凡是注日期的引用文件，其随后所有的修改单（不包括勘误的内容）或修订版均不适用于本标准。然而，鼓励根据本标准达成协议的各方研究是否可使用这些文件的最新版本。凡是不注日期的引用文件，其最新版本适用于本标准。

中华人民共和国合同法（以下简称《合同法》）

Q/shz M 14 01—2014　档案管理标准

3　职责

3.1　师市畜牧兽医工作站（奶协）对合同的签订、变更、转让或解除进行审批、签字或授权委托签字人。

3.2　各职能部门按合同的业务性质和权利义务内容的不同进行归口管理，参与合同的谈判磋商，组织招标或投标，并负责合同的起草、提请评审、监督履行、处理违约或争议事项。

3.2.1　财务负责借款、担保、融资租赁合同的管理。

3.2.2　办公室是合同的综合管理部门，负责合同的签订、统一管理和整理归档工作，并负责除以上合同以外的其他合同的归口管理。

4　内容与要求

4.1　合同的起草

4.1.1　通过谈判磋商、招标投标等程序就合同的主要条款与各方当事人达成一致的基础上，除采用格式合同以外，由归口管理部门起草合同。

4.1.2　起草的合同应符合《合同法》的规定，做到格式规范，条款齐全，意思表达明确。

4.2　合同的评审

4.2.1　合同的评审组织

4.2.1.1　畜牧兽医工作站（奶协）为合同的评审机构，按照《投资决策权限和费用支出审批权限管理暂行规定》的权限分工组织相关部门和人员对合同进行评审。

4.2.1.2　评审人员包括下列人员：

——师市畜牧兽医工作站站长、会长、秘书长、会计；

——牛场场长；

——根据合同需要由法律顾问和相关专家参加；

——团场有关部门及专门机构的人员。

4.2.2　评审内容

4.2.2.1　通过对下列事项审查，以确认合同的合法性。

——当事人是否具有与订立合同相应的民事权利能力和民事行为能力，委托代理人的代理行为是否合法；

——合同的内容是否合法，是否损害社会公共利益和第三人的利益；

——合同的形式是否合法。

4.2.2.2 通过对下列事项审查，以确认合同的可行性。

——当事人是否具备必要的资信；

——当事人是否具备履约能力；

——合同的履行期限、履行地点和履行方式是否恰当。

4.2.2.3 通过对下列事项审查，以确认合同的严谨性。

——合同条款是否齐全；

——文字是否准确，意思表达是否清楚，约定是否明确；

——各方当事人对格式合同条款的理解是否一致，权利和义务是否对等。

4.2.3 合同评审的方法

4.2.3.1 牛场内部评审，即由牛场内部人员或机构进行评审，以决定或决议的形式出具评审意见。

4.2.3.2 外部人员参与评审，即由法律顾问、外部有关专家参与的评审，法律顾问参与的评审应出具法律意见书，其他专家参与的评审应提供专业评审意见书。

4.2.3.3 经过外部专门机构评审，须经批准或登记、公证、鉴证或担保的合同报送相关部门或机构进行评审，取得书面评审意见或确认文件。

4.3 合同的格式

合同应采用书面形式，可选用格式合同或非格式合同。根据牛场需要，可制定统一的格式合同，但应符合《合同法》规定的要求。

4.4 合同的签订程序如下：

——合同评审通过后，应出具同意签订合同的决定或决议，授权委托签字人的，应出具授权委托书；

——由签字人与对方当事人协商确定签约的时间和地点，需要举行签字仪式的，还应确定出席的人员及程序；

——签约时至少应有2名以上合资牛场管理人员出席，由各方签字人在各自的合同上签字盖章并签署日期，然后互换合同并签字盖章；

——须办理登记、公证、鉴证或担保的合同，在办理完相关手续后，合同生效。

4.5 合同的履行

4.5.1 签订生效的合同交由归口管理部门监督履行。归口管理部门应遵循诚实信用的原则，严格按照合同的约定执行，确保合同的全面履行。

4.5.2 归口管理部门在履行合同过程中发现履行条款约定不明确的，应及时向合同的签字人报告，由签字人与对方协商，签订补充协议后履行。无法签订补充协议的，按照《合同法》规定的履行规则履行。

4.5.3 牛场因不可抗力或其他重大事件不能履行或不能完全履行合同时，归口管理部门应及时通知对方，以减轻可能给对方造成的损失，防止承担不必要的违约责任。

4.5.4 当知悉对方因不可抗力或其他原因不能履行或不能完全履行合同时，归口管理部门应及时采取适当措施，防止损失的扩大。

4.5.5 合同履行过程中抗辩权的行使或采取保全措施按照《合同法》的相关规定执行。

4.6 合同的变更、转让和解除

4.6.1 变更、转让或解除合同应符合《合同法》的规定。

4.6.2 变更、转让或解除合同的协议在未达成或未批准之前，原合同仍有效，不应停止履行，但行使抗辩权或经双方一致同意的除外。

4.6.3　变更、转让或解除合同之前，应履行通知义务，并经各方当事人协商达成一致后，采用书面形式进行变更、转让或解除。

4.6.4　合同的变更、转让或解除的评审权限和方法应按合同订立时的标准执行。

4.6.5　因变更、转让或解除合同而使当事人的利益遭受损失的，除法律允许免责的以外，均应承担相应的责任，并在变更、转让或解除合同的书面文件中明确规定。

4.7　合同争议的处理

4.7.1　合同在履行、变更、转让或解除过程中与对方当事人发生争议的，应按合同约定或《合同法》规定的方式妥善处理。

4.7.2　合同争议由归口管理部门与法律顾问负责处理，由合同的签字人审批。

4.7.3　争议发生后，应首先通过和解或调解的方式解决，及时与对方当事人联系，互谅互让，友好协商。对于合同争议经双方协商达成一致意见的，应签订书面协议。

4.7.4　当事人不愿和解、调解或者和解、调解不成的，应根据合同约定向仲裁机构申请仲裁或向人民法院起诉。当采用仲裁或诉讼方式解决争议时，归口管理部门应及时向法律顾问提供下列资料：

　　——合同的文本（包括变更、转让或解除合同的协议），以及与合同有关的附件、文书、传真、图表等；

　　——履行合同的单据、票证、相关的检测或鉴定报告等；

　　——有关不可抗力或违约的证明材料；

　　——其他与合同有关的材料。

4.7.5　对双方已经签署的解决合同争议的协议书，上级主管机关或仲裁机关的调解书、仲裁书，法院的判决书在正式生效后，应复印若干份，分别送与对该争议处理及履行有关的部门收执，各部门应由专人负责该文书的执行或履行。对于当事人在规定的期限届满时没有执行或履行上述文书的，承办人应及时向合同的签字人报告，经批准后向人民法院申请强制执行。

4.7.6　合同争议处理或执行完毕的，归口管理部门应以书面报告的形式向合同的签字人报告合同争议的处理过程及结果。

4.8　合同的管理

4.8.1　合同实行统一编号，归口管理，分设台账，集中归档的管理方式。

4.8.2　合同签订完毕后，由办公室统一编号，登记台账，将合同正本留存并计贴印花税，合同副本或复印件交与归口管理部门监督履行。涉及资金收付的合同，应将合同的复印件送交财务部门一份，作为监督和审核资金收支的依据。

4.8.3　归口管理部门应将分管的合同及时登记台账，将合同的履行、变更、转让或解除的情况在台账中进行详细记录。

4.8.4　合同终止后，由归口管理部门填制合同终止通知书，并将与合同相关的所有书面文件归集整理，顺序编号，并填列合同档案移交清单，移交办公室立卷存档。

4.8.5　办公室应定期检查合同台账，对终止期限届满仍未移交档案的合同，应及时督促有关部门清理移交。

4.8.6　合同档案的管理按 Q/shz M 14 01—2014 的规定执行。

5　报告与记录

5.1　合同争议处理情况报告

　　内容包括：合同编号、类别、内容、对方当事人、签约时间等情况的简要陈述、发生争议的原因、争议的处理方式、争议的处理过程及处理结果。

5.2 合同台账

内容包括：合同编号、类别、合同的对方当事人、合同的内容摘要、合同的履行情况、合同的违约事项的记录、合同的变更记录、合同的转让记录、合同的争议处理记录、合同的终止原因及日期、合同归档时间及编号。

5.3 合同终止通知书

内容包括：合同编号、类别、合同的内容摘要、合同终止的原因、合同终止的日期、通知部门及日期。

5.4 合同档案移交清单

内容包括：合同编号、类别、合同终止原因及日期、序号、资料名称、移交日期、移交人、接交人。

财务成本管理标准

1　范围

本标准规定了成本管理职责、管理内容与要求，报告与记录。

本标准适用于奶牛场的成本管理。

2　规范性引用文件

下列文件中的条款通过本标准的引用而成为本标准的条款。凡是注日期的引用文件，其随后所有的修改单（不包括勘误的内容）或修订版均不适用于本标准。然而，鼓励根据本标准达成协议的各方研究是否可使用这些文件的最新版本。凡是不注日期的引用文件，其最新版本适用于本标准。

企业会计制度

3　职责

财务是成本管理的主要部门，负责本单位的成本核算，保证成本核算数据的真实、准确和完整。

4　管理内容与要求

4.1　成本核算

4.1.1　成本核算的方法

4.1.1.1　牛场成本核算方法分为品种法、分步法、分批法、分类法和定额成本法。

4.1.1.2　各牛场成本核算根据产品类型和生产方式的不同分别确定成本核算方法，并报牛场场长批准后方可采用。成本核算方法一经选用，不得随意变更，如需变更，应报财务主管批准。

4.1.2　成本核算对象

4.1.2.1　成本核算对象是指成本归集和分配的单位或范围，如车间、类别、品种、规格、型号、生产步骤、批量、批次、单个项目等。

4.1.2.2　各成本核算单位应根据成本核算方法、业务量大小自行确定成本核算对象，但应符合成本分析和考核的要求。

4.1.3　成本核算周期

成本核算周期应与成本核算对象的生产周期一致。生产周期较短（小于30 d）或虽生产周期长但每月均有陆续完工的产品，应以公历月份期间为成本核算周期，于每月末进行成本计算和分配。

4.1.4　成本项目

4.1.4.1　正确划分下列费用界限，不得挤占成本项目。

——划分生产经营性费用与非生产经营性费用的界限；

——划分生产制造费用与生产经营管理费用的界限。

4.1.4.2　生产单位的成本项目可按成本控制和考核的要求设置，但至少应包括下列项目：

——材料费用：生产中耗用的各种原料、辅料；

——燃料、动力费用：生产过程中使用的燃油、煤、天然气、热力、电力等；

——人工费用：生产人员工资、福利费用；

——生产用资产的折旧费、修理费、水费、生产管理部门办公费、税金和其他不能直接计入各成本核算对象的制造费用。

4.1.5 成本核算的流程

4.1.5.1 成本的归集

4.1.5.1.1 成本归集应遵照下列原则：

——按照权责发生制原则划分各个月份的费用界限，做到应计尽计，摊提合理，防止人为调节各期损益；

——按照受益原则正确划分各种产品的费用界限，不得以盈补亏，掩盖超支。

4.1.5.1.2 按材料出库单区分各成本核算对象编制原材料费用汇总表，归集计入各成本核算对象的材料费用项目。

4.1.5.1.3 按出库单或结算凭证区分成本核算对象编制燃料和动力费用汇总表，归集计入各成本核算对象的燃料和动力项目。

4.1.5.1.4 按各成本核算对象的工时记录编制工资及福利费用汇总表，计入各成本核算对象的人工费用项目。

4.1.5.1.5 区分成本核算对象编制折旧费用、修理费用、水电费用、待摊费用、预提费用汇总表，计入各种成本核算对象的相关成本项目。

4.1.5.1.6 成本核算对象共同发生的不能分摊的费用应先在"制造费用"中归集，按期分配计入各成本核算对象的制造费用项目。

4.1.5.2 成本的分配

4.1.5.2.1 分配方法

制造费用应按受益程度选择下列方法在各成本核算对象中进行分配，并填制制造费用分配表，计入各成本核算对象的制造费用项目。分配方法一经选用，不得随意变更，如需变更，应报财务主管批准。

——生产工时（或饲养日）比例分配法；

——生产工人工资比例分配法；

——机器（车辆）工时（或里程）比例分配法；

——按年度计划分配率分配法。

4.1.5.2.2 生产成本在完工产品和在产品之间的分配

4.1.5.2.2.1 生产周期较短、在产品数量较少的成本核算对象应采用计算分配在产品成本，扣除在产品成本的生产成本计入完工产品。在产品成本的计算分配可选用下列方法，一经选用，不得随意变更，如需变更，应报财务主管批准。

——按固定成本计价法；

——按所耗原材料费用计价法；

——按约当产量比例法；

——按完工产品计算法；

——按定额成本计价法；

——按定额比例法。

4.1.5.2.2.2 生产周期长、产品陆续完工、在产品数量较大的成本核算对象应采用计算分配完工产品成本，扣除完工产品成本的生产成本计入再产品成本。完工产品成本的计算和分配可选用下列方法，一经选用，不得随意变更，如需变更，应报财务主管批准。

——按定额成本计价法；

——按工时（或饲养日）比例法。

4.1.5.2.3 废亡产品的成本分配

4.1.5.2.3.1 在制造生产过程中，因自然原因而造成的淘汰或死亡的产品，填制废亡产品通知单，经生产管理部门审查确认后，不另行计算分配成本损失。其生产成本由完工产品负担。

4.1.5.2.3.2 因意外或非正常原因造成的产品损失，填制废亡产品通知单，经生产部门出具书面报告报场长批准后，按产品的计算分配方法确定其成本，从生产成本中转出，列入"营业外支出"。

4.1.5.2.4 副产品成本的分配

副产品按实际产出的数量乘以销售单价或计划价格分配其生产成本，填制副产品成本分配表，从生产成本中扣除。

4.1.5.3 成本核算的记录和结转

成本核算的记录和结转按《企业会计制度》的相关规定执行。

4.2 成本控制

4.2.1 生产中的各项支出和实物转移均应取得或填制原始凭证，原始记录的填制、登记、传递和审核工作应由不同的部门和人员分别进行，保证原始凭证和记录的真实和完整，为成本核算提供详实资料。

4.2.2 生产中使用的材料物资的收发、领退均应经过计量、验收或交接，并严格执行存货永续盘存制，不得以存计耗，划清使用和保管责任，防止材料物资的丢失、积压和损毁，保证成本耗用的真实性和准确性。

4.2.3 对长期及大量生产的产品应制定消耗定额，并据以审核各项耗费是否合理和节约，控制耗费，降低成本。

4.3 成本考核

成本考核指标可选用下列方式：

——成本预算；

——成本定额；

——成本构成比例；

——成本与效益比率。

4.4 成本分析

4.4.1 成本核算单位应按成本核算周期编制生产成本明细表、主要产品单位成本表、制造费用明细表。

4.4.2 财务应定期对成本报表进行分析，可选用下列分析方法：

——比较分析法：通过实际数与基数的比较，揭示差异。基数可选用预算数、定额数、前期实际数、上年同期数和国内外同行业的先进水平等；

——比率分析法：包括相关指标比率分析法和构成比率分析法，通过计算相关指标或某项指标的组成部分占总体的比率考查效益及合理性；

——差额计算分析法：通过各项因素的实际数与基数的差额来计算各项因素的影响程序；

——趋势分析法：通过连续若干期相同指标的对比，来揭示各期之间的增减变化，据以预测发展趋势。

4.4.3 根据成本分析结果，找出差距，查明原因，据以进行成本考核并采取措施、改进管理。

5 报告与记录

5.1 材料费用汇总表

内容包括：成本核算对象的名称、材料名称、耗用数量、材料单价、材料金额、金额合计。

5.2 燃料和动力费用汇总表

内容包括：成本核算对象的名称、燃料和动力名称、耗用数量、单价、金额、金额合计。

5.3 工时记录

内容包括：成本核算对象名称、生产人员姓名、各人员工时、工时合计。

5.4 工资及福利费用汇总表

内容包括：成本核算对象名称、工资额、福利费用计提比例、福利费金额、工资合计、福利费合计、工资及福利费总计。

5.5 折旧费用、修理费用、水电费用汇总表

内容包括：成本核算对象名称、费用名称、费用金额、合计金额。

5.6 待摊费用、预提费用摊提明细表

内容包括：成本核算对象名称、摊提项目名称、摊提依据、摊提金额、金额合计。

5.7 制造费用分配表

内容包括：成本核算对象名称、制造费用项目名称、分配依据、分配率、分配金额、金额合计。

5.8 废亡产品通知单

内容包括：通知部门、废亡产品名称、废亡数量、废亡原因、审批人。

5.9 副产品成本分配表

内容包括：成本核算对象名称、副产品名称、副产品数量、副产品单位成本（价格）、副产品金额、金额合计。

5.10 生产成本明细表

内容包括：产品名称、产品产量、成本项目、实际金额及合计金额（本月、本年累计数）、基数金额及合计金额。

5.11 主要产品单位成本表

内容包括：产品名称、本期实际单位成本、基数。

5.12 制造费用明细表

内容包括：费用项目、实际金额（本月、本年累计数）、基数金额。

固定资产管理标准

1 范围

本标准规定了固定资产管理职责、管理内容与要求。

本标准适用于石河子所有奶牛场固定资产管理。

2 规范性引用文件

下列文件中的条款通过本标准的引用而成为本标准的条款。凡是注日期的引用文件，其随后所有的修改单（不包括勘误的内容）或修订版均不适用于本标准。然而，鼓励根据本标准达成协议的各方研究是否可使用这些文件的最新版本。凡是不注日期的引用文件，其最新版本适用于本标准。

会计制度

3 职责

3.1 企业领导对固定资产的增减变动进行审批。

3.2 牛场场长负责制定固定资产管理制度，规范固定资产的购置、调拨、租赁、使用维护、淘汰、报废的管理，保证固定资产的安全和完整。

3.3 相关职能部门对固定资产实行归口管理。

3.3.1 办公室是非生产用固定资产的归口管理部门，负责非生产用固定资产的请购、验收、登记、调拨、使用及维护、淘汰、报废、清查盘点。

3.3.2 办公室是生产用固定资产的归口管理部门，负责生产用固定资产的请购、验收、登记、调拨、租赁、使用维护、技术鉴定、淘汰、报废和清查盘点。

3.3.3 财务科（部）负责固定资产增减变动的核算、折旧的计提、固定资产卡片的管理，会同综合部和生产部对固定资产定期进行清查盘点，保证账、卡、物相符。

4 管理内容与要求

4.1 固定资产的划分标准

固定资产按照牛场规定的标准划分。

4.2 固定资产的购置

4.2.1 基建工程、更新改造工程完工转增固定资产。合资方共同参加完成。

4.2.1.1 工程完工交付时，建设单位必须编制全部固定资产清册，并与竣工决算总价值相符。

4.2.1.2 归口管理部门应按移交清册全面清查核对，会同工程验收小组对工程进行验收。

4.2.1.3 工程验收合格移交使用时，由归口管理部门填制固定资产移交使用清单，连同竣工决算报送财务部。不能及时提供竣工结算的，应先报送固定资产移交使用清单。

4.2.1.4 财务部凭固定资产移交使用清单及竣工决算登记固定资产卡片，及时进行固定资产增加核算。如因竣工决算暂不能提供时，应先估价入账，待取得竣工结算后再行调整。

4.2.2 购入固定资产

4.2.2.1 需要购入固定资产时，由归口管理部门填制固定资产申购单，报审批人批准后到财务部请款。

4.2.2.2 固定资产的采购应采用招标的方式进行。重大项目合资方应派代表参加。小额零星固定资产的采购可不通过招标方式，但应多方询价、3人以上共同采购。

4.2.2.3 固定资产到货后，由归口管理部门按照合同和到货清单进行验收。验收合格后，及时移交使用部门，并填制固定资产移交使用清单，连同固定资产发票报送财务部办理固定资产增加核算。保修款应到保修期后方可支付。

4.3 固定资产的调拨

4.3.1 部门之间需要调拨固定资产的，应由使用部门向主管部门书面申请，经上级领导批准后由调拨双方办理实物转移，并填制固定资产部门调拨交接单，将其中一联报送财务部，作为固定资产部门变更的依据。

4.3.2 内部独立核算单位之间调拨固定资产的，应由使用部门向上级管理部门书面申请。经批准后双方办理实物交接，并由调出方填制固定资产内部单位调拨交接单，注明账面原值、累计折旧及净值，其中两联交调入单位。调拨双方分别报送本单位财务部一联固定资产内部单位调拨交接单，按账面价值办理调入和调出核算。

4.4 固定资产的租赁

4.4.1 租出、租入固定资产应签订租赁合同。

4.4.2 租出或租入固定资产办理移交手续后，由归口管理部门向财务部报送固定资产租赁合同副本，据以进行账务处理。租出的固定资产卡片做类别变更，租入固定资产不建卡片，由财务部和使用单位建立辅助登记账。

4.5 固定资产的使用和维护

4.5.1 固定资产投入使用时，由使用部门指定专人作为固定资产维护负责人。

4.5.2 固定资产维护负责人应经常检查圈定资产的使用状况，发生故障或损坏应及时报修。

4.5.3 需要进行大修理的固定资产，应由使用部门提出大修计划和预算，经归口管理部门签署意见后报公司经理审批。

4.6 固定资产的淘汰

4.6.1 未达到规定使用年限，但因技术进步造成功能严重落后或因产品停产使固定资产不再具有使用价值的固定资产，应及时进行淘汰。

4.6.2 需淘汰的固定资产应由使用部门填制固定资产淘汰申请书并由归口管理部门签署签订和处理意见后，报经理审批。

4.6.3 淘汰申请书经批准，归口管理部门应及时对固定资产进行处理。处理完毕后，及时将淘汰申请书报送财务部，据以进行账务处理。

4.7 固定资产的报废

4.7.1 达到或已超过规定的使用年限，不再具有使用价值的固定资产，或虽未达到规定的使用年限，但因自然磨损严重或非常损失而失去使用价值的固定资产，应及时办理报废手续。

4.7.2 符合报废条件的固定资产应由使用部门填制固定资产报废申请书并由归口管理部门签署处理意见后，报经理审批。

4.7.3 报废申请经批准后，归口管理部门应及时对固定资产进行处理。处理完毕后，及时将淘汰申请书报送财务部，有财产保险的固定资产因非常损失获得保险公司赔偿金的，应将赔偿金一并送交，财务部据以进行账务处理。

4.8 固定资产的盘点

4.8.1 固定资产每年应于年末结账日之前盘点，编制固定资产盘点表。

4.8.2 盘亏的固定资产，由归口管理部门查明原因，出具固定资产盘亏报告并签署处理意见，报主管领导批准后，将盘亏报告报送财务部所据以进行财务处理。

4.8.3 盘盈的固定资产由归口管理部门出具固定资产盘盈报告，并做出技术鉴定，标明估计价值，经主管领导审批后，报送财务部进行账务处理。

4.9 固定资产的核算

固定资产的计价、增减变动的核算、折旧的计提按《企业会计制度》的相关规定执行。

5 报告与记录

5.1 固定资产移交使用清单

××××奶牛场
固定资产移交使用清单

固定资产名称		类　别		财产编号	
固定资产特征：（厂牌、规格、型号、结构） 附设：					
购置日期		购置总价		数量	
使用部门		移交使用日期			
批准人		验收人			
财产使用及维护 负责人		备　注			

5.2 固定资产申购单

内容包括：申请使用部门、固定资产名称、规格、型号、用途、数量、计划金额、采购方式、申请人、批准人。

5.3 固定资产部门调拨交接单

内容包括：调拨的固定资产名称、编号、调出部门、调出部门主管意见、调入部门、调入原因、审批人。

5.4 固定资产内部单位调拨交接单

内容包括：调拨的固定资产名称、编号、购置日期、原值、折旧、净值、调出单位、调出单位负责人意见、调入单位、调入原因、用途、审批人。

5.5 固定资产淘汰申请书

内容包括：固定资产名称、编号、购置日期、现使用部门、用途、已使用年限、淘汰原因、技术鉴定部门意见、申请人处理意见、审批人意见。

5.6 固定资产报废申请书

内容包括：固定资产名称、编号、购置日期、现使用部门、用途、已使用年限、报废原因、技术鉴定部门意见、申请人处理意见、审批人意见。

5.7 固定资产盘点表

内容包括：固定资产名称、编号、规格、型号、固定资产账面（或卡片）数量、使用部门、盘点数量、使用部门存放地点、使用状况、盘点人、盘点日期。

5.8 固定资产盘亏报告

内容包括：固定资产名称、编号、规格、型号、固定资产账面（或卡片）数量、原值、累计折旧、净值、使用部门、盘亏原因、保管部门意见、审批人意见。

5.9 固定资产盘盈报告

内容包括：固定资产名称、规格、型号、固定资产存放地点、盘盈原因、技术鉴定部门意见、审批人意见。

会计档案管理标准

1 范围

本标准规定了牛场会计档案管理的职责、管理内容与要求。

本标准适用于牛场会计档案管理。

2 规范性引用文件

下列文件中的条款通过本标准的引用而成为本标准的条款。凡是注日期的引用文件，其随后所有的修改单（不包括勘误的内容）或修订版均不适用于本标准。然而，鼓励根据本标准达成协议的各方研究是否可使用这些文件的最新版本。凡是不注日期的引用文件，其最新版本适用于本标准。

会计档案管理办法

3 职责

3.1 规范牛场会计档案的立卷、归档、保管、查阅和销毁，保证会计档案的安全和完整，防止会计档案毁损、散失和泄密财务部门及档案管理部门的职责。

3.2 负责会计档案及其他档案的保管、借阅和销毁。

3.3 财务部指定1名除出纳员以外的会计人员为会计档案管理员，负责会计档案的立卷、归档、移交和监销。

4 管理内容与要求

4.1 归档范围

会计凭证，会计账簿，财务报告和会计核算专业材料，具体包括：

——会计凭证类：原始凭证、记账凭证、汇总凭证；

——会计账簿类：总账、明细账、日记账、固定资产卡片账、辅助账、备查账等；

——财务报告类：月、季、年度财务报表、附表、附注及文字说明、审计报告；

——其他类：银行存款对账单及余额调节表、现金盘点表、纳税申报表、发票存根、会计工作交接单、会计档案移交、保管和销毁清册及其他会计专业资料。

4.2 归档要求

4.2.1 每年形成的会计档案，由会计部门档案管理员按月装订成册，负责整理立卷。

4.2.2 会计账簿年终核对结账后，由经管人签字盖章装订好，财务主管审查盖章后进行编号分类由会计部门保管。

4.2.3 会计档案由会计部门保管1年，期满后由经办人编制移交清册，移交专人保存。

4.2.4 档案部门接收的会计档案，原则上应将卷册封装，个别需要拆封重新整理的应当同财务部门和经办人共同拆装整理。

4.3 借阅使用

4.3.1 会计档案原则上不外借，只准在档案室查阅。因工作需要必须借走，应填写会计档案借据报财务主管批准，并限期归还。

4.3.2 财会内部人员查阅，须填写查阅登记表。外部人员须持介绍信经财务主管批准后，填写查阅记表方可查阅。

4.3.3 特殊情况需要复制档案时，需经财务主管批准，由档案室复制。

4.3.4 查阅档案人员必须严格遵守保密制度，不得拆卷、抽页、剪裁、涂改、划道和加任何标记。

4.3.5 档案归还时，档案员要认真查对，发现丢失或缺损等问题，要追究责任，及时处理。

4.4 档案保管

4.4.1 保管期限。各种会计档案的保管期限，从会计年度终了后的第一天算起。

4.4.1.1 会计凭证类。原始凭证、记账凭证和汇总凭证保存 15 年。

4.4.1.2 会计账簿类。

　　——现金和银行存款日记账保存 25 年；

　　——总账（包括日记账）明细账、辅助账簿保存 15 年；

　　——固定资产卡片（包括报废清理后）保存 5 年；

　　——涉及外事和对私改造的会计账簿永久保存。

4.4.1.3 会计报表类。

　　——月度、季度会计报表及说明保存 5 年；

　　——年度财务决算报告永久保存。

4.4.1.4 其他类。

　　——银行存款对账单及余额调节表，保存 5 年；

　　——会计移交清册、保存 15 年；

　　——会计档案保存清册、会计档案销毁清册永久保存；

　　——其他会计资料除有特别规定之外，至少应保存 5 年。

4.4.2 保管要求。

4.4.2.1 对会计档案进行科学管理，严守安全保密制度，严防毁损，散失和泄密。

4.4.2.2 会计档案的存放要整洁，查找方便，存放地应具备防火、防水、防鼠、防盗设施，挪动时要注意防磨损和污染。

4.5 档案销毁

4.5.1 会计档案保存期满，需要销毁的，由档案员提出销毁意见，填报会计档案销毁清册，经主管财务领导审查签字。

4.5.2 保管期满但未结清的债权债务原始凭证，不得销毁，应单独抽出立卷，保管到事项完结时为止。单独抽出立卷的会计档案，应当在会计档案销毁清册和会计档案保管清册中列明。

4.5.3 销毁时监销人应当认真清点核对，销毁后，在销毁清册上签名盖章，存档保管。

4.6 会计核算单位合并、分立或撤销等情况下的会计档案的移交和保管按《会计档案管理办法》的相关规定执行。

5 报告与记录

5.1 会计档案借据

　　内容包括：会计档案编号、类别、名称、册数、批准人、借用人、借用日期、归还日期。

5.2 会计档案查阅登记表

　　内容包括：查阅日期、查阅人、查阅内容、批准人。

票据和财务印章管理标准

1 范围

本标准规定了票据和财务印章管理的职责、管理内容与要求、报告与记录。

本标准适用于奶牛场票据和财务印章的管理。

2 规范性引用文件

下列文件中的条款通过本标准的引用而成为本标准的条款。凡是注日期的引用文件，其随后所有的修改单（不包括勘误的内容）或修订版均不适用于本标准。然而，鼓励根据本标准达成协议的各方研究是否可使用这些文件的最新版本。凡是不注日期的引用文件，其最新版本适用于本标准。

中华人民共和国票据法（以下简称《票据法》）

增值税专用发票使用规定（试行）

发票管理办法

3 职责

3.1 财务部是票据及财务印章的专管部门，负责票据和财务印章的全面管理。

3.2 出纳员负责部分财务印章的保管和使用，银行票据的领购、签发和空白银行票据的保管工作。

3.3 税务经办人员负责发票的领购、开具和保管工作。

4 管理内容与要求

4.1 财务印章的管理

4.1.1 财务印章的分类

按印章的用途可分为财务部门专用章、银行预留印鉴（财务结算专用章和人名章）以及发票专用章。

4.1.2 财务印章的保管

4.1.2.1 财务部门专用章由财务部门负责人保管。

4.1.2.2 银行预留印鉴由出纳员以外的会计人员保管或由出纳和1名指定的会计人员分开保管。

4.1.2.3 发票专用章由除开票人员以外的会计人员保管。

4.1.2.4 印章应放入专用的保险柜，保证安全。

4.1.3 财务印章的使用范围

4.1.3.1 财务部门专用章用于财务部门行政管理文件及对外出具财务证明时使用。对外出具证明应填写财务用章使用登记表，并报经财务负责人批准。

4.1.3.2 银行预留印鉴用于签发支票及其他结算业务。

4.1.3.3 发票专用章用于开具发票。

4.2 银行票据的管理

4.2.1 支票

4.2.1.1 支票由出纳员从开户银行购买并在支票购入登记簿上注明支票的种类、份数、购入日期和编号等内容。

4.2.1.2 领用支票应持经审批的合法凭证，并由领用人在支票领用登记簿或支票存根上签字。

4.2.1.3　出纳员签发支票时，必须填明收款人、日期、用途、密码、金额或限额，盖齐印章，不准签发远期支票和空头支票。

4.2.1.4　支票领用人应严格保管支票，不准折叠。如将所领支票丢失，应及时向总会计师汇报，并由出纳员按《票据法》中挂失止付的规定及时到银行办理挂失手续，并向人民法院申请公示催告，在办理挂失止付前银行已经付款的，直接向人民法院提起诉讼。因支票丢失、或用支票转账、套现或进行违反财经纪律的活动，造成公司资金损失的，一切后果由支票领用人负责。

4.2.1.5　误填、过期而作废的支票，应在支票上划两条对角线注销，在支票及存根上分别加盖"作废"印章，并在支票领用登记簿上注明。作废的支票应作为原始附件一同粘贴在记账凭证的后面或单独装订成册。

4.2.1.6　出纳员应经常检查支票领用、报账、注销的记录情况，及时清理过期未报账的支票。

4.2.1.7　收到的支票应及时送存银行。

4.2.1.8　未使用的支票不得加盖印章，由出纳员放入保险柜中妥善保管。

4.2.2　其他银行票据的使用和管理按《票据法》的规定执行。

4.3　发票的管理

4.3.1　发票由办税员向税务机关领购，并在发票领购簿上登记发票的种类、数量、号码和领购日期等内容。

4.3.2　发票应按购入批次和编号的先后顺序领用，并在专用发票领用登记簿上登记。

4.3.3　发票应由办税员或指定专人开具，开具要求按《增值税专用发票使用规定（试行）》和《发票管理办法》的相关规定执行。

4.3.4　空白发票应由办税人员妥善保管。丢失空白发票的，应由办税员向税务机关及时报告，并按规定登报声明作废。

4.3.5　已开具的发票存根联应按税务机关的要求装订成册，归入会计档案管理。保管期满，报税务机关查验后销毁。

5　报告与记录

5.1　财务专用章使用登记表

内容包括：经办人名称、盖章的资料名称、用途、批准人、盖章人、盖章日期。

5.2　支票购入登记簿

内容包括：支票类别、份数、编号、领购日期。

5.3　支票领用登记簿

内容包括：领用日期、用途、金额（或计划金额）、支票号码、经办人、报销日期、报销金额。

5.4　专用发票领用登记簿

内容包括：领用日期、领用份数（本）、号码、领用人。

资金支出及报销管理标准

1 范围

本标准规定了资金支出及报销管理的职责、管理内容与要求。

本标准适用于奶牛场资金支出及报销管理。

2 规范性引用文件

下列文件中的条款通过本标准的引用而成为本标准的条款。凡是注日期的引用文件，其随后所有的修改单（不包括勘误的内容）或修订版均不适用于本标准。然而，鼓励根据本标准达成协议的各方研究是否可使用这些文件的最新版本。凡是不注日期的引用文件，其最新版本适用于本标准。

牛场资金支出及报销管理规定

3 职责

3.1 奶牛场场长根据《牛场资金支出及报销管理规定》对资金支出行使签字审批权。

3.2 企业对资金支出及报销凭证的合规性和有效性进行监督和审核，并及时支付款项或办理结算，催办经办人及时报销。

4 管理内容与要求

4.1 预先领用资金的管理

4.1.1 需要预先领用资金时，由经办人填写借款单，报审批人签字审批后到财务部领款，领用现金应提前1个工作日通知财务部。借款单应注明资金用途、支付金额（或计划金额）和支付方式。

4.1.2 出纳员按借款单注明的支付方式和金额办理付款，具体规定如下：

——领用现金的，应符合国家规定的现金支付范围，并由经办人填写借据，出纳员审核后据以支付现金；

——领用转账支票的，出纳员应在支票上注明收款人、日期、用途和金额，金额不能确定的，应注明限额，由经办人在支票存根或支票领用登记簿上签名后交付支票。注明限额的支票由经办人在交付收款人时填注金额；

——采用其他结算方式付款的，由出纳员到银行办理。

4.2 报销管理

4.2.1 报销的时限。

4.2.1.1 以现金支付的除差旅费外的其他支出，应于支付现金的当日报销。差旅费借用的现金应于出差人员返回后的3 d内报销。

4.2.1.2 以银行存款支付的支出应于付款后的5 d内报销。年末发生的成本及费用性支出应在年末账目之前报销。

4.2.2 报销凭证应符合下列要求：

——发票（或专用收费收据）应项目齐全，印章及字迹清楚，填写规范，无涂改，无划擦；

——购买物资除取得发票（或向个人收购农产品的收购凭证）外，应附销货方出具的物资明细清单（发票上已注明的除外）；需办理入库手续的物资，应附验收单和入库单；

——购买固定资产除取得发票外，应附验收单和入库单；直接投入使用的固定资产应附固定资产移交使用清单；

——支付工程款项除取得发票外，应附工程进度证明。工程竣工结算支付款项的，应附工程决算；

——加工、承揽项目支出除取得发票外，应附料、工明细清单；

——金额较小、支付频繁的费用性现金支出可填制汇总报销单据，并将外部原始凭证顺次、正面翻书式粘贴在报销单据背面，并注明附件张数和汇总金额；

——各种报销凭证应由经办人注明用途并签名，经审批人签字审批。对通过银行直接划款方式支付的费用，或以支票形式支付的公司固定性支出，如房租、水电费、通信费、社会保险金、住房公积金等，可不需经办人签字，由财务部直接报审批人签字。

4.2.3　出纳员在收到报销凭证时应按要求详细审核，审核无误的，支付款项或核销预先领款。不符合规定的报销凭证，交还经办人按要求予以更换或补齐手续，经办人拒不更正的，出纳员应拒绝报销。

5　报告与记录

5.1　借款单

内容包括：使用部门、资金用途、支付金额（或计划金额）、支付方式、经办人、审批人。

5.2　现金支出汇总凭单

内容包括：部门名称、用途、支出项目、金额（小写）、附件张数、金额合计（大小写）、审批人签字、出纳员签字、经办人签字、领款人签字。

人力资源管理标准

1 范围

本标准规定了奶牛场人力资源管理的职责、内容与要求。

本标准适用于石河子所有奶牛场人力资源的管理。

2 职责与权限

办公室负责人力资源的管理工作。

3 内容与要求

3.1 劳动关系的确定

根据牛场发展需要，积极吸收、引进高素质人才，与其确定劳动关系。

3.1.1 引进优秀大中专毕业生，一般与毕业生签订不少于 3 年服务期的劳动合同，并在合同中约定违约条款。服务期未满调出者，需缴纳违约金。

3.1.2 牛场确因生产经营需要招收一般员工时，必须严格遵照社保部门的有关文件规定要求，按规定程序劳动行政管理部门办理招收录用手续，确立劳动关系。在员工调入前，必须对调入职工本人档案材料、参加保险情况及原单位劳动合同终止、解除执行情况证明材料进行认真审核后，方可办理调入手续。

3.2 劳动合同的订立、变更、解除、终止、续订

3.2.1 劳动合同的订立

招收录用员工后，应严格按照《中华人民共和国劳动法》（以下简称《劳动法》）和团场的有关规定，与员工签订劳动合同（一式 2 份），确立企业与劳动者双方的劳动关系。当事人要认真履行劳动合同相关内容。

3.2.1.1 与员工签订劳动合同必须遵照"平等自愿、协商一致"的原则。劳动合同依法订立后即具有法律约束力，当事人必须履行劳动合同规定的义务。

3.2.1.2 实行试用期制度的，试用期包含在劳动合同期限内。

3.2.1.3 与员工签订劳动合同时，要依法建立和完善有关劳动时间、劳动报酬、休息休假、职业培训、安全卫生、保险和福利、劳动纪律、企业商业秘密等方面的劳动规章制度，必要时可另附相关协议书，保护当事人双方的合法权益。

3.2.2 劳动合同订立后，要有专人对劳动合同书等有关配套材料进行登记造册，确保劳动合同依法履行，避免劳动争议案件的发生。

3.2.3 劳动合同的变更

劳动合同当事人双方协商一致，可以变更劳动合同，变更劳动合同原因和内容应符合《劳动法》的规定。

3.2.4 劳动合同的解除

劳动合同当事人双方协商一致，可以解除劳动合同。解除劳动合同按照《劳动法》的条款执行。

3.2.5 劳动合同的终止与续订

劳动合同期限届满前，当事人必须提前 30 d 以书面形式通知对方，待劳动合同期限届满时方可办理终止或续订手续。终止劳动合同，用人单位可以不支付经济补偿金。

3.3 员工培训

按照《员工培训管理标准》的规定执行。

3.4　工资管理

3.4.1　工资分配坚持"按劳分配、绩效优先、兼顾公平"的原则，建立健全工资分配激励和约束机制，逐步向管理和科技人才倾斜，积极探索资本、技术等生产要素参与分配的办法。

3.4.2　加强对人工成本的分析，将人工成本分析、劳动力市场价位分析参与到企业管理、工资分配中去。

3.5　人事档案管理

按照《档案管理标准》的规定执行。

3.6　绩效考核

按照《员工绩效考核管理标准》的规定执行。

3.7　保证企业与员工队伍稳定

认真做好员工的劳动政策咨询、信访、上访工作，耐心细致地做好《劳动法》及相关政策的宣传，做好企业劳动争议调解工作，对出现的劳动争议、群体上访应及时了解、及时上报、技术解决，认真负责地做好群众工作，确保员工队伍稳定。

人员培训管理标准

1　范围

本标准规定了奶牛场中、高级管理人员、技术人员、一般管理人员、工人和特种工培训职责、内容与要求。

本标准适用于石河子所有奶牛场人员培训。

2　职责

2.1　办公室负责组织各部门制订员工培训计划并配合实施。

2.2　各牛场应将相关培训计划和培训结果报送办公室进行汇总，然后制订年度培训计划。并组织实施或配合相关部门组织实施。

2.3　办公室负责企业中高级管理人员的培训及一般管理人员的培训。

2.4　生产科技部负责技术人员的培训。

2.5　基层单位负责工人的培训。

2.6　对应部门负责特种工的培训。

3　内容与要求

3.1　企业中高级管理人员

3.1.1　培训方法

3.1.1.1　举办培训班。

3.1.1.2　组织学习。

3.1.1.3　讨论交流。

3.1.1.4　外出调研。

3.1.2　培训内容

3.1.2.1　国家有关法律、法规的学习和加深对政策、方针的正确性的理解和把握。

3.1.2.2　政治理论知识的学习，提高政治素质。

3.1.2.3　加强应用现代化办公手段的培训，以提高办公效率，提高管理水平。

3.1.2.4　经营思想和企业理念的培训。

3.1.2.5　围绕贯彻各项管理标准和规定的培训。

3.1.2.6　现代企业管理思想、理论、方法的培训。

3.1.2.7　对管理人员的专业知识，管理人员的组织、沟通、协调、指挥、控制的能力进行培训。

3.1.3　要求

3.1.3.1　了解掌握国家有关法律、法规、政策、方针，了解企业文化，理解企业理念内涵，不断提高自身的技术水平和综合素质。

3.1.3.2　正确理解奶牛场的各项规章制度。

3.1.3.3　精通专业知识，熟练掌握本岗位的操作技能。

3.1.3.4　掌握工作岗位管理的基本知识，不断提高自身的理论水平。

3.2　技术人员

3.2.1　培训方法

3.2.1.1　举办培训班。

3.2.1.2　组织学习。

3.2.1.3　讨论交流。

3.2.1.4　实际操作。

3.2.2　培训内容

3.2.2.1　贯彻企业理念。

3.2.2.2　各项规章制度的培训。

3.2.2.3　产品质量标准培训。

3.2.2.4　专业知识的学习。

3.2.2.5　新的生产工艺、新的科研成果、先进的技术经验的学习。

3.2.3　要求

3.2.3.1　了解掌握国家有关法律、法规，了解企业文化，理解企业理念内涵，不断提高自身的技术水平和综合素质。

3.2.3.2　正确理解企业各项规章制度。

3.2.3.3　熟练掌握本岗位的操作技能。

3.2.3.4　掌握饲养管理的基本知识，不断提高自身的理论水平。

3.2.3.5　能够接受新的生产工艺、新的科研成果，积极推广应用先进的技术经验。

3.3　工人

3.3.1　培训方法

3.3.1.1　理论讲座。

3.3.1.2　实际操作。

3.3.2　培训内容

3.3.2.1　贯彻企业理念。

3.3.2.2　各项规章制度的培训。

3.3.2.3　产品质量标准培训。

3.3.2.4　工人所需岗位技能培训。

3.3.2.5　专业知识的学习。

3.3.2.6　工作所需仪器、工具、设备的使用、管理等培训。

3.3.2.7　换岗人员进行转岗的培训。

3.3.2.8　新的生产工艺、新的科研成果、先进的技术经验。

3.3.3　要求

3.3.3.1　了解掌握国家有关法律、法规，了解企业文化，理解企业理念内涵精髓，不断提高自身的技术水平和综合素质。

3.3.3.2　正确理解企业各项规章制度。

3.3.3.3　熟练掌握本岗位的操作技能和各项操作规程。

3.3.3.4　掌握本岗位专业的基本知识，不断提高自身的理论水平。

3.3.3.5　能够接受新的生产工艺、新的科研成果和先进的技术经验。

3.3.3.6　具有良好的团队精神和责任心，主动维护财产、设备的安全。

4 考核

4.1 考核成绩保留存档，作为职工签订劳动合同、经济责任制奖金、奖惩、提拔任用的依据。

4.2 因考核不合格，不能胜任本职工作的，按签订劳动合同时的约定执行。

劳动合同管理标准

1 范围

本标准规定了奶牛场劳动合同管理的职责、内容与要求。

本标准适用于石河子所有奶牛场劳动合同的管理。

2 职责

办公室负责劳动合同的管理工作。

3 内容与要求

3.1 集体合同管理

3.1.1 《集体合同》正本一式 8 份，牛场和工会各执 1 份；2 份留存备案；3 份报劳动行政主管部门；1 份报上级工会。劳动行政主管部门自收到之日起 15 d 内未提出异议即视为审查同意，《集体合同》正式生效。自生效之日起，应向全体职工公布。

3.1.2 《集体合同》自生效之日起，履行期为 3 年。

3.1.3 牛场与工会共同监督《集体合同》的贯彻、执行。

3.2 劳动合同管理

3.2.1 聘用或招用的劳动者应当达到法定就业年龄，具有与履行劳动合同义务相适应的能力。

3.2.2 聘用或招用劳动者时，应当如实向劳动者说明岗位用人要求、工作内容、工作时间、劳动报酬、劳动条件、社会保险等情况；劳动者有权了解企业的有关情况，并应当如实向企业提供本人的身份证和学历、就业状况、工作经历、职业技能、求职证或由原用人单位出具的《终止（解除）劳动合同证明书》等证明。

3.2.3 自用工之日起就应当与劳动者订立劳动合同。

3.2.4 劳动合同应当以书面形式订立。劳动合同一式 2 份，企业和劳动者各执 1 份。

3.2.5 劳动合同应当填写企业的名称、地址和劳动者的姓名、性别、年龄等基本情况，并具备以下条款：劳动合同期限、工作内容、劳动保护和劳动条件、劳动报酬、社会保险、劳动合同的终止条件、违反劳动合同的责任。

3.2.6 劳动合同应当由牛场和劳动者双方协商一致，依法签订，合同内容应当合法。

3.2.7 劳动合同应由劳动者本人签字，由牛场法人或牛场法人委托代理人签章，并加盖公章。

3.2.8 签订劳动合同可以约定试用期。劳动合同期限在 6 个月以内的，试用期不得超过 15 d；劳动合同期限在 6 个月以上 1 年以内的，试用期不得超过 30 d；劳动合同期限在 1 年以上 2 年以内的，试用期不得超过 60 d；劳动合同期限在 2 年以上的，试用期不得超过 6 个月。试用期包括在劳动合同期限内。续签劳动合同不得约定试用期。

3.2.9 签订劳动合同时，新接收大、中专毕业生劳动合同期限为 5 年，见习期规定为 3 个～6 个月；新招用的工人劳动合同期限为 1 年。续签劳动合同时，管理人员和专业技术人员的合同期限一般为 3 年；普通城镇合同制工人的劳动合同期限一般为 3 年；农民合同制工人的劳动合同期限一般为 1 年或 6 个月。符合签订无固定期劳动合同的劳动者如劳动者要求订立无固定期限劳动合同的，用人单位应当与其订立无固定期限劳动合同。

3.2.10 经劳动合同双方当事人协商一致或订立劳动合同时所依据的客观情况发生重大变化，致使劳动合同无法履行时，可以变更劳动合同中的相关内容。要求变更一方应当将变更要求以书面形式送交另一方，另一方应当在 15 d 内答复，逾期不答复的，视为不同意变更劳动合同。

3.2.11 有期限劳动合同期限届满前 45 d，负责人应结合实际情况，提出续订或终止意见，报办公室备案，并应根据场长意见提前 30 d 将《续订（终止）劳动合同意向通知书》送达劳动者本人。

3.2.12 经双方协商同意续订劳动合同的，应当在合同期限届满前办理续订劳动合同手续。

3.2.13 终止劳动合同，应当由牛场出具终止劳动合同证明书及参加社会保险证明，在 15 d 内办理劳动关系转移手续。

3.2.14 经劳动合同双方当事人协商一致或按有关规定解除劳动合同。牛场和劳动者应按国家有关规定或劳动合同规定承担相应责任，并由牛场出具解除劳动合同证明书及参加社会保险证明，在 15 d 内办理劳动关系转移手续。

3.2.15 员工因严重违章、违纪的，牛场可随时通知员工本人解除劳动合同。由劳动人事部门提供有关书面材料，按法律程序做出决定，并向违章、违纪员工本人送达《解除劳动合同通知书》。

3.2.16 因严重违章、违纪而解除劳动合同的员工不享受一次性经济补偿金，给牛场造成经济损失的，应根据损失程度承担赔偿责任。触犯法律的，应追究法律责任。

3.2.17 办公室及各级相关部门应建立劳动合同台账，及时向上级劳动人事部门报送《劳动合同履行情况季报》、《劳动合同履行情况年报》等报表，并对报表进行分析，对其中反映出的问题及时制定措施。

3.3 劳动争议管理

3.3.1 应建立劳动争议调解委员会，由书记出任主任，办公室主任担任委员之一。劳动争议调解委员会应接受上级工会的监督和指导。

3.3.2 因履行集体合同发生争议，双方应协商解决，协商不成，按《中华人民共和国企业劳动争议处理条例》的有关规定处理。

3.3.3 单位和职工因履行劳动合同发生的争议，可向单位或工会申请调解。在调解过程中，当事人不得伪造、销毁和隐匿证据。

3.3.4 双方因履行劳动合同发生的争议，如经劳动争议调解委员会调解无效，当事人双方可按《中华人民共和国企业劳动争议处理条例》，向劳动行政主管部门申请仲裁，如仲裁不成，可向人民法院提起诉讼。

工 资 管 理 标 准

1　范围

本标准规定了奶牛场工作人员及正职的工资标准、实施办法。

本标准适用于石河子所有奶牛场工资管理。

2　规范性引用文件

下列文件中的条款通过本标准的引用而成为本标准的条款。凡是注日期的引用文件，其随后所有的修改单（不包括勘误的内容）或修订版均不适用于本标准。然而，鼓励根据本标准达成协议的各方研究是否可使用这些文件的最新版本。凡是不注日期的引用文件，其最新版本适用于本标准。

Q/shz M 21 01—2014　检查与考核

3　职责与权限

3.1　负责确定本部工作人员及分正职的年度基准月薪。

3.2　办公室负责提供年度经营业绩考核结果。

4　内容与要求

4.1　正职和工作人员实行基准月薪加绩效年薪的薪酬管理办法。

4.2　办公室、财务科根据考核结果分别计算正职和工作人员的绩效年薪。

4.3　根据牛场年度生产经营目标（计划），由财务部、办公室共同确定各个分公司的年度考核指标，于考核年度的1月上旬下达。

4.4　正职和工作人员的基准月薪标准根据上一年度牛场经营业绩（生产经营计划）完成情况和员工绩效考核结果于每年年初进行核定。

4.5　工作人员的绩效考核和经营业绩考核由办公室收集汇总，由财务部计算人员的绩效年薪，报主管领导审批。

4.6　财务部负责建立人员工资台账，负责向有关部门报送工资报表。

员工奖惩制度标准

1 范围

本标准规定了奶牛场员工奖惩的总则、施行办法、奖励标准、处罚标准、劳动合同的解除及争议处理和附则。

本标准适用于石河子所有奶牛场员工管理。

2 规范性引用文件

下列文件中的条款通过本标准的引用而成为本标准的条款。凡是注日期的引用文件，其随后所有的修改单（不包括勘误的内容）或修订版均不适用于本标准。然而，鼓励根据本标准达成协议的各方研究是否可使用这些文件的最新版本。凡是不注日期的引用文件，其最新版本适用于本标准。

中华人民共和国劳动法

Q/shz M 24 01—2014　检查与考核

3 职责

办公室负责员工奖惩工作，负责对员工的考核及做出奖惩意见，由场长办公会审核批准。

4 总则

4.1　为加强牛场管理，激发员工的积极性和创造性，约束和规范员工行为，维护奶牛场劳动纪律和各项制度，保障各项工作的顺利开展，根据《中华人民共和国劳动法》、国务院颁发的《企业职工奖惩条例》，结合奶牛场实际情况，制定本制度。

4.2　员工的基本职责。

4.2.1　遵守国家法律、法规和牛场各项规章制度。

4.2.2　爱岗敬业，积极进取，努力做好本职工作。

4.2.3　团结互助、关心企业，并积极献计献策。

4.2.4　坚持原则，敢于同损害国家和集体利益的行为做斗争。

4.3　奖惩原则：实行奖优罚劣，对维护牛场利益、为牛场的生产经营和发展做出突出贡献的单位和员工给予表彰和奖励；对违反纪律、损害牛场利益的员工，给予批评教育、行政处分或经济处罚。

4.4　对员工的奖惩依据是《员工绩效考核管理标准》和《经济责任制考核办法》原则上每年修订1次，于每年的1月公布实行。

5 施行办法

5.1　员工的考核根据劳动工资管理权限由牛场领导班子考核，牛场领导班子领导和监督员工考核工作。

5.2　牛场领导班子对员工进行随时考核。

5.3　每次考核都要认真记录，记录内容包括被考核员工、考核人员、考核内容、考核结果等。考核记录将作为对员工奖励或处罚的重要依据。

5.4　考核采取内部自查与互相检查相结合的方式进行。

5.5　奖励。

5.5.1　一般情况下，奖励采取年终一次性的方式进行。

5.5.2 季度考核和平时考核记录于当年 12 月汇总，由牛场领导班子提出奖惩意见。

5.5.3 经场长办公会审核，最终确定奖励名单和奖励种类。

5.5.4 召开表彰大会，进行奖励。

5.6 处罚的处理办法。

5.6.1 一般情况下，处罚采取随时的方式进行，从证实职工犯错误之日起，对其处分不得超过 3 个月。

5.6.2 对员工做出处罚，应弄清事实，取得证据，经领导班子集体审核后决定。

5.6.3 给予员工的行政处分应征求工会意见，并允许受处罚者本人进行申辩。

5.6.4 对员工做出处罚，要以处罚通知书的形式通知受处罚者本人。

5.6.5 员工如对处罚有异议，应在接到处罚通知书后 7 d 内，以书面形式向领导班子提出复议申请，否则处罚自动生效。领导班子在接到书面申请后 7 d 内应做出最终决定。

5.6.6 对员工的经济处罚生效后，劳资部门即可根据处罚通知书从受处罚员工下月工资中扣罚（扣罚后剩余部分不得低于本市当时执行的最低工资标准），一次扣罚不足的，逐月扣罚，直到扣完为止。

6 奖励标准

6.1 对牛场员工考核依据《员工绩效考核标准》执行，对正、副职的考核根据每年签订的经济责任制考核任务书执行。

6.2 经年终考核，全年各项生产和经济指标的综合完成情况、工作业绩名列前茅的集体可参评本年度的先进集体。经领导班子审评后，对先进集体进行表彰。并根据经济效益给予相应数额的奖金。

6.3 对于有下列表现之一的员工，可参评先进工作者。审评后，给予相应的物质和精神奖励：

——在奶牛技术环节成绩突出的；

——在提高牛奶产量和降低成本等方面做出显著成绩的；

——在工作或技术上大胆创新或者提出合理化建议，并取得显著经济效益的；

——同坏人坏事做斗争，对维护正常的工作秩序有显著功绩的；

——由于自身的工作，给牛场带来较好效益的；

——在当年工作中，严格遵守企业各项规章制度，认真完成本职工作，工作成绩优秀的；

——对可能发生的意外事故能防患于未然，确保牛场及财物安全的；

——检举揭发违反规定或损害牛场利益行为的；

——积极维护牛场荣誉，为牛场对外树立良好形象的；

——其他应给予奖励的。

6.4 经年终考核，确实对全年各项生产经营有较大的促进作用、业绩特别优异的部门，应给予重奖，奖金视实际情况而定。

6.5 对有特殊贡献的员工，可采取年休假、休养、实物等形式的奖励。

7 处罚标准

7.1 各级领导、各部室、车间负责人对日常工作中发现的各种违章、违纪行为要及时予以纠正。情节轻微的可根据具体情况给予违章、违纪员工口头批评或通报批评，并可处以适当的经济罚款。

7.2 员工有下列情形之一的，应予以警告，并酌情给予适当的经济处罚。

——违反有关规定，因过失导致工作发生失误，但情节和后果尚轻的；

——妨碍工作秩序或违反安全生产、环境卫生制度的；

——初次不服从领导合理指挥的；

——不遵守考勤制度，1 个月内迟到早退累计 2 次的；

——工作场所同事之间相互谩骂吵架情节尚轻的；

——1个月内2次未完成工作任务，但未造成重大影响的；

——对各级领导布置的有限期的工作任务或批示，无正当理由未如期完成或处理不当的；

——在工作场所妨碍他人工作的；

——在工作时间内睡觉或擅离工作岗位的；

——在工作时间或工作场所聚众赌博，但情节尚轻的；

——其他应予以警告的。

7.3 员工有下列情形之一的，应予以记过，并酌情给予适当的经济处罚。

——玩忽职守，给企业造成较小损失的；

——对同事恶意攻击，造成轻微伤害的；

——值班人员未按规定执行任务的；

——捏造事实骗取休假的；

——季度内累计3次未完成工作任务，但未造成重大影响的；

——1个月内迟到早退累计3次（含）以上的；

——违反安全制度和操作规程，但未造成重大损失的；

——其他应予以处罚的。

7.4 员工有下列情形之一的，视情节给予相应处罚，工人调离原工作岗位，降低工资待遇；管理人员降职或撤职。同时，酌情给予适当的经济处罚，给企业造成损失的，还应承担赔偿责任。

——违反国家政策、社会公德，给企业形象造成严重影响的；

——玩忽职守，给企业造成较大损失的；

——携带危险或违禁物品进入工作场所的；

——虚报工作成绩或伪造工作记录的；

——对同事恶意攻击，造成较大伤害的；

——遗失重要公文（物品）或故意泄漏商业秘密的；

——职权范围内所保管的企业财物短少、损坏、私用或擅送他人使用，造成损失较大的；

——违反安全制度和操作规程。发生火灾、交通事故等，给企业造成重大损失的；

——1个月内迟到、早退累计超过6次（含）以上的；

——连续旷工3 d（含3 d）以上的；

——发生违章事故，故意隐瞒真相不及时上报的；

——未完成工作任务，造成重大影响或损失的；

——其他应给予处罚的。

7.5 员工有下列情形之一的，属严重违章、违纪行为，予以解除劳动合同。

——拒不听从领导指挥和管理，与领导发生冲突并造成恶劣影响的；

——连续旷工10 d或1年内累计旷工20 d以上的；

——在企业内酗酒滋事或聚众赌博，造成恶劣影响的；

——故意毁坏公物，金额较大的；

——聚众闹事妨碍正常工作秩序的；

——违反劳动合同或中心管理规定，情节严重的；

——对同事施以暴力或有重大侮辱、威胁行为的；

——严重违反各种安全制度，导致重大人身伤害或设备事故的；

——盗窃同事或企业财物的；

——在病、事假期间从事第二职业的；

——私下进行不正当经营经批评教育仍不悔改的；

——利用企业名义招摇撞骗，使企业利益蒙受损失的；

——在牛场内部有伤风败俗行为，影响恶劣的；

——利用职务便利，收受贿赂或以不正当手段为自己或他人谋取利益的；

——经公检法部门给予拘留、劳教、判刑处理的；

——违反计划生育政策，计划外生育或超生的；

——有其他严重违章、违纪行为的。

8 劳动合同的解除及争议处理

8.1 员工因严重违章、违纪解除劳动合同的规定。

——员工因严重违章、违纪解除劳动合同的，企业及时通知本人；

——员工因严重违章、违纪解除劳动合同的，不享受一次性经济补偿金；

——员工因严重违章、违纪给牛场造成经济损失的，除解除劳动合同外，还应根据损失程度承担赔偿责任，触犯法律的，应追究法律责任。

8.2 员工因严重违章、违纪解除劳动合同的手续。

——由劳动人事部门提供有关书面材料，按法律程序做出决定，并向违章、违纪员工下发《解除劳动合同通知书》；

——劳动合同解除后 15 d 内，由劳动人事部门持员工档案、《失业保险缴纳证》及有关材料到员工户口所在区、县劳动局办理档案移交手续。

8.3 违章、违纪员工如对被处以解除劳动合同不服，可在收到《解除劳动合同通知书》后，向中心劳动争议调解委员会申请调解，调解不成要求仲裁的，应当自收到《解除劳动合同通知书》后 60 d 内，向所在区劳动争议仲裁委员会申请仲裁。不论仲裁结果如何，牛场与员工均应执行。

8.4 对在争议处理过程中及处理后无理取闹、纠缠领导、影响牛场正常生产、经营、工作秩序的员工，牛场有权提请有关部门机关进行处理。

9 其他

9.1 各部门根据本标准，制订相应的员工奖惩实施细则，并报办公室备案。

9.2 本标准未尽事宜，依据《中华人民共和国劳动法》及相关法律法规的有关规定执行。

考勤管理标准

1 范围

本标准规定了牛场考勤制度的总则和关于病事假、工伤医疗、探亲、婚假、产假、丧假及公休的规定。

本标准适用于石河子所有牛场考勤管理。

2 规范性引用文件

下列文件中的条款通过本标准的引用而成为本标准的条款。凡是注日期的引用文件，其随后所有的修改单（不包括勘误的内容）或修订版均不适用于本标准。然而，鼓励根据本标准达成协议的各方研究是否可使用这些文件的最新版本。凡是不注日期的引用文件，其最新版本适用于本标准。

Q/shz M 01 05.5—2014 员工奖惩制度

3 职责

办公室负责牛场员工考勤。

4 总则

4.1 根据行业性质和岗位需要及牛场实际情况，实行不定时工作制度和综合工时制度。

4.2 各部门、班组职工应自觉遵守本制度，无故不得迟到、早退或旷工，违犯者给予批评教育、纪律处分或经济处罚。

4.3 各部门、班组要有专人填报职工考勤表，月末由部门、班组负责人签字，报送主管考勤人员或部门。

4.4 考勤设置种类

4.4.1 迟到。比规定上班时间晚到。

4.4.2 早退。比规定下班时间早走。

4.4.3 旷工。无故缺勤。

4.4.4 请假。可细分为病假、事假、探亲假、婚假、产假、计划生育假、丧假等几种假。

4.4.5 出差。

4.4.6 外勤。全天在外办事。

4.4.7 调休。

5 关于病、事假的规定

5.1 职工请假程序

——2 d 以内的事假由副场长审批；

——3 d 以上（含 3 d）事假，个人要写出书面申请，由场长审批；

——2 d 以上（含 2 d）的病假应持本人基本医疗定点医院开具的证明（急诊除外），经所在部门领导批准，方可休假；

——病事假期间遇有节假日、公休日或轮休日，不按病、事假计算。

5.2 病假期间的待遇

5.2.1 本月病假在 7 d 以下的，病假期间工资按本岗位工资的 70% 计发。

5.2.2　本月病假在 7 d（含 7 d）以上 30 d 以下的，病假期间工资按本岗位工资的 60％计发。

5.2.3　连续病假 30 d（含 30 d）以上的，应按考勤管理标准要求签订医疗期协议，工资按市最低工资的 80％计发（不含农民工）。

5.2.4　职工在医疗期内，不享受在岗职工的劳保福利待遇。

5.3　事假期间的待遇

5.3.1　事假期间没有工资，事假在 30 d 以内的可享受在岗职工劳保福利待遇。

5.3.2　事假在 30 d（含 30 d）以上的，不享受当月在岗职工劳保福利待遇，社会保险应由企业缴纳部分全部由本人缴纳。

5.3.3　事假在年度内累计不得超过 60 d，超过 60 d 视同自动离职。

6　关于工伤医疗期的规定

6.1　职工因工负伤或患职业病需要停止工作接受治疗的，实行工伤医疗期。工伤医疗期时间由单位指定的治疗医院提出意见，经劳动鉴定部门确认。工伤医疗期的时间按照轻伤和重伤的不同情况确定为 1 个～24 个月，严重工伤或职业病需要延长医疗期的，最长不超过 36 个月。

6.2　工伤医疗期间，工资足额发放。工伤医疗期满后仍需治疗的，继续享受工伤医疗待遇。

6.3　职工因工负伤不够等级的，要报上级主管安全生产部门备案，医药费按规定在单位补充医疗保险费中报销，报销剩余部分（按规定应由个人负担的费用除外）由单位负担。

7　关于探亲假的规定（本条规定只适用于具有本地城镇户口的正式职工）

7.1　干部探亲，按照组织人事科有关规定执行。

7.2　职工探亲，按照劳资科有关规定执行。

7.3　干部探亲应写出书面申请，由领导审批。职工探亲由场长审批。

8　婚假、产假和计划生育假按照计划生育管理办法的有关规定执行（直接引用有关标准）

9　关于丧假的规定

9.1　职工的直系亲属死亡时，可根据具体情况，由本主管领导批准，酌情给予 3 d 的丧假。

9.2　职工在外地的直系亲属死亡时，可以根据路程远近，另外给予路程假。

9.3　在批准的丧假和路程假期间，工资照发，车费自理。

10　关于公休的规定

10.1　存休或公休一律不得转让，外单位调入人员不得将原单位存休带入本单位使用。

10.2　公休假日已报加班的，不得再报存休。

10.3　能倒休的要尽量倒休，尽可能减少存休或不存公休。提倡存休当月结清。

11　其他

未尽事宜，依照相关法律、法规执行。

采购管理标准

1 范围

本标准规定了饲料、兽药和辅助材料的采购管理职责和要求。

本标准适用于石河子所有奶牛场的采购管理。

2 规范性引用文件

下列文件中的条款通过本标准的引用而成为本标准的条款。凡是注日期的引用文件，其随后所有的修改单（不包括勘误的内容）或修订版均不适用于本标准。然而，鼓励根据本标准达成协议的各方研究是否可使用这些文件的最新版本。凡是不注日期的引用文件，其最新版本适用于本标准。

GB/T 6432　饲料中粗蛋白测定方法

GB/T 6435　饲料中水分的测定

GB/T 6436　饲料中钙的测定

GB/T 6437　饲料中总磷的测定　分光光度法

Q/shz M 07 01—2014　储存运输管理标准

Q/shz T 03 01—2014　采购技术标准

3 职责

3.1　负责饲料采购计划的编制及饲料采购。

3.2　兽医负责人负责兽药计划编制和采购。

3.3　办公室负责辅助材料的采购。

3.4　牛场后勤副场长负责牛场辅助材料的采购。

3.5　牛场场长负责采购计划的审批。

3.6　单位负责按计划筹备资金。

3.7　接收部门负责验收、保管。

4 要求

4.1 采购原则

饲料按照质优价廉的原则，优质优价。

4.2 饲料

4.2.1 计划的编制

4.2.1.1　每月根据生产情况和饲料消耗情况，编制饲料消耗计划（包括饲料的品种、数量、质量、规格等），并将计划报至副场长。

4.2.1.2　经汇总后编制统一采购计划。

4.2.1.3　饲料采购计划在确定了价格和数量后报请场长批准后执行。

4.2.2 订货合同管理

4.2.2.1　单位制订统一订货合同的格式，场长负责签订、审批，采购部负责保管。

4.2.2.2　单位对供方进行监督。检查供方是否履行了合同。

4.2.3　选择合格的供方

4.2.3.1　对供方进行资格审查，选择有信誉和供货能力的供应商。

4.2.3.2　根据审查确定每种饲料（3名～4名）有实力和信誉的供方，以便确保质量和合理的价格。

4.2.3.3　单位与供方签订订货合同。

4.2.4　采购质量

应符合 Q/shz T 03 01—2014 要求。

4.2.5　质量保证协议管理

4.2.5.1　与供方签订质量保证协议。

4.2.5.2　供方保证采购方规定的正式质量体系。

4.2.6　验证方法协议管理

4.2.6.1　与供方签订验证方法协议。

4.2.6.2　对所采购饲料化验分析，验证方法采用 GB/T 6432、GB/T 6435、GB/T 6436、GB/T 6437。

4.2.6.3　无实验室的向供方索要质检单。

4.2.7　质量争端处理

4.2.7.1　供方质量没有达到合同要求出现质量争端时，与供方进行协商解决。

4.2.7.2　如果达不成解决协议，可经司法途径解决。

4.2.8　进货控制

4.2.8.1　大宗饲料实行统一采购，仅有少数分部使用的小批量饲料可由部门自行采购。

4.2.8.2　将所购饲料的价格、数量、质量、货到时间、供应商等情况通报接受部门。各分部饲料台账的建立，与会计相对应。

4.2.9　库房管理

4.2.9.1　牛场或饲料厂在接收饲料时应由库管员检量验质、化验员采样化验，合格后方能入库。

4.2.9.2　对不符合质量要求的饲料有权拒收并及时通知采购部或部门负责人。

4.2.9.3　入库时应填写入库单。出库时应填制出库单。

4.2.9.4　库房保管执行按照 Q/shz M 07 01—2014 的要求执行。

4.2.10　账务处理

4.2.10.1　饲料入库后填写入库单，及时入账。

4.2.10.2　收到入库单的供应商单，应有牛场库房保管和主管饲料的负责人的签字，方能确认有效。

4.3　兽药

4.3.1　计划的编制

4.3.1.1　牛场兽医室每月根据生产情况和兽药消耗情况，编制兽药消耗计划（包括饲料的品种、数量、规格等），并将计划交给库管员。

4.3.1.2　库管员汇总后将计划报至财务部。

4.3.1.3　汇总后编制统一采购计划。

4.3.2　订货合同管理

4.3.2.1　编制统一订货合同的格式，场长负责签订、审批，采购部负责保管。

4.3.2.2　对供方进行监督。

4.3.3　选择合格的供方

4.3.3.1　提出待选供方的名单和要求。

4.3.3.2 对供方进行资格审查，国家药品正规生产厂商。

4.3.3.3 根据审查确定几名有实力和信誉的供方，以便确保质量和合理的价格。

4.3.3.4 与供方签订订货合同。

4.3.4 进货控制

4.3.4.1 采购部统一采购，按时供应。

4.3.4.2 所购药品须是经国家畜牧兽医行政管理部门批准使用的药物，并是正规厂家生产的合格药品。

4.3.5 库房管理

4.3.5.1 牛场由库管员核对后入库。

4.3.5.2 入库时应填写入库单，领料时填写出库单。

4.3.5.3 库房保管按照 Q/shz M 07 01—2014 的要求执行。

4.3.6 账务处理

兽药入库后填写入库单，及时入账。

4.3.7 报告与记录

做好兽药入库和库存的各项记录。

4.4 辅助材料

4.4.1 计划的编制

4.4.1.1 办公室负责辅助材料采购计划的编制。

4.4.1.2 牛场后勤副场长负责牛场辅助材料采购计划的编制。

4.4.2 进货控制

4.4.2.1 辅助材料（办公用品、低值品）由办公室做计划报场长审批后统一购买。

4.4.2.2 牛场辅助材料由牛场统一购买。

4.4.3 库房管理

4.4.3.1 辅助材料（办公用品、低值品）由办公室负责管理。

4.4.3.2 牛场辅助材料由牛场库管员按照 Q/shz M 07 01—2014 的要求管理。

4.4.4 账务处理

填写入库单，及时入账。

生产管理标准

1 范围

本标准规定了奶牛场生产管理的职责、内容和要求。

本标准适用于石河子所有奶牛场。

2 规范性引用文件

下列文件中的条款通过本标准的引用而成为本标准的条款。凡是注日期的引用文件，其随后所的修改单（不包括勘误的内容）或修订版均不适用于本标准。然而，鼓励根据本标准达成协议的各方研究是否可使用这些文件的最新版本。凡是不注日期的引用文件，其最新版本适用于本标准。

Q/shz M 21 01—2014 检查与考核管理标准

Q/shz T 02 01—2014 产品标准：鲜牛乳技术标准

Q/shz T 02 03—2014 产品标准：牛胚胎、冷冻精液技术标准

Q/shz T 04 01—2014 荷斯坦牛品种技术标准

Q/shz T 05 01—2014 荷斯坦牛育种技术标准

Q/shz T 06 01—2014 奶牛繁殖技术标准：奶牛人工授精

Q/shz T 08 01—2014 奶牛饲养管理技术标准：饲料与营养

Q/shz T 08 02—2014 奶牛饲养管理技术标准：饲养管理与生产工艺

Q/shz T 08 03—2014 奶牛饲养管理技术标准：卫生保健

Q/shz T 08 04—2014 奶牛饲养管理技术标准：牛奶质量控制

3 职责

场长负责牛场的总体管理和调控及科技项目、环保管理。

4 内容与要求

4.1 生产部每年底制订下年度奶牛生产计划。

4.2 育种管理

4.2.1 奶牛改良领导小组的工作内容：

——组织牛场的奶牛改良工作；

——制定、修正奶牛改良方向，确定奶牛群改良方案；

——建立奶牛信息管理系统；

——组织奶牛生产性能测定，及时反馈 DHI 报告；

——组织后裔测定工作，确定后备牛培育方案；

——提供良种公牛信息，组织国内外奶牛良种交流和技术推广；

——筹措改良经费，制定相关政策。

4.2.2 分部奶牛改良工作组工作内容：

——落实奶牛改良工作各项内容；

——组织开展奶牛生产性能测定，及时提供 DHI 分析报告，指导奶牛改良和生产管理工作；

——组织、会同牛场育种员对所属牛场头胎牛进行外貌鉴定；定期进行奶牛外貌普查；建立核心牛群；

　　——协助牛场做好使用公牛的选择，制订个体奶牛的选配方案；

　　——对生产性能、外貌鉴定、后备牛培育、后裔测定数据等各项数据及时进行收集、分析。定期报告分公司奶牛改良领导小组。

4.2.3　牛场育种员工作内容：

　　——认真落实奶牛改良工作各项规定；

　　——根据本场牛群实际情况，制订具体的选配方案并实施；

　　——负责奶牛育种数据的收集、记录、分析；定期提交有关报表；

　　——每月负责为泌乳牛做生产性能测定；

　　——利用计算机和网络技术进行数据的统计分析、反馈；

　　——及时为奶牛改良工作提出合理化建议。

辅助生产管理标准

1 范围

本标准规定了辅助生产管理的职责和要求。

本标准适用于石河子所有奶牛场。

2 规范性引用文件

下列文件中的条款通过本标准的引用而成为本标准的条款。凡是注日期的引用文件，其随后所有的修改单（不包括勘误的内容）或修订版均不适用于本标准。然而，鼓励根据本标准达成协议的各方研究是否可使用这些文件的最新版本。凡是不注日期的引用文件，其最新版本适用于本标准。

Q/shz T 08 04—2014 奶牛饲养管理技术标准：牛奶质量控制

3 职责

3.1 奶库由挤奶班班长负责管理。

3.2 饲料班由饲料班班长负责管理。

3.3 药品库和辅料库由库管员负责管理。

3.4 锅炉由锅炉工负责管理。

3.5 配电室由电工负责管理。

3.6 维修由维修人员负责管理。

4 要求

4.1 奶库

4.1.1 制冷员每班提前 30 min 到岗，检查设备，做好挤奶准备，正点开机挤奶。

4.1.2 严格按设备操作说明使用设备，严禁违章使用，定期检查、维修机器设备，做好保养工作，及时添加、更换机油和部件，发现设备异常和故障及时修理，保证挤奶、制冷工作正常进行。

4.1.3 制冷机组应保证通风良好，制冷机组周围不应堆放杂物。

4.1.4 随时观察温度变化和压缩机油量，清洁制冷机组冷凝器。

4.1.5 电器元件及电控制柜严禁接触水，以免发生短路损坏电器元件。

4.1.6 制冷机组保护时严禁强行启动冷罐。

4.1.7 严禁自行改动、拆卸、调整及加装制冷系统和控制系统。

4.1.8 准确计量，及时做好入出库记录，保证数据正确，保证账实相符。

4.1.9 每班及时开制冷机，将奶温降到 4 ℃。

4.1.10 按照管道冲洗和奶罐刷洗程序按 Q/shz T 08 04—2014 的要求执行，保证冲洗效果和牛奶质量。

4.1.11 保证环境干净卫生，设备每班擦 1 遍。

4.1.12 下班时关好节门、锁好库门，保证不跑奶、不丢奶。

4.2 饲料组

4.2.1 按技术员的日粮配方每天按时按量运送各组的饲草、精料。

4.2.2 严格按照中心制定的精料配方进行配置，配料时严格按照日粮配方进行，保质保量配制各牛群的日粮。

4.2.3 按时配置、添加 TMR 日粮，保证按每组牛的日粮标准供给，添撒均匀。

4.2.4 加强对饲草、精料的保管，定期检查饲料库，避免出现饲料发霉变质，应注意灭鼠、防盗、防潮，各种饲料码放整齐，地面和沿途无撒料，杜绝饲料的浪费。青贮窖薄膜损坏，应及时修补，雨后及时排出青贮窖内积水，严防被雨水浸泡变质。

4.2.5 严格按照铡草机操作使用说明进行切短加工，确保人身安全和加工质量。

4.2.6 按时擦洗、保养车辆和机器设备，及时更换机油、黄油、部件，保证车况良好，发现异常及时修理，保证正常送料。

4.2.7 注意交通安全和生产安全，谨慎驾车，慢速行驶，严禁酒后驾车。

4.2.8 严格出入库手续，把好入库数量、质量关，入库单要和饲料数量、质量、规格相符，才能验收入库，出库应填领料单（记录有领料人、经手人、领料品种、数量和日期），领料人要签字。每天记录入出库数量，做到账平库实。

4.2.9 每月盘库 1 次，及时向场长汇报用料情况，保证饲料供应。

4.2.10 搞好库房、草棚及周围的环境卫生，保持整洁、干净。

4.3 药品库

4.3.1 药品要分类摆放整齐，严禁购进过期和禁用药品。

4.3.2 严格出入库手续，入库的数量、质量、规格要与货单相符，出库时应有兽医签字。

4.3.3 每月盘库 1 次，及时上报，保证药品的供应。

4.3.4 搞好库房及周围的环境卫生，保持整洁、干净。

4.3.5 药品库房非工作人员不得入内，以防事故的发生。

4.4 辅料库

4.4.1 设备备件及各种低值易耗品应码放整齐、易于清点和取放。

4.4.2 严格出入库手续，入库的数量、质量、规格要与货单相符，出库时应有有关人员签字。

4.4.3 每月盘库 1 次，及时上报，保证辅料的供应。

4.4.4 搞好库房及周围的环境卫生，保持整洁、干净。

4.5 锅炉

4.5.1 锅炉工应持证上岗，工作时应穿戴劳动防护用品。

4.5.2 应及时保证车间供水，水温符合要求。冬季保证供暖工作。

4.5.3 锅炉及辅助设备应按时检查、保养，随时观察各设备的运行情况，发现问题及时解决。

4.5.4 严格执行 3 级保养制度，做好锅炉的年检工作。保证安全阀、压力表、水位计灵敏可靠。

4.5.5 锅炉房的除尘设备应保持良好，定期检查并清理所聚集的尘埃。

4.5.6 定期对锅炉进行除垢处理。

4.5.7 注意锅炉使用时的安全问题，保证生产正常运行。

4.5.8 注意节约燃料，对没有烧透及没有灭火的炉渣，严禁推出锅炉房。

4.5.9 做好各项记录。

4.5.10 非工作人员严禁入内。

4.5.11 搞好锅炉房内外的卫生，保证环境干净、清洁。

4.6 配电室

4.6.1 电工应持有高压操作电工本方能上岗。

4.6.2 按行业相关规定标准安装各种电器设备、线路。

4.6.3 定期检查线路、电器设备、电闸开关等设施，预防漏电、短路、设备超负荷用电，确保全场正常生产和安全用电。

4.6.4 严禁酒后操作。

4.6.5 配电室要保持洁净、干燥并配备灭火器。

4.6.6 严格值班制度，昼夜有人值班，确保场内生产正常进行。

4.6.7 非工作人员严禁入内。

4.7 维修组

4.7.1 维修工应持有电、气焊操作证书方能上岗。无证人员禁止上岗作业，非维修人员禁止使用设备。

4.7.2 正确使用电气焊及维修设备，按有关操作规程作业，坚持安全第一的原则，确保场内维修任务完成。乙炔罐、氧气瓶与作业面，应间隔 10 m 以上。使用电气焊时应穿好防护用具。

4.7.3 定期检查设备，及时保养维护，确保设备正常使用。

4.7.4 设备出现问题应及时维修，确保生产正常进行。

4.7.5 严格执行设备维修使用的操作规程。

4.7.6 严禁酒后操作。

4.7.7 严格值班制度，昼夜有人值班，确保场内生产正常进行。

4.8 冷库管理

4.8.1 电源电压应符合要求，电压为 380V。

4.8.2 制冷机组应保证通风良好，制冷机组周围不应堆放杂物。

4.8.3 应严格控制库量，每日入库量不应超过总库容量的 15%。

4.8.4 冷库内物品摆放应整齐合理，应留有通风道。

4.8.5 应定期检查入库产品，防止产品变质。

4.8.6 应做好产品入库出库记录，保证账实相符。

4.8.7 冷库内严禁存放有毒有害物质，防止食物中毒。

4.8.8 随手关门，随时观察温度变化。观察压缩机油量，定期清洁制冷机组凝器。

4.8.9 观察蒸发融霜及电脑控制柜运转情况。

4.8.10 电器元件及电脑控制柜严禁接触水，以免发生短路损坏电器元件。

4.8.11 定期检查、维修机器设备，做好保养工作。

4.8.12 不得在制冷机组保护时强行启动冷库。

4.8.13 不得自行改动、拆卸、调整及加装制冷系统和控制系统。

4.8.14 不得碰撞制冷机组、蒸发器、连接管路及控制系统。

5 报告与记录

内容包括：时间、用品名称、数量、领取部门、经手人。

防疫卫生管理标准

1 范围

本标准规定了奶牛场奶牛防疫卫生管理的职责、内容和要求。

本标准适用于石河子所有奶牛场的防疫卫生管理。

2 规范性引用文件

下列文件中的条款通过本标准的引用而成为本标准的条款。凡是注日期的引用文件，其随后所有的修改单（不包括勘误的内容）或修订版均不适用于本标准。然而，鼓励根据本标准达成协议的各方研究是否可使用这些文刊的最新版本。凡是不注日期的引用文件，其最新版本适用于本标准。

GB 7959　粪便无害化卫生标准

GB 8987　污水综合排放标准

GB 16548　病死畜禽无害化处理标准

DB11/T 150.3—2014　奶牛饲养管理技术规范

Q/shz T 08 04—2014　牛奶质量控制

Q/shz T 09 01—2014　奶牛防疫技术标准

Q/shz T 18 01—2014　环保技术标准

兽药管理条例

3 职责

生产副场长和牛场兽医负责本场的防疫卫生管理工作，牛场门卫负责入场车辆、人员的消毒。

4 内容和要求

4.1　疾病防治要以预防为主、防重于治为方针。

4.2　各类人员应按照 DB11/T 150.3—2014 中第 6 条的要求进行防疫。

4.3　消毒防疫的方法和要求应执行 Q/shz T 09 01—2014。

4.4　用药应符合国家相关规定。

4.5　疫病报告制度应符合 DB11/T 150.3—2014 中第 6 条的规定。

4.6　牛场卫生按照 Q/shz T 08 04—2014 第 6.1 条执行。

4.7　疫情上报

4.7.1　疫情报告责任，发现疫情时必须立即向场长报告。场长立即赴现场，并提出意见，采取防疫措施。有关部门和个人应立即执行。

4.7.2　疫情报告形式，逐级上报，传递紧急疫情时，应以最快的方式上报场长，场长上报畜牧兽医站站长。

4.7.3　奶牛出售与淘汰兽医站应开具检疫合格证明。

4.8　无害化处理

——废弃牛奶要经过消毒后按 GB 8987 中的规定处理；

——病死尸体的处理执行 GB 16548 的规定；

——粪便的处理执行 GB 7959 的规定。

5　报告与记录

内容包括：时间、药品、耳号、负责人。

设备设施管理标准

1　范围

本标准规定了牛场专用设备、通用设备和牛舍设施管理的职责和管理标准。

本标准适用于石河子所有牛场专用设备、通用设备和牛舍设施的管理。

2　规范性引用文件

下列文件中的条款通过本标准的引用而成为本标准的条款。凡是注日期的引用文件，其随后所有的修改单（不包括勘误的内容）或修订版均不适用于本标准。然而，鼓励根据本标准达成协议的各方研究是否可使用这些文件的最新版本。凡是不注日期的引用文件，其最新版本适用于本标准。

Q/shz T 08 04—2014　牛奶质量控制

Q/shz T 10 01—2014　设备设施技术标准

3　职责

3.1　挤奶员、饲养员负责挤奶厅、牛舍、食槽、引水槽、运动场和凉棚的使用和管理。

3.2　维修人员负责受压容器的使用和管理。

3.3　锅炉工负责锅炉的使用、保养和管理。

3.4　柴油机由司机负责使用和管理。

3.5　挤奶机、制冷机由挤奶员负责使用和管理。

3.6　饲料搅拌车和牛棚设施由饲养组和饲养员负责使用和管理。

3.7　设备的安装验收由相关部门进行。

4　管理内容与要求

4.1　设备

4.1.1　设备购置

4.1.1.1　设备购置计划管理：根据生产需求和实际情况，需要购置设备时，由相关部门编制购置计划，计划内容要具体（应包括设备名称、数量、价格、用途），写出购置申请。

4.1.1.2　设备购置申请审批程序：先将购置申请递交部门负责人审阅，再由递交场长审批。

4.1.1.3　设备购置程序：根据生产情况，向上级单位申请资金，按计划购置。

4.1.1.4　设备购置质量：应符合 Q/shz T 10 01—2014。

4.1.1.5　设备验收安装管理：使用单位开箱验收检查设备是否齐全，重要设备应与供货商共同验收。厂家派人协助安装并进行调试。

4.1.2　设备控制、维护、保养管理

4.1.2.1　受压容器

4.1.2.1.1　使用维修保养按说明书。

4.1.2.1.2　作业人员持证上岗操作，无证不得上岗。

4.1.2.1.3　压力表应经常检查，保持灵敏可靠，应经常检查受压容器密闭情况和受压状态，及时更换零部件，清除水垢。氧气瓶、乙炔气瓶等应远离热源和腐蚀性环境。

4.1.2.1.4　压力容器应每年定期强制检验 1 次。

4.1.2.2 锅炉

4.1.2.2.1 使用维修保养按说明书。

4.1.2.2.2 司炉工应经过安全技术培训，具有司炉工操作许可证。

4.1.2.2.3 锅炉房的除尘设备应保持良好，司炉工定期检查并清理所聚集的尘埃，发现设备失效时应停炉检修。

4.1.2.2.4 锅炉压力表应每年定期强制检验1次。

4.1.2.2.5 每年定期除垢1次。

4.1.2.2.6 锅炉受压部件的安全阀、压力表、水位计应经常检查，保持灵敏可靠。

4.1.2.3 发电机

4.1.2.3.1 使用、维修、保养按说明书进行。

4.1.2.3.2 操作人员应熟悉发电机结构和使用要求，严格按说明书规定技术要求操作和保养。

4.1.2.3.3 发电机冷车启动后应慢慢提高转速，不可突然高速运转，更不要超时间空转，工作正常时才能向外送电。

4.1.2.3.4 停车后如果环境温度低于5℃时，且未使用防冻剂时，应将水箱和柴油机体内水放尽。

4.1.2.3.5 禁止柴油机在无空气滤清器的情况下工作，防止空气未经过滤进入气缸。

4.1.2.3.6 向柴油机加燃油和机油时，应选用规定的牌号，加入时都要经过滤网过滤，燃油要经过沉淀72 h以上方可使用。

4.1.2.4 挤奶机

4.1.2.4.1 操作人员应熟悉挤奶机的结构和工作原理，严格按照 Q/shz T 08 04—2014 要求进行操作和保养。

4.1.2.4.2 定期更换或添加真空泵机油，防止干转造成旋片破损。

4.1.2.4.3 定期更换挤奶机部件，如奶气管、乳套等。

4.1.2.4.4 定期检查、核对、调试脉动器脉动频率，使之保持在 55 次/min～65 次/min。

4.1.2.4.5 定期检查真空调节器，保证其正常工作。

4.1.2.5 制冷机组

4.1.2.5.1 操作人员应熟悉制冷机的工作原理，严格按照制冷机使用说明书的要求进行操作和保养。

4.1.2.5.2 每班检查压缩机的工作状况和压力情况，保持良好的制冷效果。

4.1.2.5.3 经常检查电路和配电柜，保证电路工作正常。

4.1.2.6 饲料搅拌车

4.1.2.6.1 操作人员应有驾驶证，熟悉、了解、掌握搅拌车的基本性能。

4.1.2.6.2 按时检修、保养车辆，及时添加、更换机油、黄油和部件。保证车辆正常运行。

4.1.3 设备改造、报废管理

4.1.3.1 根据设备使用和生产需求情况，需要对现有设备进行改造或更新，由部门主任编制设备改造计划（包括设备型号、使用年限、设备状况），制订详细、可行的改造方案，写出申请。

4.1.3.2 对需要报废的设备应书面申请（设备型号、使用时间、设备状况、处理方法）。

4.1.3.3 设备改造、报废申请递交畜牧兽医管理站，站长签署意见后，由财务部门进行账务处理。

4.1.3.4 备品备件管理

4.1.3.5 备品备件储备定额，根据设备使用情况和资金状况，适当储备备品备件。

4.1.3.6 备品、备件购置由部门负责人写出书面申请，递交场长审批。

4.1.3.7 备品、备件储存、保管由牛场库管员负责，领用时严格按照出入库手续。

4.1.4 设备档案管理

4.1.4.1 对所有设备都要建立档案。

4.1.4.2 设备建档的内容主要包括购置时间、安装时间和检验记录、使用说明、设备图样、有关图表、主要性能、使用和保养情况。

4.2 设施管理标准

4.2.1 牛舍

包括成母牛舍、后备牛舍、产房、犊牛室和挤奶厅，要求每班下班时将牛棚的地面、墙壁打扫、清理干净，工具摆放整齐。定期对牛舍进行检修、保养，保证生产正常进行。

4.2.2 食槽

要求每班下班时（每天早上喂 TMR 日粮的）将食槽打扫干净，定期进行消毒。

4.2.3 饮水槽

定期刷洗、消毒，保证饮水槽干净、卫生。

4.2.4 运动场

保证平整、干燥，定期消毒。

5 报告与记录

5.1 维修保养记录：时间、维修内容、故障性质、维修人。

5.2 设备档案：购置时间、厂家、存放地点、起用时间、设备使用说明书、保修单、安装说明书。

测量、检验、试验管理标准

1 范围

本标准规定了生鲜牛奶检验方法、规则、标志、包装、运输和储存管理要求。

本标准适用于石河子所有奶牛场。

2 规范性引用文件

下列文件中的条款通过本标准的引用而成为本标准的条款。凡是注日期的引用文件，其随后所有的修改单（不包括勘误的内容）或修订版均不适用本标准。然而，鼓励根据本标准达成协议的各方研究是否可使用这些文件的最新版本。凡是不注日期的引用文件，其最新版本适用于本标准。

GB 5409—85　牛乳检验方法

GB 6914—86　生鲜牛乳收购标准

Q/shz T 08 01—2014　饲料与营养

Q/shz T 08 02—2014　饲养管理与生产工艺

Q/shz T 08 03—2014　卫生保健

3 职责

3.1　牛场化验员负责牛乳的化验检验工作。

3.2　乳品厂负责商品奶的化验检验工作。

4 内容与要求

4.1 器具管理

4.1.1　仪器设备应有专人管理，建立仪器设备管理台账，内容包括：每台仪器设备编号、名称、规格型号、制造厂家、价格、技术特征、检定部门、检定周期、启用日期、报废日期、存放地点和管理人员等。

4.1.2　每台仪器设备应建立档案，内容包括：使用说明书、出厂合格证、进站验收单、检定和校准证书、安装调试记录和使用维修记录等。

4.1.3　仪器设备的使用应满足仪器设备对环境的要求，管理人员应经常检查，定期认真维护保养，发现问题及时上报处理。

4.1.4　仪器设备管理人员应对仪器设备实行标志管理。

4.1.5　管理人员或使用人员在所用仪器设备丢失时，应由当事人查明原因出具书面报告和证明，及时上报主管领导，根据情况处罚或赔偿。

4.1.6　仪器设备的维修。

4.1.6.1　由仪器设备管理人员提出仪器设备维修计划，上报部门主任审批执行。

4.1.6.2　仪器设备安排专职修理人员修理。专管专用仪器设备应由仪器设备使用人员配合修理人员修理。本单位不能修复的仪器设备应由仪器管理人员联系送外修理。

4.1.6.3　仪器设备在使用过程中损坏时，应立即停止使用，查明原因，将维修申请和仪器设备使用记录一同上报部门主任，由主管领导安排修理事宜。

4.1.6.4　仪器设备修复后，应经检定或校准合格，并贴上合格标志，方可使用。

4.1.7　仪器设备的降级和报废处理。

4.1.7.1 仪器设备的降级和报废处理，应由仪器设备的使用部门提出申请，经检定人员检定或校准达不到使用标准时，根据结果确定降级或报废处理，并做好记录。记录内容主要包括不合格原因、购置日期、已使用年限、检定人、批准人等。

4.1.7.2 仪器设备在周期检定中，经检定或校准达不到使用标准时，根据结果确定降级或报废，并做好记录。

4.2 产品的监视和测量

4.2.1 生鲜牛乳执行 GB 6914—86、液氮生物容器执行 GB 5458 的规定。

4.2.2 检测方法与规程。

4.2.2.1 生鲜牛奶。按照 GB 5409 方法中的规定执行。

4.2.2.2 牛场牛奶的化验检验：

——每月逐头检测泌乳牛的乳脂率、乳蛋白率、体细胞数；

——牛场资料员保管检验结果，并与乳品厂的结果进行对比。

4.2.2.3 乳品厂牛奶的化验检验：

——乳品厂取样时按 GB 6914—86 中的 3.1 条款进行，保证打耙次数和取样准确；

——乳品厂对牛场的各项指标按照 GB 5409 的规定进行检验，检验时应本着对牛场负责的态度，检验结果应真实、客观。

4.2.2.4 第三方检验：

——当乳品厂检验结果与牛场检验结果不一致时，双方化验员进行交流，协商解决；

——双方协议达不成一致时，请第三方（当地乳品质量监督检验站）进行检测做出鉴定。

4.2.3 检测结果处理。

4.2.3.1 检验员将检测结果上报部门领导。

4.2.3.2 部门领导根据结果决定合格产品的出场与不合格产品的废弃。

5 验收

生鲜牛乳按 GB 6914—86 验收（签订有鲜奶销售合同的，按合同规定的质量标准验收）。

6 报告与记录

6.1 检验记录内容包括检验时间、检验人、产品名称、检验数量、检验指标、检验结果。

6.2 验收记录应包括验收时间、验收人、产品名称、数量、验收指标，验收结果。

包装、搬运、储存运输管理标准

1 范围

本标准规定了生鲜牛奶、兽药、饲料的包装、搬运、储存、运输职责和管理要求。

本标准适用于石河子所有牛场生鲜牛奶、兽药、饲料、所属各单位的储存运输。

2 规范性引用文件

下列文件中的条款通过本标准的引用而成为本标准的条款。凡是注日期的引用文件，其随后所有的修改单（不包括勘误的内容）或修订版均不适用于本标准。然而，鼓励根据本标准达成协议的各方研究是否可使用这些文刊的最新版本。凡是不注日期的引用文件，其最新版本适用于本标准。

GB 6914—86 生鲜牛乳收购标准

Q/shz M 02 01—2014 采购管理标准

Q/shz T 02 01—2014 鲜牛乳技术标准

Q/shz T 12 01—2014 包装、搬运、储存技术标准

3 职责

3.1 挤奶班班长负责生鲜牛奶制冷和储存。

3.2 场长负责协调运输工作。

4 管理内容与要求

4.1 生鲜奶牛乳

4.1.1 生鲜牛乳的盛装应采取表面光滑的不锈钢制成的储奶罐。

4.1.2 应采取机械化挤奶，牛奶挤出后 1 h～2 h 内冷却到 3 ℃～5 ℃保存，存储时间不超过 48 h。

4.1.3 保持奶库清洁卫生，每天清扫、冲刷 1 遍。

4.1.4 下班后关好门窗和照明，锁好奶库。

4.1.5 生鲜牛乳的运输应使用表面光滑的不锈钢制成的保温罐车。

4.1.6 出场前牛奶储存温度应保持 3 ℃～5 ℃，中途不能过多停留，将牛奶运到加工厂，保持牛奶冷却状态。

4.1.7 奶车、奶罐每次用完后内外彻底清洗、消毒 1 遍。

4.1.8 奶车、奶罐清洗时，先用温水清洗，水温要求：35 ℃～40 ℃；然后用热碱水循环清洗消毒。碱水浓度按照药品说明书进行配置；最后用清水冲洗干净。

4.1.9 奶泵、奶管使用后应及时清洗和消毒。

4.1.10 及时记录出入库数据，数据记录清晰、准确。

4.2 药品

4.2.1 药品要分类摆放整齐，严禁购进过期和禁用药品。

4.2.2 药品要常温保存，严禁阳光照射、雨淋或结冰。

4.2.3 药品的运输由供货商负责，在运输过程中保证药品避免挤压、阳光照射、雨淋或结冰，要求低温保存的药品应配备保温箱和冰块。

4.2.4 对激素类、生物制剂和疫苗应按照要求低温（－4 ℃）保存。

4.2.5　严格出入库手续，入库的数量、质量、规格要与货单相符，出库时应有兽医签字。

4.2.6　每月盘库1次，及时上报，保证药品的供应。

4.2.7　搞好库房及周围的环境卫生，保持整洁、干净。

4.2.8　药品库房非工作人员不得入内，以防事故的发生。

4.3　饲料、饲草

4.3.1　定期检查饲料库，避免出现饲料发霉变质。

4.3.2　注意灭鼠、防盗、防潮。

4.3.3　各种饲料分类码放整齐，地面无撒料，杜绝饲料的浪费。

4.3.4　青贮窖薄膜损坏，及时修补，雨后及时排出青贮窖内积水，严防被雨水浸泡变质。

4.3.5　严格出入库手续，把好入库数量、质量关，入库单要和饲料数量、质量、规格相符，才能验收入库，出库应填领料单，领料人要签字。

4.3.6　每天记录入出库数量，做到账平库实。

4.3.7　每月盘库1次，保证饲料供应。

4.3.8　搞好库房、草棚及周围的环境卫生，保持整洁、干净。

4.3.9　饲料的运输由供应商负责，在运输途中必须按照各类物品的要求和交通管理规定，严禁超高、超宽、超长，避免阳光照射、雨淋，中途不要停留。

5　报告与记录

执行 GB 6914—86 第 3 章的规定。

能源管理标准

1 范围

本标准规定了水、煤、电、燃油的管理标准。

本标准适用于石河子所有奶牛场。

2 规范性引用文件

下列文件中的条款通过本标准的引用而成为本标准的条款。凡是注日期的引用文件，其随后所有的修改单（不包括勘误的内容）或修订版均不适用于本标准。然而，鼓励根据本标准达成协议的各方研究是否可使用这些文刊的最新版本。凡是不注日期的引用文件，其最新版本适用于本标准。

Q/shz T 14 01—2014　能源技术标准

3 职责

3.1　办公室负责能源的总体控制。

3.2　生产部门主要管理人员负责本部门的能源管理。

4 管理内容与要求

4.1 能源计量

4.1.1 能源计量器具的管理范围

4.1.1.1　水：流量计、水表。

4.1.1.2　电：电能表。

4.1.1.3　煤：地中衡。

4.1.1.4　燃油：流量计。

4.1.2 能源计量器具的管理

4.1.2.1　计量器具的检验。

器具所属单位应建立计量器具技术履历台账作为原始记录，注明器具的名称、规格、型号、制造厂、出厂日期、购买日期、历次检定校验日期以及使用日志。

4.1.2.2　使用和维修计量器具人员应爱护计量器具，按技术要求使用。做好日常维护保养，保证器具的正常使用。

4.1.2.3　计量器具费用纳入生产成本管理。

4.2 能源管理

4.2.1　电能表、水表每月进行1次查表、检查，确定用电、水数量和计量器工作状况；每月核定燃油使用数量。

4.2.2　应尽可能避开用电高峰用电，降低用电成本。不使用的电器应及时关闭电源，节约用电。

4.2.3　电器设备和线路如需引线和改线，电工应按有关操作要求，在确保安全的情况下进行。

4.2.4　严禁使用违禁电器设备。

4.2.5　做好水塔、水泵及其附属管线的检修，确保供水。

4.2.6　维护好输水管线，减少跑、冒、滴、漏现象，尽可能循环用水，节约用水。

4.2.7 应使用国家规定低硫煤，减少环境污染，降低消耗。

4.2.8 做好相应的记录。

5 报告与记录

记录应包括科目、查表时间、表数、消耗量、计量器状况、查表人。

生产安全管理标准

1 范围

本标准规定了奶牛场生产安全管理的职责和要求。

本标准适用于石河子所有奶牛场生产安全管理。

2 职责

2.1 奶牛场场长是生产安全管理和安全教育的第一责任人。

2.2 牛场主管安全的副场长具体负责安全教育工作。

2.3 部门负责人负责本部门的生产安全管理。

2.4 办公室是安全生产的管理部门。

3 安全教育

3.1 一级教育

——牛场主管领导是安全教育的第一责任人，副场长和部门主管安全的负责人负责组织一级安全教育工作；

——一级安全教育内容包括安全生产重要性；本单位安全生产特点；国家安全生产方针、政策、规程；本单位安全生产责任制；劳动保护监察有关条例；现场安全管理。

3.2 二级教育

——部室、班组组织二级安全教育，具体由部长、班组长负责进行，被教育者主要为一般员工；

——二级安全教育内容包括本部室、车间、班组安全概况，安全生产特点，本工种安全操作规程，本工种使用的工作器具安全防护知识，个人防护用品使用知识及本部室、车间、班组的安全经验培训，预防事故的实施；

——新调入人员（大中专学生、技校毕业生、合同工、临时工、转复员军人、学徒工及实习、代培人员）应进行二级安全教育，并经考试合格方能进入工作岗位。

3.3 日常教育

3.3.1 牛场场长、基层领导应通过各种会议和安全培训班对员工进行经常性的安全技术知识教育，增强员工安全意识，提高员工安全素质。

3.3.2 部室、班组上岗前应开好班前安全会，在分配工作的同时，有针对性地进行安全教育。

3.3.3 各部室、车间、班组应按牛场安全教育计划安排好本部室、车间、班组的安全教育。

3.3.4 充分利用橱窗、板报、广播、电视录像等多种形式对员工进行安全教育。

3.3.5 每年组织1次对中层干部的安全教育。

3.3.6 每年组织1次对专职安全员的安全教育。

3.3.7 日常教育内容与时数。

3.3.7.1 通过日常工作、生产、管理活动对干部、员工进行安全意识教育，分析安全生产的形势和特点，找出问题，采取解决和改进措施。

3.3.7.2 通过开办学习培训班，提高干部员工安全技术素质。

3.3.7.3 日常教育全体员工每年不少于 24 h。

3.4　特种作业教育

3.4.1　凡从事特殊工种工作人员应经过专业安全技术培训，考试合格，取得操作证，才能上岗。

3.4.2　无证上岗，应严肃处理。

3.4.3　特殊工种的安全教育工作，应严格执行《关于加强对特种作业人员安全考核管理有关问题的通知》要求，按规定送培特种作业人员。

3.4.4　应每季度对库管员、草场看护员、饲料员进行1次专业安全防火教育。

3.5　复工教育、调岗教育

3.5.1　复工教育按复工前离岗的原因及复工后岗位进行针对性教育。

3.5.2　调岗教育应按调岗的岗位进行本工种安全技术操作规程教育，时间与二级安全教育时间等同。

3.6　安全例会安全教育内容

3.6.1　传达贯彻党和国家有关安全生产的方针、政策、法令及上级部门文件、会议精神。

3.6.2　总结安全生产工作，部署下一步工作安排。

3.6.3　进行有关安全生产知识、规程的学习。

3.6.4　分析事故发生的原因、责任、改进措施。

3.7　干部教育

3.7.1　内容为安全生产方针、政策、安全生产责任制、安全管理知识、安全技术知识。

3.7.2　中层干部不少于24 h，一般干部不少于16 h。

3.8　违章教育

针对违章情况进行教育。

3.9　安全员教育

3.9.1　内容为国家有关安全生产的方针、政策、法规、安全生产责任制、安全技术知识、安全管理知识。

3.9.2　每年不少于24 h。

3.10　教育考核

3.10.1　新调入人员进行二级安全教育的同时进行考核，考核合格后方可上岗。

3.10.2　牛场每年按计划进行全员安全考核，并记入综合考评成绩。

3.10.3　年度安全考核成绩不合格，限期整改，再进行考核。

3.10.4　如当年特种作业有关主管部门已进行考核，牛场不再考核。

3.10.5　部室、车间、班组考核成绩为员工当年的考核成绩。

4　安全生产

4.1　安全操作

4.1.1　挤奶员、饲养员应严格按照挤奶、饲养操作规程进行，严防被牛踢伤、踩伤、被热水烫伤、滑倒摔伤。

4.1.2　配种、兽医应严格按照配种、兽医操作规程和兽药使用规定进行，严防被牛踢伤、踩伤，注意用药安全，防止牛奶中药品残留超标。

4.1.3　接产员应严格按照接产操作规程进行，严防被牛踢伤、踩伤、扭伤、滑倒摔伤。

4.1.4　化验员应严格按照化验室要求和工作要求进行，严防出现事故。

4.1.5　电工、维修工应严格按照电工、维修工操作规程和安全用电规定进行，严禁违章作业，严防出现漏电、触电和其他事故。

4.1.6　饲料工应严格按照饲料组工作要求和操作规程进行，严防出现机械伤人事故。

4.1.7 警卫人员应严格按照治安管理条例和消防管理条例，严防出现盗窃、火灾和其他刑事案件。

4.1.8 兽医和门卫应严格按照卫生防疫管理条例进行，严防出现疫情，保证牛群健康。

4.1.9 司机严格遵守《机动车和机动驾驶员管理暂行办法》，按照工作要求进行，严防出现交通事故。

4.1.10 积粪组司机应严格按照积粪组司机工作要求进行，严防出现场内交通事故。

4.1.11 锅炉工应严格按照锅炉操作规定操作，严禁违章操作，严防出现事故。

4.1.12 食堂应严格执行食品卫生和煤气使用规定，严防出现食物中毒和煤气泄漏事故。

4.1.13 其他岗位工作人员应严格按照工作要求进行，确保人身和生产安全。

4.2 特种设备管理

使用人员严格按设备说明书执行。

5 安全生产事故的上报与处理

5.1 安全生产事故的上报

5.1.1 发生安全生产事故后，事故现场有关人员应立即将事故发生的时间、地点、现场情况以及可能的事故原因报告本单位主要负责人，并采取必要的自救、互救措施，以免造成更大的人员伤亡和财产损失。

5.1.2 企业负责人接到报告后，应立即组织抢救工作，并将情况如实报告上级安全生产管理部门。

5.2 事故报告内容

5.2.1 事故发生的时间、地点、及事故伤亡情况。

5.2.2 事故的简要经过、伤亡人数和直接经济损失的初步估计。

5.2.3 事故原因的初步分析。

5.2.4 事故发生后采取的措施。

5.3 安全生产事故处理

安全生产事故的调查工作通过事故调查组完成。调查组应查清事故的原因、经过、人员伤亡和财产损失情况、对事故责任人的处理意见及预防事故再次发生所采取的具体措施，编写出事故调查报告。

6 安全检查

6.1 安全生产检查工作应由综合部组织相关部室和分公司完成，每半年进行1次。日常检查由各单位负责人组织进行。

6.2 检查内容

6.2.1 消防设备设施情况，特别是草场的重点部位。

6.2.2 饲养员配备工作服、胶鞋，严格执行饲喂操作规程。

6.2.3 配种、兽医配备工作服、长臂手套、高筒胶鞋，严格执行操作规程和兽药使用规定。

6.2.4 饲料工配备披肩帽，严格执行操作规程。

6.2.5 接产员配备工作服、高筒胶鞋，严格执行接产操作规程。

6.2.6 化验员应有白大褂，按化验要求操作。

6.2.7 司机应持证上岗，严格遵守《机动车和机动驾驶员管理暂行办法》和工作要求。

6.2.8 电工、维修工应持有电工操作本和电气焊本，配备绝缘鞋、电气焊护眼罩并按规定使用，严格执行电工、维修工操作规程和安全用电规定。

6.2.9 锅炉工应有司炉本，配备工作服和手套，严格执行锅炉操作规定。

6.2.10 使用其他生产机械应严格执行其操作规定。

6.2.11 财务室配备保险柜，安装防盗门窗、报警器。

6.2.12 食堂配备电冰箱、冰柜、燃气灶，严格执行各种电器和煤气使用规定。

6.2.13 积粪组严格执行积粪组车辆使用规定。

6.2.14 其他岗位工作人员应严格执行相应的岗位操作规定。

6.3 检查结果处理

发现问题，及时提出整改要求及措施，限期整改，不留安全隐患。

7 安全生产责任书

牛场对部门、牛场对班组、班组对个人每年逐级签订安全生产责任书。明确生产、消防、内保、交通安全责、权、利，责任书由签订人分别妥善保管。

8 报告与记录

8.1 调查报告表

主要内容：时间、地点、调查人、事件情况、损失评估。

8.2 锅炉房运行记录

主要内容：时间、锅炉水压、气压、蒸发量、炉膛省煤器的负压、温度、进口烟温、出口烟温、出口水温、电流、操作人。

消防安全管理标准

1 范围

本标准规定了奶牛场消防与安全管理的职责和要求。

本标准适用石河子所有奶牛场的消防安全管理。

2 规范性引用文件

下列文件中的条款通过本标准的引用而成为本标准的条款。凡是注日期的引用文件,其随后所有的修改单(不包括勘误的内容)或修订版均不适用于本标准。然而,鼓励根据本标准达成协议的各方研究是否可使用这些文件的最新版本。凡是不注日期的引用文件,其最新版本适用于本标准。

Q/shz M 09 01—2014 安全生产管理标准

3 职责

牛场主要领导是本单位、本部门消防安全的第一责任人,消防安全管理由办公室具体负责。牛场消防安全由各部门主管领导负责消防安全的全面管理,具体工作由牛场安全员负责。

4 要求

4.1 安全教育

按照 Q/shz M 09 01—2014 的要求执行。

4.2 安全操作

4.2.1 逐级签订安全生产责任书,明确消防安全职责,确定各级各岗的消防安全责任人。

4.2.2 加强巡视,提高警惕,及时发现异常情况。

4.2.3 电工、锅炉工、维修工等特种工种要按照其工作要求持证上岗,严格按规程操作。

4.3 安全检查

4.3.1 警卫人员遵守工作时间,坚守工作岗位。

4.3.2 在草场、饲料库及重点防火区设置防火标志。

4.3.3 警卫人员会正确使用灭火器、消防栓等消防器材。

4.3.4 消防重点部位应当进行每日巡查,并确定巡查人员、内容、部位和频次。其他部位可以根据需要组织防火巡查。巡查内容应当包括:

——饲料库、草场防火安全状况;

——用火、用电有无违章;

——安全出口、疏散通道是否畅通,安全疏散标志、应急照明是否完好;

——消防设施、器材和消防安全标志是否到位、完整;

——常闭式防火门是否处于常闭状态,防火卷帘下是否堆放物品影响使用;

——消防重点部位的人员在岗情况。

4.3.5 做好消防器材和设施的维修、保养工作,保证消防器材和设施的有效性和实用性。

4.3.6 经常检修线路,防止线路老化。

4.3.7 正确使用各种电器、设备,防止出现超负荷运行。

4.3.8 正确使用取暖炉和锅炉,将炉灰、炉渣在屋内放凉后再堆放到指定位置。

4.4　报告与记录

4.4.1　交接班的手续记录：交接人、时间、安全情况及注意事项。

4.4.2　每周、每月的检查记录：时间、安全情况及值班人员。

4.4.3　每季度、半年、年终进行总结，写出报告。

职业健康管理标准

1 范围

本标准规定了奶牛场各部门职业健康的职责及其管理要求。

本标准适用于石河子所有奶牛场各部门的职业健康管理。

2 规范性引用文件

下列文件中的条款通过本标准的引用而成为本标准的条款。凡是注日期的引用文件，其随后所有的修改单（不包括勘误的内容）或修订版均不适用于本标准。然而，鼓励根据本标准达成协议的各方研究是否可使用这些文件的最新版本。凡是不注日期的引用文件，其最新版本适用于本标准。

Q/shz M 09 01—2014　安全生产管理标准

Q/shz T 16 01—2014　职业因素管理标准

Q/shz T 18 01—2014　环保技术标准

Q/shz T 19 01—2014　职业健康技术标准

3 职责

3.1　牛场场长负责制定批准职业健康安全方针。

3.2　各部门负责人负责本部门的职业健康安全管理。

4 要求

4.1 职业健康安全管理

4.1.1　牛场场长指导相关部门制定职业健康安全方针和安全总目标，做好改进职业健康安全绩效工作。

4.1.1.1　职业健康工作要适合牛场的职业健康安全风险的性质和规模。

4.1.1.2　认真遵守 Q/shz T 19 01—2014。

4.1.1.3　定期对职业健康工作进行评估，以确保其与组织持续相关和适宜。

4.1.2　职业健康安全的策划。

4.1.2.1　实施安全健康管理要符合法律要求。

4.1.2.2　制订关于业绩测定、纠正行动、审核和管理定期评审的计划。

4.1.3　职业健康的实施与运行。

4.1.3.1　指定专人负责安全健康，保证良好运行，保证牛场内的各项作业和所有地点都满足要求。

4.1.3.2　定期对员工进行职业健康安全培训。

4.1.4　职业健康安全的检查和纠正措施。

4.1.4.1　定期对各部门进行健康安全实施业绩进行检查、评定。

　　——预防性检查：工作中的安全系统、持证上岗制度等；

　　——事后性检查：监测事故、险情、职业病、事件和其他记录的有证据的缺陷。

4.1.4.2　一旦发现缺陷，要查出原因，并采取纠正措施加以改正。

4.1.5　职业健康安全管理评审。

公司定期对职业健康安全管理体系中总的运行情况、各环节运行情况、各种因素等进行评审，根据评审结果采取措施以弥补不足。

4.2　职业危害因素

职业危害因素严格执行 Q/shz T 16 01—2014。

4.3　职业卫生管理

4.3.1　劳动卫生的监督与监测管理。

4.3.1.1　牛场环境执行 Q/shz T 18 01—2014。

4.3.1.2　各车间、个人配备防护设备、防护用品器具。

4.3.1.2.1　电工、维修工应配备绝缘鞋、绝缘手套、电焊护眼罩。

4.3.1.2.2　挤奶工应配备工作服、乳胶手套、胶鞋。

4.3.1.2.3　配种兽医应配备围裙、长臂手套、高筒胶鞋。

4.3.1.2.4　产房接产人员应配备围裙、高筒胶鞋。

4.3.1.2.5　司机应配备墨镜。

4.3.1.2.6　职工每年进行 1 次检查身体，确定有无传染病和人畜共患疾病。凡检出结核、布鲁氏菌病者，应及时调离牛场。

4.3.1.3　特种岗位人员的要求。

4.3.1.3.1　化验员应配备白大褂。

4.3.1.3.2　锅炉工应配备手套、口罩。

4.3.2　卫生管理

4.3.2.1　注意个人卫生，经常洗澡、剪指甲，及时清洗更换工作服。

4.3.2.2　工作结束后，应清洗干净工作靴，挂置工作服，经紫外线照射消毒。

4.3.2.3　车间、办公室、更衣室应经常打扫，保持干净、整洁，经常通风。

4.3.2.4　生产区、生活区应经常打扫，保持干净、整洁。

环保管理标准

1 范围

本标准规定了奶牛场的环境卫生和环境保护的管理职责与要求。

本标准适用于石河子所有奶牛场的环境保护工作。

2 规范性引用文件

下列文件中的条款通过本标准的引用而成为本标准的条款。凡是注日期的引用文件，其随后所有的修改单（不包括勘误的内容）或修订版均不适用于本标准。然而，鼓励根据本标准达成协议的各方研究是否可使用这些文件的最新版本。凡是不注日期的引用文件，其最新版本适用于本标准。

GB 7959—1987　粪便无害化卫生标准

GB 8978—1996　污水综合排放标准

GB 14544—1993　恶臭污染物排放标准

GB 18596—2001　畜禽养殖业污染物排放标准

Q/shz T 18 01—2014　环保技术标准

3 职责

3.1　后勤副场长负责环境保护的整体规划、监督指导及对各部门的综合考评。

3.2　各部门负责具体工作。

4 管理内容与要求（"三废"、动物粪便及病死畜禽处理、环境监测）

4.1　经常打扫和清洗路面，定期消毒，保持厂（场）区道路的清洁。

4.2　清除厂（场）区内一切可能聚集、滋生蚊蝇的场所，并经常在这些地方喷洒杀虫药物。

4.3　实施有效的灭鼠措施。

5 "三废"管理标准

5.1 "三废"排放标准

5.1.1 废水排放标准

废水排放标准按 GB 8978 和 GB 18596 的规定执行。

5.1.2 废气排放标准

废气排放标准按 GB 14544 的规定执行。

5.1.3 粪便无害化卫生标准

粪便无害化卫生标准按 GB 7959 的规定执行。

5.2 "三废"处理措施

5.2.1　牛场废水坚持种养结合的原则，经过沉淀池沉积、无害化处理后，用于农田的灌溉，实现污水资源化利用。污水作为灌溉用水排入农田前，必须采取有效措施进行净化处理，并达到农田灌溉水质的要求。必须建立有效的粪便污水输送网络，通过车载或管道形式将污水输送至农田，严格控制污水输送过程中的弃、撒和跑、冒、滴、漏现象。

5.2.2　废水应经过污水处理系统处理后排出。

5.2.3　清出的垫料和粪便应在固定地点和专门堆肥池进行高温堆肥处理，堆肥池为混凝土结构，防雨、防渗漏，粪便通过高温堆积发酵后用于农田施肥。

5.2.4　牛场场长对"三废"的处理效果进行监督。

体系评价管理标准

1 范围

本标准规定了奶牛场标准体系的评价组织、原则和方法。

本标准适用于石河子所有奶牛场标准化体系评价。

2 职责

2.1 牛场标准化技术委员会负责对标准体系进行评价和评价结果的处置。

2.2 评价小组负责对各部门标准体系运行情况的具体评价。

3 管理内容与要求

3.1 评价组织和人员要求

3.1.1 标准化技术委员会每年组织评审小组，对各部门标准体系执行情况进行评价考核。

3.1.2 评价小组人员应经过标准化培训，具有相关知识，熟悉牛场的生产、经营、管理情况和标准体系文件。

3.2 评价的方法和程序

3.2.1 评价方法

评价小组制定评审标准，通过对各部门检查、听取汇报、对比，对各部门标准体系执行情况打分。对不符合标准要求的情况进行纠正。

3.2.2 评价程序

3.2.2.1 制订总体的评价计划。

3.2.2.2 成立相应的评价小组，确定任务。

3.2.2.3 对评价所需的各方面工作进行准备。

3.2.2.4 评价的实施。

3.2.2.5 编写评价报告，指出不合格改正措施，确定考核奖惩措施。

3.2.3 评价结果处置

评价后，应写出评价报告和不合格报告。对不合格原因进行分析，制定改正措施并跟踪实施和改进。

标准化管理标准

1 范围

本标准规定了标准化的术语和标准的制（修）定、审批、发布和贯彻。

本标准适用于石河子所有奶牛场标准化的管理。

2 规范性引用文件

下列文件中的条款通过本标准的引用而成为本标准的条款。凡是注日期的引用文件，其随后所有的修改单（不包括勘误的内容）或修订版均不适用于本标准。然而，鼓励根据本标准达成协议的各方研究是否可使用这些文件的最新版本。凡是不注日期的引用文件，其最新版本适用于本标准。

GB/T 1.1—2009 标准化工作导则 第 1 部分：标准的结构和编写规则

3 术语和定义

下列术语和定义适用于本标准。

3.1 技术标准

对标准化领域中需要协调统一的技术事项所制定的标准，它是标准化的主体。

3.2 管理标准

对标准化领域中需要协调统一的管理事项所制定的标准，即在生产经营中实现管理职能，对与牛场有关的重要事物和概念所做的规定。

3.3 工作标准

对标准化领域中需要协调统一的工作事项所制定的标准，对工作范围、责任权限以及工作质量所做的规定。

3.4 标准化

在经济、技术、科学及管理等社会实践中，对重点性事物和概念通过制定、审定、发布和实施标准，达到统一，以获得最佳秩序和最大社会效益。

3.5 标准化体系

在一定范围内的标准，按其内在的联系形成的科学的有机整体，标准化体系包括 3 方面：技术标准、管理标准和工作标准。

4 机构

牛场标准化技术委员会是牛场标准化工作的管理机构。

5 职责

5.1 由法人对标准化工作负总责。

5.2 主管领导负责标准化领导工作。

5.3 职能机构负责指导标准化的起草、宣贯工作。

5.4 相关机构负责标准的起草、宣贯及其信息反馈工作。

5.5 标准化人员负责本部门标准的宣贯实施。

6 标准的制定

6.1 标准的程序。由职能机构负责指导标准化的起草，相关机构负责标准的起草，按照标准编写的规定进行编写。

6.1.1 产品标准的制定应符合 GB/T 1.2 的要求。

6.1.2 其他标准的制定应符合 GB/T 1.1、DB11/T 201、DB11/T 203 的要求。

6.2 标准印刷应符合 GB/T 1.1 的要求。

7 标准的审批

标准体系由标准化技术委员会审批，产品标准报上级主管部门备案。技术标准由总畜牧师和分管领导核审，管理标准和工作标准由分管领导分别核审。

审批程序：标准化委员会审批、备案。

8 标准的发布

牛场制定的各类标准，经标准化技术委员会批准后，统一注册编号、发布实施。

9 标准的贯彻、实施

牛场制定的各类标准均由标准化技术委员会批准发布，各部室和基层单位应认真贯彻执行本部门有关标准，标准化技术委员会负责指导实施。

9.1 技术标准

9.1.1 牛场领导班子指导有关部室具体组织实施。

9.1.2 生产部负责制定技术标准的修订计划和采用新技术标准的长远规划。

9.1.3 生产部负责贯彻执行国家、行业（部）、地方和企业技术标准，处理技术标准执行中的问题，对生产中违反技术标准的行为有权制止。

9.1.4 生产部负责收集国内外本行业的技术资料，并整理归档，为技术标准的修订工作做前期准备工作。

9.2 管理标准

9.2.1 标准化工作办公室应做好管理标准的修订计划和采用新管理标准的长远规划。

9.2.2 标准化工作办公室应做好贯彻执行国家、行业（部）、地方和企业管理标准工作，协助领导班子处理管理标准执行中的问题。

9.2.3 标准化工作办公室应做好集国内外本行业的管理资料，并整理归档，为管理标准的修订工作做前期准备工作。

9.3 工作标准

标准化工作办公室应具体做好标准的宣传工作，牛场领导班子、相关部室具体组织实施。

9.3.1 劳动人事部应做好制订工作标准的修订计划和采用新工作标准的长远规划工作。

9.3.2 劳动人事部应做好贯彻执行国家、行业（部）、地方和企业工作标准工作，协助领导班子处理工作标准执行中的问题。

9.3.3 劳动人事部应收集国内外本行业的资料，并整理归档，为工作标准的修订工作做前期准备工作。

10 标准的修订

10.1 凡经批准的标准，根据使用和生产技术发展情况及时复审，分别进行修订和废止，一般 3 年进行 1 次修订。由标准化技术委员会拿出修订意见，组织生产部、办公室、劳动人事部等相关部门人员组成临时性标准化修订小组，修订后的标准经标准化技术委员会批准后生效。

10.2 标准贯彻中确实有困难，应提出理由和修改意见，报告相关部门及标准化起草办公室审查同意，报标准化技术委员会批准方能修改，在未经批准时仍按原标准执行。

10.3　新旧标准交替时，新标准一经发布，旧标准同时废止。

11　报告与记录

11.1　标准备案表见表1。

表1　××市企业标准备案表

单位名称		组织机构代码	
单位地址		邮政编码	
经济行业		经济类型	
法人代表		单位电话	
行政区划		是否保密	
企业标准编号		企业标准文献分类号	
标准名称			
原备案号		替代标准号	
该产品采用的国际标准编号		采用程度	
该产品采用的国际标准名称			
备注			
企业标准实施监督检查员意见： 签字： 　　年　月　日		企业法人代表审批意见： 签字： （企业盖章） 　　年　月　日	
企业行政主管部门备案登记意见： 年　月　日		政府标准化行政主管部门备案登记意见： 年　月　日	
注1：经济行业应填写单位的行业属性，如：机械、电子、轻工、化工、食品、建材、冶金等。 **注2**：单位经济类型应填写单位的经济性质，如：国营、合资、集体、私营、股份等。 **注3**：行政区划应填写单位法人注册地址所在的区或县。			

11.2 企业标准修改通知单见表 2。

表 2 企业标准修改通知单

我单位产品标准编号为：Q/ 　　　　　　产品名称为：　　　　　　的企业产品标准已于　　年　　月　　日经　　　　　质量技术监督局和市工业局（总公司）备案，备案号为：　　　　　，现由于　　　　　特通知作如下内容修改（补充）：

注：1

（修改、补充事项）
经办人签字： 　年　月　日

企业标准实施监督检查员意见： 监督检查员签字： 　年　月　日	企业法人代表审批意见： 　年　月　日
局（总公司）备案登记意见： 　年　月　日	××市质量技术监督局备案登记意见： 　年　月　日

注1：修改、补充事项栏填写不，可另附页。
注2：区、县质量技术监督局可根据上述式样，规定相应的格式。

11.3 企业标准复审结果通知单见表 3。

表 3 企业标准复审结果通知单

××市质量技术监督局：
　　　　局（总公司）：

主管局、总公司、集团公司备案号	××市质量技术监督局备案号	产品标准编号	产品标准名称	确认/废止原因

企业标准实施监督员意见： 监督检查员签字： 　年　月　日	企业法人代表审批意见： 签字： （企业盖章） 　年　月　日
局（总公司）复审意见： 　年　月　日	××市质量技术监督局备案登记意见： 　年　月　日

我单位下列产品标准已到期，经复审予以确立废止，特此通知。
注1：修改、补充事项栏填写不，可另附页。
注2：区、县质量技术监督局可根据上述式样，规定相应的格式。

11.4 企业标准复审结果通知单见表4。

表4 《标准名称》
企业标准复审结果通知单

标准名称		审定单位	
起草单位		主要起草人	
审定方式		建议实施日期	
审定结论： 审定负责人签字： 年 月 日			

11.5 企业产品标准审定人员名单意见表5。

表5 《标准名称》
企业产品标准审定人员名单

姓名	单位	职务	职称	表决意见		签字
				通过	不通过	

档案管理标准

1 范围

本标准规定了牛场档案管理的职责、内容与要求。

本标准适用于石河子所有牛场档案管理。

2 规范性引用文件

下列文件中的条款通过本标准的引用而成为本标准的条款。凡是注日期的引用文件，其随后所有的修改单（不包括勘误的内容）或修订版均不适用于本标准。然而，鼓励根据本标准达成协议的各方研究是否可使用这些文件的最新版本。凡是不注日期的引用文件，其最新版本适用于本标准。

中华人民共和国档案法实施办法

3 职责

3.1 牛场档案实行统一管理，设立档案室，由办公室负责管理。

3.2 各部门设立兼职档案员，接受办公室的业务指导和监督，负责本部门档案的收集、整理、装订、立卷和移交。

3.3 档案员负责编写本部门沿革、大事记、基础数字汇编、光荣册等编沿资料。

4 内容与要求

4.1 档案按文书、科技、基建、财会编号，文书档案按永久、长期、短期划分。

4.2 档案实行普通和密级管理，保密级档案分为机密和秘密两种。

4.3 机密是企业重要的秘密，一旦泄露，会使企业的利益受到严重的损害；秘密是一般的企业秘密，一旦泄露，会使企业的利益受到损害。

4.4 各部门在移交档案时，拟订档案密级程度，保管期限，由办公室负责审核确定。在每年3月底完成立卷工作。每年6月底之前完成上年度档案的归档工作。

4.5 档案管理人员须持证上岗，档案员每年接受一次业务培训。

4.6 档案管理人员应严格遵守和执行国家和本企业的保密制度，杜绝泄密现象的发生。

4.7 档案管理人员应严守岗位，外出时关好门窗、档案柜。存放好档案材料，防止泄密。

4.8 档案库房应防止暴晒、霉变和虫咬。

4.9 借阅档案应办理相关手续。借阅秘密级档案，须说明详细用途，经综合部经理批准。借阅机密级档案，须经场长批准。

4.10 借阅普通档案原则上各部门准许借阅本部门移交的档案，跨部门借阅须经办公室负责人批准。借阅专业档案材料须有专业人员陪同。

4.11 借阅人员所借档案应妥善保管，不准拆卷、涂改，不得转借他人或丢失，确保档案的完整、整洁。

4.12 借阅档案的期限一般不超过1星期。如需延长需要到办公室办理借阅手续。借阅者应按时归还。

失去保存价值或超过保存年限的档案须经主管领导批准进行销毁，销毁时应有2人以上监督销毁，不得随便丢弃和出售。根据《中华人民共和国档案法实施办法》确定销毁范围。

5　报告与记录

5.1　年借阅档案登记簿见表1。

表 1　年借阅档案登记簿

序号	日期	单位	案卷或文件题名	利用日期	期限	卷号	借阅人签字	归还日期

5.2　档案销毁清册见表2。

表 2　档案销毁清册

序号	案卷或文件题名	年代	目录号	卷号或文号	卷内文件页（件）数	原期限	销毁原因	备注

机动车管理标准

1 范围

本标准规定了机动车管理的职责、内容与要求。

本标准适用于石河子所有牛场机动车管理。

2 职责

办公室负责牛场机动车的管理。

3 内容与要求

3.1 牛场机动车的管理

3.1.1 车辆在使用上实行统一管理，统一调度使用。车辆管理以降低费用和消除交通安全事故隐患为目标，加强车辆和驾驶员的日常管理。

3.1.2 加强车辆管理，1辆车1位专职驾驶员。

3.1.3 所有车辆的使用由办公室统一安排、调拨。工作日内，各部门负责人自主协调、调配侧重于本部门车辆的使用；下班后各部门车辆一律入库，统归办公室管理。遇特殊情况，办公室有权随时调用任何车辆，各部门应积极主动配合办公室工作。

3.1.4 节假日期间，所有车辆应统一入库停驶，车辆钥匙和证件交留办公室保管。特需用车的，填写派车单，说明情况。副职以上领导用车出差的，需经场长批准，各部门用车由办公室批准。

3.1.5 值班车辆在值班时间内，由带班领导调配使用，要保证处理各种突发事件的使用。

3.1.6 车辆出差或夜留它处不归的，需提前报请综合部批准，严禁擅自处理。

3.1.7 车辆的日常维修应到综合部指定的专修点维修，不经综合部批准不得到非专修点修车。同时严格执行综合部确定每年每辆车的修理费用标准。

3.2 驾驶员的日常管理

3.2.1 驾驶员要对分配的车辆精心维护和使用，接受主管部门的领导，尽心尽责搞好服务，严格执行牛场的各项规章制度。

3.2.2 学习《机动车驾驶文明守则》，争做文明驾驶员。严格遵守交通法规，讲究职业道德，保证人民生命和国家财产的安全。

出车前，认真检查车辆，随身携带驾驶执照和行车执照，发现问题和故障及时解决和排除。

3.2.3 不开"带病车"上路，保证行车安全。

3.2.4 端正驾驶作风，做到文明驾驶，讲究公德，安全礼让，不挤靠行人，不开英雄车，不开斗气车，不强行超车，严格遵守交通法规的有关规定。

3.2.5 加强车辆的检查、保养工作，做到内外清洁，使车辆保持良好的技术状态。

3.2.6 驾驶员应遵守单位内部的各项管理规定，每日填写出车日记，并交办公室。日记是驾驶员当日的考勤，主要包含始发地、中继地、归回时间等。

3.2.7 按时参加学习和安全活动（特殊情况除外），不能无故不参加。根据形势和季节特点，适时对驾驶员进行安全教育，增强守法意识，每个驾驶员要写出安全行车保证书。积极参加安全竞赛活动，办好驾驶员活动园地。

3.2.8 要保证充足睡眠，防止疲劳驾驶。

3.2.9 未经领导批准，严禁私自开车外出。

3.2.10 驾驶员发生交通违章应及时汇报，所罚款项一律自负，单位不予报销。半年内 2 次违章的，停止驾驶 10 d～20 d。

3.2.11 发生或遇到交通事故，主动保护现场，抢救伤者，及时报告，不隐瞒、逃逸、躲避。

3.2.12 驾驶员发生交通事故（同等以上责任），按事故责任大小承担 0.5%～1% 的经济损失。发生重大交通事故对车管领导进行处罚。

3.2.13 非专职驾驶员应按时参加学习和安全活动，未经领导批准，严禁开车外出。

3.2.14 驾驶员全年无违章、无事故，给予表彰，并参加地区安委会的评选先进驾驶员活动。

4 报告与记录

用车登记见表1。

表 1 节假日用车派车单

申请人		用车时间	月 日时至 月 日 时			
事由：						
部门主管领导签拟意见： 签字： 年 月 日						
综合部拟意见： 签字： 年 月 日						
所派车车牌号				司 机		

牛场应急管理标准

1 范围

本标准规定了奶牛场突发事件的应急管理标准。

本标准适用于石河子所有奶牛场突发事件应急管理。

2 职责

2.1 牛场负责人负责对突发事件进行管理。

2.2 办公室负责事件的具体处理，其他部门协助处理。

3 内容与要求

3.1 突发事件信息的收集、分析、通报。

3.1.1 有突发事件时，各有关领导组织指挥各相关人员立即赶到现场对事件的起因、经过等进行调查。

3.1.2 调查的结果应在 24 h 内，首先向主管上级汇报，再逐级上报给有关部门。

3.1.3 汇报情况时应说明突发事件的时间、地点、人物、内容、联系方式等相关的具体情况。

3.2 相关部门对突发事件采取的应急措施。

3.2.1 组织指挥各方面力量处理突发事件，统一指挥对突发事件现场的应急救援，以控制突发事件的蔓延和扩大。

3.2.2 检查和监督有关单位做好抢险救灾，事件调查，后勤保障，信息上报，善后处理以及恢复生活生产秩序的工作。

3.2.3 督促各有关部门和各单位制订的相应的应急处理方案，并监督其贯彻执行。

3.2.4 监督各单位做好各项突发事件的防范措施和应急处理准备工作。

3.3 对于自然灾害和人为造成的灾害的突发事件要进行监测与预警，当有突发事件时应立即组织力量进行救援。

3.4 应急处理技术和检测机构及其任务，包括应急救援设备检查、测试、维修计划和程序。

3.5 牛场设立处理重大突发事件的专项资金，专款专用，并视灾害程序随时增加资金的投入。

3.6 应急专业队伍要具备高素质、快速反应能力和足够技能及良好装备。

3.7 突发事件影响到正常的工作和生产甚至不能进行或造成严重的社会影响时，应采取及时有效的措施。

3.7.1 发生重大群体事件或虽人数少但影响大、危害程度大的破坏性活动时，应立即通报直接上级，再逐级上报；且派工作组到现场缓解局面，研究解决方案。

3.7.2 媒体对牛场发布不利信息，对工作和生产造成严重影响时，应立即通报上级，及时采取有效的方法先将不利信息进行控制，然后组织专家小组研究有效的方法对事件妥善地处理。

3.7.3 当有重大流行性疫情发生时，应及时通报上级，并根据疫病流行的严重情况，采取及时有效的解决措施。

3.8 解决突发事件时应尽最大可能降低人员、财产损失。

食堂管理标准

1 范围

1.1 本标准规定了奶牛场食堂管理的职责、工作内容与要求。

1.2 本标准适用于石河子所有奶牛场食堂管理。

2 职责与权限

办公室负责食堂的管理并实施指导、监督。

3 工作内容与要求

3.1 保证饭菜质量、供餐新鲜、营养搭配合理、及时调剂花样，使员工吃饱吃好。

3.2 搞好食品卫生，执行《食品卫生法》，保证餐具卫生符合要求。

3.2.1 食品应定点采购，保证不采购腐败变质、酸败、霉败、有毒有害的食品，并将生熟、荤素食品分开放置，坚决杜绝食物中毒。

3.2.2 搞好食堂内部卫生、环境卫生，坚持对炊具和餐具，每天应用完清洗消毒，餐具摆放整齐到位，就餐环境整洁，做到无蚊蝇、无蟑螂、无积水、无垃圾、无污染、无异味，操作间要通风良好。

3.2.3 食堂工作人员要培养良好的个人卫生习惯，要勤洗手、勤剪指甲、勤洗澡、勤理发、勤换工作服，注意个人仪表仪容。

3.2.4 餐厅工作人员应每年定期进行体检，凡患有传染性疾病者，应及时停止操作食品，进行治疗，经医生出具证明已治愈，无传染疾病后才能恢复工作。

3.3 就餐人员要文明礼貌，做到不用手抓食品，坚持使用食品夹。

3.4 勤俭节约，不以盈利为目的，做到价格合理，做好成本核算，健全食堂出入库制度，账目规范，做到账、库相符，合理使用餐费。

3.5 客饭应提前 2 h 订餐，说明订餐人数、订餐标准。

3.6 安全操作，注意防火、防爆。

3.7 办公室负责人每月对食堂各项工作进行检查指导。

值班管理标准

1 范围

1.1 本标准规定了奶牛场值班管理的职责、工作内容与要求。

1.2 本标准适用于石河子所有奶牛场值班管理。

2 职责与权限

办公室负责值班的管理。

3 工作内容与要求

3.1 办公室每月按规定编制排班表要求值班。

3.2 办公室负责安排检查值班执行情况，每天 24 h 有人值班。

3.3 值班期间，值班人员不准擅自离岗，按规定时间坚守岗位，尽职尽责。

3.4 值班人员（白班、夜班）一律到警卫室填写值班日记并签字。

3.5 值班人员外出或有其他特殊情况不能到岗的，要提前向带班领导请假，另行安排。

3.6 值班时凡发生重要情况，及时逐级向有关领导汇报。

3.7 凡周六日，即节假日带班领导值班人员昼夜值班。

3.8 值班人员在值班时应坚守岗位，尽职尽责，做好防火、防盗、保卫安全工作，值班期间不得饮酒和留宿外人，定时巡视，发现问题及时处理，并认真做好记录，交接班手续清楚（见值班日志）。

3.9 完成好主管部门交给的其他工作任务。

4 报告与记录

值班日志

带班姓名		值班日期	
值班人姓名		缺席	
值班记录及处理情况			
交接班签字		接班人签字	

门卫管理标准

1　范围

本标准规定了门卫管理的职责、内容与要求。

本标准适用于石河子所有牛场门卫管理。

2　职责

牛场门卫由所属办公室负责管理。

3　内容与要求

3.1　门卫人员坚守岗位，尽职尽责，记录出入人员、车辆情况。

3.2　做好报纸、信件的接收和发送。

3.3　出场物品应有出门证，票物相符方可出场。

3.4　加强夜间巡视，随时掌握所负责区域的安全状况，做好防火、防盗工作，禁止工作时间睡觉。

3.5　畜禽场门卫应做好消毒室工作，及时配置和更换消毒池消毒液，对进出场区的工作人员和车辆的认真消毒。

3.6　对外来人员和车辆进行查问，非工作人员和车辆严禁入场，对外来人员进行登记。

3.7　搞好大门外和室内卫生。

场长办公会管理标准

1 范围

本标准规定了场长办公会的职责、权限及管理内容与要求。

本标准适用于石河子所有场长办公会的管理。

2 职责与权限

2.1 检查、部署决议的执行情况。

2.2 检查、部署牛场投资计划的实施。

2.3 听取各部门负责人对所主管工作的报告。

2.4 总结上月生产经营管理情况，检查生产经营计划的落实情况。

2.5 部署当月生产经营管理重点工作。

2.6 研究各部门提出需要解决的重要问题。

2.7 研究决定场长认为应当讨论的其他事项。

3 管理内容与要求

3.1 场长办公会议分为定期会议和临时会议。定期会议至少每月召开 1 次。场长认为必要时，可召开临时会议。

3.2 场长办公会议参加人员为场长、副场长和各部门负责人。

3.3 场长办公会由场长负责召集，若场长无法出席会议，由指定的副场长负责召集，办公室至少于会议召开前 1 d 将会议通知发予全体参会人员。

3.4 办公会通知包括下列内容：

——会议时间、地点；

——会议期限；

——会议议题；

——通知时间；

——参加会议人员、列席会议人员。

3.5 参加会议人员须准时参加会议，如有特殊情况不能参加会议，必须经场长批准。

3.6 办公会讨论和决定牛场有关经营管理、财务制度、机构改革、人事任免等项事宜。

3.7 办公会审议内容以外的其他事项的决策，由场长以指令的方式做出。

3.8 办公会会议实行民主集中制、场长负责的原则。对于会议讨论的议题，应当在归纳多数与会成员意见后做出决定；对于不宜即时做出决议的议题，场长有权决定以后再议；对于必须做出决定而不能形成一致意见的议题，场长有权当场决定。

3.9 办公室应当对会议所议事项的决定做会议记录，会议记录作为档案由办公室保存，办公会记录一般保存 10 年。会议记录包括下列内容：

——会议召开的时间、地点和召集人姓名；

——出席会议人员的姓名；

——会议议程；

　　——参会人员发言要点；

　　——会议形成的决议；

　　——场长及记录人签名。

3.10　办公会应形成会议纪要，由场长签发后执行。

检查与考核管理标准

1 范围

本标准规定了奶牛场员工工作检查与考核的职责与要求。

本标准适用于石河子所有奶牛场员工工作的检查与考核。

2 规范性引用文件

下列文件中的条款通过本标准的引用而成为本标准的条款。凡是注日期的引用文件，其随后所有的修改单（不包括勘误的内容）或修订版均不适用于本标准。然而，鼓励根据本标准达成协议的各方研究是否可使用这些文件的最新版本。凡是不注日期的引用文件，其最新版本适用于本标准。

Q/shz M 01 05 4—2014 工资管理

3 职责

3.1 牛场场长负责对中层管理人员进行检查与考核。

3.2 中层管理人员负责对本部门一般管理人员进行检查与考核。

3.3 一般管理人员负责对操作人员进行检查与考核。

4 内容与要求

4.1 场长依据相关管理标准及工作标准对中层管理人员进行年度检查和考核，指导纠正其工作错误。

4.2 中层管理人员依据牛场相关管理标准及工作标准对本部门一般管理人员进行检查和考核，每半年进行1次，对其工作失误进行纠正。

4.3 一般管理人员依据相关管理标准及工作标准对操作人员进行检查与考核，每季度进行1次以上，责令其对工作错误进行改正。

4.4 牛场的考核根据年初下达的各项指标完成情况。

第二部分
技 术 标 准

标准化工作导则

1 范围

本标准规定了奶牛场技术标准体系的编写依据和标准编号规定。

本标准适用于石河子所有奶牛场标准化管理。

2 规范性引用文件

下列文件中的条款通过本标准的引用而成为本标准的条款。凡是注日期的引用文件，其随后所有的修改单（不包括勘误的内容）或修订版均不适用于本标准。然而，鼓励根据本标准达成协议的各方研究是否可使用这些文件的最新版本。凡是不注日期的引用文件，其最新版本适用于本标准。

GB/T 1.1 标准化工作导则 第 1 部分：标准的结构和编写规则

GB/T 1.2 标准化工作导则 第 2 部分：标准编写的基本规则

GB/T 15497 企业标准体系：技术标准体系的构成和要求

GB/T 15498 企业标准体系：管理标准工作标准体系的构成和要求

3 内容与要求

3.1 标准的结构和编写规则

3.1.1 工作标准、管理标准的结构和编写规则应符合 GB/T 1.1 和 GB/T 15498 的要求。

3.1.2 技术标准应符合 GB/T 1.1 和 GB/T 15497 的规定，产品标准应符合 GB/T 1.2 的要求，标准体系印刷应符合 GB/T 1.1 的要求。

3.2 标准体系中的标准编号规则

企业标准的编号规定：

——企业标准代号：Q；

——奶牛场代号：shz；

——标准门类（大类）：技术标准，T；管理标准，M；工作标准，W；

——职能标准（中类）由两位数码组成，按顺序排码（如：技术基础标准：00）。

具体表示方法如下：

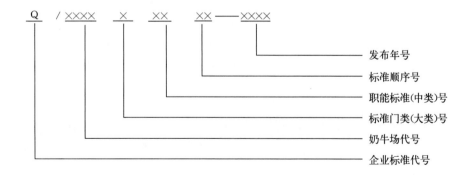

数值与数据标准

1 范围

本标准规定了奶牛场制定企业标准的工作导则数据和数值标准。

本标准适用于石河子所有奶牛场企业标准的制定和生产经营活动。

2 数值和数据修约规则

2.1 在生产技术与质量检验中的各种数据保留小数位1位～3位。

2.2 牛奶主要成分的数值应以百分数表示，保留2位小数。

2.3 牛奶产量以千克为单位表示，头年单产保留整数，头日产保留2位小数。

2.4 育种工作中计算数值可保留2位小数。

2.5 财务数据中售价和成本以元为单位可保留2位小数，公示数据应保留2位小数。

2.6 牛场设施建筑面积单位以平方米表示，可保留整数。

2.7 牛场设备的数值规定应参照相关行业的标准执行。

量和单位标准

1 范围

本标准规定了奶牛场制定企业标准的工作导则、量和单位标准。

本标准适用于奶牛场企业标准的制定和生产经营活动。

2 量和单位

生产过程中使用的计量单位应符合表1的要求。

表 1

序 号	量	单 位	符 号
1	重量	吨	t
		千克	kg
		克	g
2	数量	头、支、只、枚、台、辆	
3	长度	米	m
		厘米	cm
		毫米	mm
4	容量	升	L
		毫升	mL
5	饲料能量	兆焦	MJ
		千焦	kJ
		焦耳	J
6	能量	奶牛能量单位	NND
7	面积	平方米	m^2
8	光照	流明	lx

奶牛场设计技术标准

1 范围

本标准规定了奶牛场场址选择、总平面布置、场区道路、竖向设计和场区绿化的技术要求。

本标准适用于新建、改建、扩建的集约型奶牛场总体设计。

2 规范性引用文件

下列文件中的条款通过本标准的引用而成为本标准的条款。凡是注日期的引用文件，其随后所有的修改单（不包括勘误的内容）或修订版均不适用于本标准。然而，鼓励根据本标准达成协议的各方研究是否可使用这些文件的最新版本。凡是不注日期的引用文件，其最新版本适用于本标准。

GB 18596　畜禽养殖业污染物排放标准

NY 5027　无公害食品畜禽饮用水水质

Q/shz T 05 01—2014　荷斯坦牛育种技术标准

3 产品设计

荷斯坦牛育种及其方法参照 Q/shz T 05 01—2014 中第 8 章执行。

4 集约型奶牛场总体设计

4.1 场址选择

4.1.1 场址选择应符合本地区农牧业生产发展总体规划、土地利用发展规划、城乡建设发展规划和环境保护规划的要求。

4.1.2 新建场址应具备就地无害化处理粪尿、污水的场地和落差较大的排污条件，并通过奶牛场建设环境评价。

4.1.3 新建场址应遵守合理利用土地的原则，不应占用基本农田。对分期建设项目，选址应按总体规划需要 1 次完成，预留远期工程建设用地。

4.1.4 新建场址应满足卫生防疫要求，场区距铁路、高速公路、交通干线不小于 1 000 m；距一般道路不小于 500 m；距其他畜牧场、兽医机构、畜禽屠宰场不小于 2 000 m；距居民区不小于 3 000 m，并且应位于居民区及公共建筑群常年主导风向的下风向的戈壁石地或沙土地处。

4.1.5 场址应水源充足，水质应符合 NY 5027 的要求，排水畅通、供电可靠、交通便利、地势高、土质透水性好，能满足建设要求。

4.1.6 选址时按照每头奶牛所需占地面积的标准估算占地面积，每头牛圈舍面积不少于 15 m²，运动场面积不少于 40 m²，征用土地时按正式设计图纸计算实际占地面积。

4.2 总平面布置

4.2.1 根据奶牛场的生产工艺要求，按功能分区布置各个建筑物的位置，为奶牛生产提供 1 个良好的生产环境。奶牛场一般应划分生活管理区、辅助生产区、生产区和隔离区。

4.2.2 充分利用场区原有的地形、尽量选择半山坡的高地势，在保证建筑物具有合理的朝向，一般偏东 15°，南北纵轴排列，圈舍屋面采用阳光板与彩钢 1：1 间隔，冬季满足采光、通风用下开式或上开式进风窗、屋顶装有动力排风扇，牛舍地面用水冲式粪地板，用暖风炉正压送风供暖排湿。尽量使建筑物长轴沿场区高位布置，以最大限度减少土石方工程量与基础工程费用。

4.2.3 奶牛场的生活管理区主要布置管理人员办公用房、技术人员业务用房，职工生活用房、人员和车辆消毒设施及门卫、大门和场区围墙。生活管理区一般应位于场区全年主导风向的上风处或侧风处，并且应在紧邻场区大门内侧集中布置。

4.2.4 奶牛场大门应位于场区主干道与场外道路连接处，设施布置应使外来人员或车辆应经过强制性消毒，并经门卫放行才能进场。

4.2.5 围墙距一般建筑物的间距不应小于 5 m；围墙距离牛舍的间距不应小于 6 m。

4.2.6 奶牛场的辅助生产区主要布置供水、供电、供热、设备维修、物资仓库、饲料储存等设施，这些设施应靠近生产区的负荷中心布置。

4.2.7 生产区主要布置各种奶牛舍和相应的挤奶厅、人工授精室、胚胎移植室等。生产区与其他区之间应用围墙或绿化隔离带严格分开，在生产区入口处设置第二次人员更衣消毒室和车辆消毒设施。

4.2.8 生产区奶牛舍朝向一般应以其长轴南向北偏东 15° 为宜。运动场土质以卵石土质最好，其次为沙地，面积越大越好，丘陵地势较佳。

4.2.9 青贮、干草、块根块茎类饲料等大宗物料的储存场地，应按照储用合一的原则，布置在靠近奶牛舍的边缘地带，并且要求排水良好，便于机械化作业，符合防火要求。

4.2.10 精饲料库应与其他奶牛饲料区域合理布局，满足以 TMR 为核心的奶牛饲养工艺要求。

4.2.11 隔离区主要布置兽医室、隔离舍和牛场废弃物的处理设施，该区应位于场区全年主导风向的下风向处和场区地势最低处，与生产区的间距应满足兽医卫生防疫要求。和绿化隔离带、隔离区内部的粪便污水处理设施与其他设施也应有适当的卫生防疫间距。隔离区与生产有专用道路相通，与场外有专用大门相通。

4.3 场区道路

4.3.1 场区道路要求在各种气候条件下能满足通车，防止扬尘。严格区分净污道。

4.3.2 净道宜用水泥混凝土路面，也可用平整石块或条石路面。宽度一般为 5 m～6 m，路面横坡 1%～1.5%，纵坡 0.3%～8% 为宜。

4.3.3 污道路面可同净道，也可用碎石或砾石路面，宽度一般为 5 m～6 m，路面横坡 2%～4%，纵坡 0.3%～8% 为宜。

4.3.4 场内道路一般与建筑物长轴平行或垂直布置，净道与污道不宜交叉。

4.4 竖向设计

4.4.1 奶牛舍舍内地面标高应高于舍外地面标高 0.3 m～0.6 m，并与场区道路标高相协调。

4.4.2 场区实行雨污分流的原则，对场区自然降水可采用有组织的排水。场区污水应处理后排放，符合 GB 18596 的规定。

4.5 场区绿化

4.5.1 选择适合当地生长，对人畜无害的花草树木进行场区绿化，绿化率不低于 30%。

4.5.2 树木与建筑物外墙、围墙、道路边缘及排水明沟边缘的距离不小于 1 m。

4.6 生产工艺设计

4.6.1 饲养模式

4.6.1.1 拴系式牛舍

奶牛的饲养、挤奶、休息均在牛舍内。其建筑一般分为钟楼式、半钟楼式、双坡式 3 种。

4.6.1.2 散栏式牛舍

奶牛不加拴系，分群散放饲养，配合饲喂 TMR 日粮的 1 种饲养模式。

4.6.2 挤奶模式

固定式挤奶台。挤奶台为直线型和菱形，挤奶时将牛赶至挤奶厅内的挤奶台上，多头牛同时挤奶。

4.6.3 移动式挤奶台

分为串联式转盘式挤奶台、鱼骨式转盘挤奶台和放射形转盘挤奶台。

鲜 牛 乳 标 准

1 范围

本标准规定了奶牛场鲜牛乳检验的技术要求。

本标准适用石河子所有奶牛场。

2 规范性使用文件

下列文件中的条款通过本标准的引用而成为本标准的条款。凡是注日期的引用文件，其随后所有的修改单（不包括勘误的内容）或修订版均不适用于本标准。然而，鼓励根据本标准达成的各方研究是否可使用这些文件的最新版本。凡是不注日期的引用文件，其最新版本适用于本标准。

GB 6914—86 生鲜牛乳收购标准

3 质量要求

3.1 理化指标

见表1。

表1

项 目	指 标
相对密度	1.028～1.032
脂肪,%	≥3.4
蛋白质,%	≥3.0
非脂乳固体,%	≥8.5
酸度,°T	≤17
杂质度,mg/kg	≤2
酒精试验	75%阴性
煮沸试验	阴性
出厂牛奶温度,℃	≤5

3.2 微生物指标

细菌总数≤30万个/mL。

3.3 其他指标

3.3.1 体细胞≤60万个/mL。

3.3.2 抗生素含量≤0.9 mg/kg。

4 试验方法

参照 GB 6914—86 中第 3 章执行。

5 检验规则

5.1 取样

5.1.1 体细胞检验以当天 3 班同 1 头牛样品为 1 批，每批取样 40 mL。

5.1.2　检验理化指标、微生物指标、抗生素取样以每批鲜奶的分流样为准。

5.2　检验

　　理化指标每天检验，微生物指标每周检验 1 次，体细胞每月检验 1 次。

5.3　判定

　　理化指标、微生物指标、其他指标全部符合标准要求时判为合格产品；若有 1 项（或多项）不符合标准要求时，可同批次再次取样复检。复检合格应判为合格品，复检不合格判为不合格品。

6　储存、运输

6.1　生鲜牛乳的储存应采用表面光滑的不锈钢制成的贮奶罐。

6.2　应采取机械化挤奶，牛奶挤出后，先进入冷热交换器，预冷后再进入奶罐，1 h～2 h 内冷却到 (4±1)℃以下保存，存储时间最好不超过 24 h～48 h，温度恒定到 4 ℃左右。

6.3　生鲜牛乳的运输应使用表面光滑的不锈钢制成的保温罐车。

6.4　出场前牛奶储存温度应保持 5 ℃以下，中途不能过多停留，将牛奶运到加工厂，保持牛奶冷链状态。

6.5　保持奶库清洁卫生，每天清扫、冲刷 1 遍。

6.6　奶车、奶罐每次用完后内外彻底清洗、消毒 1 遍。

6.7　奶车、奶罐清洗时，先用温水清洗，水温要求：35 ℃～40 ℃；然后用热碱水循环清洗消毒。碱水浓度，按照药品说明书进行配置；最后用清水冲洗干净。

6.8　奶泵、奶管使用后及时清洗和消毒。

奶牛胚胎技术标准

1　范围

本标准规定了奶牛胚胎质量标准。

本标准适应于奶牛场胚胎生产移植。

2　规范性引用文件

下列文件中的条款通过本标准的引用而成为本标准的条款。凡是注日期的引用文件，其随后所有的修改单（不包括勘误的内容）或修订版均不适用于本标准。然而，鼓励根据本标准达成协议的各方研究是否可使用这些文件的最新版本。凡是不注日期的引用文件，其最新版本适用于本标准。

Q/shz T 06 02—2014　奶牛胚胎移植技术标准

3　要求

3.1　供体牛选择和胚胎生产应符合 Q/shz T 06 02—2014 关于奶牛胚胎移植技术标准供体牛选择和胚胎生产技术规程。

3.2　胚胎级别应以在显微镜下观察的形态学变化确定。

3.3　鲜胚移植前胚胎在体式显微镜下观察应达到以下胚胎形态学鉴定及 A 级、B 级、C 级（可用胚胎）标准，冷冻胚胎应达到 A 级、B 级标准，见表 1。

表 1　胚胎形态学鉴定与分级

分级		鉴定
A 级	优良胚胎	胚胎细胞团呈球形，卵裂球（细胞）大小、颜色、密度均匀一致。不规整细胞相对较少，至少 85% 细胞物质是完整的活细胞团，透明带平滑，无凹陷或可能使胚胎粘连平皿或细管的平面
B 级	良好胚胎	胚胎细胞团个体细胞形状、大小、颜色和密度有轻度不规整，但至少有 50% 以上的活细胞团
C 级	一般胚胎	大多数细胞形状、大小、颜色和密度都不规则，但至少有 25%～50% 活细胞团

3.4　冷冻胚胎解冻条件和方法

3.4.1　分步脱甘油法（甘油冷冻胚胎）

解冻细管，并按步骤倒入以下溶液：3.3 mL 1 M 蔗糖液＋6.7 mL 10% 甘油 5 min，转移至 3.3 mL 1 M 蔗糖液＋3.3 mL 10% 甘油＋3.3 mL 含 0.4% BSA 的 PBS 液 5 min，然后转移至 3.3 mL 1 M 蔗糖液＋6.7 mL 含 0.4% BSA 的 PBS 液 5 min，然后移到 0.4% BSA 的 PBS 液中，装管，移植。

3.4.2　乙二醇（EthyIene Glyco1）冷冻胚胎解冻后直接移植（DT）

解冻细管时，从液氮罐中取出细管，空气中室温 20 ℃～25 ℃停留 8 s～10 s，然后放入 32 ℃～35 ℃水浴中，停留 10 s～20 s，冰晶消失后取出细管，用面巾纸揩干细管外部水珠，再用 70% 酒精棉球消毒。最后剪掉封口端 0.5 cm～1 cm，装入移植枪，直接给受体牛移植。

冷冻胚胎解冻后，在体式显微镜下观察，胚胎完整性未受到破坏，透明带和细胞团结构完整，细胞质均匀，或经过体外培养发育正常，为合格胚胎。

4 检验规则

4.1 组批

按胚胎数量的 5％～10％随机抽样检验。5 枚～10 枚胚胎为一组批或根据用户所需要的胚胎数量确定检验胚胎数量。

4.2 检验项目

主要检验冷冻前后胚胎形态学变化。

4.3 注意事项

检验前，应事先准备好受体牛，以便检验合格的冷冻胚胎及时移植到受体牛生殖道内。

5 标志、包装、储存、运输

5.1 标志

装胚胎细管应标记胚胎序号、供体母牛品种及其编号、与配公牛品种及其编号、胚胎发育阶段及其级别、胚胎采集日期等，使用甘油冷冻胚胎应注明 GL 标记，用乙二醇冷冻解冻后直接移植的冷冻胚胎应标字母 DT。储存胚胎液氮容器外边应有标签注明胚胎品种、数量、生产日期以及生产单位名称和地址。

5.2 包装

0.25 mL 塑料细管。

5.3 储存

冷冻胚胎应储存在铝合金液氮容器内，内部要定期补充液氮保持－196 ℃温度。储存条件应为阴凉干燥处，不应堆放，可以长期储存。

5.4 运输

胚胎在液氮容器内储存条件下，带罐运输，保证液氮不应泄露，不应倾倒和堆放。

牛冷冻精液产品技术标准

1　范围

本标准规定了奶牛场牛冷冻精液等级检验的技术要求。

本标准适用于石河子所有奶牛场生产、保存和使用的牛冷冻精液。

2　规范性引用文件

下列文件中的条款通过本标准的引用而成为本标准的条款。凡是注日期的引用文件，其随后所有的修改单（不包括勘误的内容）或修订版均不适用于本标准。然而，鼓励根据本标准达成协议的各方研究是否可使用这些文件的最新版本。凡是不注日期的引用文件，其最新版本适用于本标准。

GB 4143—2008　牛冷冻精液

牛冷冻精液质量检测规程

3　规格与质量要求

3.1　剂型与剂量

0.25 mL 细管。

3.2　精子活力

解冻后活力，呈直线运动的精子百分率不低于35％。

3.3　精子直线运动

每剂量解冻后呈直线运动的精子不低于1 000万个。

3.4　精子畸形率

解冻后精子畸形率不高于18％。

3.5　精子顶体完整率

解冻后精子顶体完整率不低于50％。

3.6　微生物指标

冻精微生物细菌菌落数不超过1 000个/剂。

3.7　解冻后的精子存活时间

在5 ℃～8 ℃存活至少12 h；37 ℃存活至少4 h。

4　制作程序

应符合GB 4143—2008中第2章的规定。

5　检验规则

应符合GB 4143—2008和《牛冷冻精液质量检测规程》检验方法中的规定；各项指标应符合本标准中第3章的规定。

6　标志、包装、储存、运输

6.1　标志

冻精的存放位置应有明确的标识，以便取放，并做好登记。

6.2 包装、储存

6.2.1 牛冷冻精液用液氮生物容器保存，容器内液氮应浸没冻精。

6.2.2 储存精液的容器应定期补充液氮，每周至少补充1次。

6.2.3 经常检查液氮生物容器的状况，如发现容器异常，应立即将冻精转移到其他完好的容器内。

6.2.4 取放冻精之后，应及时盖好容器塞，防止液氮蒸发或异物进入。

6.2.5 液氮生物容器应在使用前后彻底检查和清理。清洗时，先用中性洗涤剂洗刷，再用 40 ℃～45 ℃温水清洗干净，在室温下放置 48 h 后在充入液氮。长期储存冻精的容器，应定期清理和洗涤。

6.2.6 取放冻精时，提筒只需提到容器的颈下，严禁提到外边。停留时间不能超过 10 s。如向另一容器转移冻精时，盛冻精的提筒离开液氮面的时间不能超过 5 s。

6.2.7 无继续储存价值的冻精，应及时报请上级主管部门批准，妥善处理。

6.2.8 移动液氮生物容器时，应把握其手柄，轻拿轻放，防止冲撞。

6.3 运输

6.3.1 储存冻精的生物容器和储存液氮的生物容器，均不可横放、叠放或倒置。装车运输时，应在车厢板上加防震垫。容器加外套，并根据运输条件，用厚纸箱或木箱装好，牢固地系在车上，严防冲击倾倒。

6.3.2 运输冻精时，应有专人负责，办好交接手续，途中及时检查和补充液氮。

采 购 技 术 标 准

1 范围

本标准规定了奶牛场的兽药、器械、畜牧机械及其配件以及液氮、包装材料、饲料和辅助材料等的采购技术要求。

本标准适用于石河子所有奶牛场的物资的采购。

2 规范性引用文件

下列文件中的条款通过本标准的引用成为本标准的条款。凡是注日期的引用文件，其随后所有的修改单（不包括勘误的内容）或修订版均不适用于本标准。然而，鼓励根据本标准达成协议的各方研究是否可使用这些文件的最新版本。凡是不注日期的引用文件，其最新版本适用于本标准。

GB 13078 饲料卫生标准

NY 42—1987 饲料级硫酸铜

NY 43—1987 饲料级硫酸镁

NY 44—1987 饲料级硫酸锌

NY 45—1987 饲料级硫酸亚铁

NY 46—1987 饲料级硫酸锰

NY 47—1987 饲料级亚硒酸钠

NY 48—1987 饲料级氯化钴

NY 49—1987 饲料级碘化钾

中国兽药典（2000 版）

3 质量要求

3.1 兽药

3.1.1 兽药应是经国家兽药部门批准使用的药物。

3.1.2 兽药应是经国家畜牧兽医行政管理部门批准使用的药物。

3.1.3 兽药应是正规厂家生产的药物。

3.1.4 兽药应是在有效使用期内。

3.1.5 兽药质量应达到兽药质量标准《中国兽药典》（2000 版）。

3.2 器械

3.2.1 器械应是正规厂家生产的。

3.2.2 器械应是出厂的合格产品。

3.3 畜牧机械及其配件

3.3.1 畜牧机械及其配件应是正规厂家生产的。

3.3.2 畜牧机械及其配件应是出厂的合格产品。

3.4 液氮

3.4.1 液氮要求纯度≥99.999%，温度达到−196 ℃，含氧量≤3 mg/kg，含氢量≤1 mg/kg，总碳含量≤3 mg/kg。

3.4.2 根据库房液氮的消耗量，计划订购，保证销售和储存精液的应用。

3.5 冻精包装材料

3.5.1 纱布袋应以医用纱布为制作原料，长（19±0.1）cm，宽（8.3±0.1）cm 的长方形布袋。

3.5.2 纱布袋应以两层纱布缝合而成，保证结实耐用。

3.5.3 制作标签的胶布要用白色医用橡皮膏，保证粘性及使用年限。

3.6 饲料

3.6.1 饲料应具有一定的新鲜度，具有该品种应有的色、嗅、味和组织形态特征，无发霉、变质结块、异味及异嗅。饲料及原料质量的具体指标值应符合的标准见表1和表2。饲料添加剂原料质量指标应符合 NY 42、NY 43、NY 44、NY 45、NY 46、NY 47、NY 48、NY 49 的要求。

3.6.2 饲料中水分含量达到相同品种的含量要求。具体见表1。

3.6.3 饲料中各种营养成分含量达到相应品种的含量要求。具体见表1。

3.6.4 饲料中有害物质及微生物允许量应符合 GB 13078 的要求。

3.6.5 配合饲料、浓缩饲料和添加剂预配合饲料中不应使用任何药物。

3.6.6 配合饲料、浓缩饲料和添加剂预配合饲料中禁止使用肉骨粉、骨粉、血粉、血浆粉等动物源性饲料。

3.6.7 饲料添加剂应符合表2的要求。

3.7 辅助材料

3.7.1 各种辅助材料应达到相应品种的质量要求，应符合相应的国标、地标和行标。

3.7.2 各种辅助材料符合使用要求。

4 检验规则

4.1 兽药、器械、畜牧机械及其配件每批产品应由供方提供产品出厂合格证、检验报告。

4.2 液氮的检验由供货方出具检验证明。

4.3 包装材料原料由销售部自行到正规的批发商店采购，加工后由库房主管检验其尺寸与做工后方可使用。

4.4 饲料和辅助材料由供方提供相应检验报告单。检验项目一般为7项，即水分、粗蛋白、粗脂肪、粗纤维、灰分、钙、磷。检验取样数量为350g。每批饲料进行检验。

表1 常用饲料一般标准

项目	CP,%	CF,%	Ash,%	DM,%	感官性状或描述
玉米	≥7.8	<1.6	<1.3	≥86	籽粒整齐、均匀，色泽橙黄色或白色，无发酵、霉变、结块及异嗅
小麦麸	≥15.7	<8.9	<4.9	≥87	细碎状，色泽新鲜一致。无发酵、霉变、结块及异嗅
小麦次粉	≥13.6	<2.8	<1.8	≥87	粉状，粉白色至浅褐色，色泽新鲜一致。无发酵、霉变、结块及异嗅
籽菜粕	≥38.6	<11.8	<7.3	≥88	黄色或浅褐色，碎片或粗粉状，无发酵、霉变、结块及异嗅。粉状具有菜籽油香味
大豆饼	≥40.9	<4.7	<5.3	≥87	呈黄褐色或小片状，色泽新鲜一致。无发酵、霉变、虫蛀及异味异嗅

（续）

项目	CP,%	CF,%	Ash,%	DM,%	感官性状或描述
大豆粕	≥43	<5.1	<6.0	≥87	呈黄褐色或浅黄色不规则的碎片状，色泽新鲜一致。无发酵、霉变、虫蛀及异味异嗅
花生饼	≥44.7	<45.9	<5.1	≥88	小瓦片状或圆扁块状，色泽新鲜一致的黄褐色。无发酵、霉变、虫蛀及异味异嗅
胡麻籽粕	≥34.0	<11.0	<9.0	≥88	浅褐或黄色，碎片或粗粉状，具有油香味。无发酵、霉变、虫蛀及异味异嗅
棉籽粕	≥36.0	<10.1	<6.5	≥88	浸提或预压浸提
玉米胚芽饼	≥16.7	<6.3	<6.6	≥90	玉米浸磨后的胚芽、机榨
玉米胚芽粕	≥20.8	<6.5	<5.9	≥90	玉米浸磨后的胚芽、浸提
玉米蛋白粉	≥51.3	<2.1	<2.0	≥91.2	玉米去胚芽、淀粉后的面筋部分
玉米酒糟	≥28.3	<7.1	<4.1	≥90	玉米酒精糟及可溶物，脱水
干啤酒糟	≥24.3	<13.4	<4.2	≥88	大麦酿造副产品
麦芽根	≥28.3	<12.5	<6.1	≥89.7	大麦芽副产品，干燥
膨化大豆	≥37	<5.0	<4.5	≥94	瞬间高温（140 ℃～150 ℃）干法蓬松颗粒状
脱酚棉籽蛋白	≥50.0	<8.0		≥94	游离棉酚小于400 mg/kg，黄色粉末状
酵母粉	≥50.0	11.0	<1.5	≥88	细菌总数大于20亿/g，黄褐色，特殊芳香味

注：表中CP—粗蛋白质、CF—粗纤维、Ash—粗灰分、DM—干物质。

表2 饲料添加剂一般标准

项目	FE,%	Ca,%	Ash,%	DM,%	感官性状描述
美加力	≥84	<9.0	<12.5	≥95	保护性过瘤胃脂肪，干燥的颗粒
磷酸氢钙	≥16.0	≥21.0	≤0.003	≤0.18	白色粉末或颗粒
石粉	—	≥38	≤0.002	≤0.002	浅灰色石末

项目	NaHCO₃	Po%	As%	pH	干燥失重	感官性状或描述
小苏打	≥99.0	<0.0005	≤0.001	≤8.6	≤0.2	白色粉末，溶于水，水溶液呈弱碱性

项目	CP%	As%	Ash%	DM%	感官性状或描述
干粕	—	≤4.0	≤6.0	≥85	甜菜提取糖后的剩余部分，经加工呈圆柱形颗粒状

项目	CP%	盐分%	沙分%	Ash%	DM%	感官性状或描述
鱼粉	≥50.0	≤3.0	≤3.0	≤2.5	≤90.0	小鱼脱脂，黄棕或黄褐色，呈蓬松状

项目	SiO₂%	Al₂O₃%	感官性状或描述
麦饭石	67.6	15.7	非金属矿物，具有多孔性，呈斑状或似斑状结构，具有很强的吸附作用，能吸附对动物有害的重金属

项目	级别	收割期	禾本科豆科	颜色气味	含水量,%	不可食草	掺杂物
羊草	一级（优）	抽穗、现蕾至开花初期	70%以上	干草鲜绿芳香甚浓	14～17	不超过5%	不超过1%
	二级（良）	开花盛期至花后	60%～70%	绿色有芳香气味	18～20	不超过5%	不超过1%

注1：本标准基本以《中国饲料成分以营养价值表（2000年修订版）》中GB/T 2和NY/T 2为标准。

注2：表中CP—粗蛋白质、CF—粗纤维、Ash—粗灰分、DM—干物质、P—磷、Ca—钙、As—砷、F—氟化物、Po—重金属、NaHCO₃—碱、pH—酸碱度、FE—粗脂肪。

注3：羊草标准选于DB11/T 150.3—2002。

荷斯坦牛品种标准

1 范围

本标准规定了奶牛场荷斯坦牛的品种鉴定、等级评定和良种母牛登记。

本标准适用于奶牛场荷斯坦牛的品种鉴定、等级评定和良种母牛登记。

2 规范性引用文件

下列文件中的条款通过本标准的引用而成为本标准的条款。凡是注日期的引用文件，其随后所有的修改单（不包括勘误的内容）或修订版均不适用于本标准。然而，鼓励根据本标准达成协议的各方研究是否可使用这些文件的最新版本。凡是不注日期的引用文件，其最新版本适用于本标准。

DB11/T 150.1 奶牛饲养技术规范（育种部分）

Q/shz T 05 01—2014 奶牛育种技术标准

中国荷斯坦牛体型线性鉴定规程

3 外貌特征

按 Q/shz T 05 01—2014 的要求执行。

4 生产性能

4.1 产奶量

305 d 产奶量（下限）：

——1 胎 5 500 kg；

——2 胎 7 600 kg；

——3 胎 8 100 kg；

——4 胎 7 900 kg；

——5 胎 7 500 kg。

4.2 乳脂率

不低于 3.6%。胎次产奶量每增加 1 000 kg，乳脂率可降低 0.1%。

4.3 乳蛋白率

不低于 3.0%。胎次产奶量每增加 1 000 kg，乳蛋白质率可降低 0.1%。

5 等级评定

结合生产性能测定报告（DHI 报告）、体型外貌鉴定整体评分成绩做综合评定。应符合《中国荷斯坦牛体型线性鉴定规程》和 DB11/T 150.1 的规定。

6 血缘关系

6.1 血统来源

6.1.1 谱系应有 3 代亲本牛号及生产性能记录。

6.1.2 父母系的生产性能、外貌优秀，遗传性能稳定，不携带有害基因。

6.2 生长发育表现

6.2.1 牛只应有初生、6 月龄、12 月龄、18 月龄（或初配月龄）、初产时的体尺、体重完整记录。

6.2.2 成母牛应有体型外貌鉴定成绩记录。

荷斯坦牛育种技术标准

1　范围

本标准规定了荷斯坦奶牛育种的技术要求和质量技术指标。

本标准适用于奶牛场种公牛及母牛的育种工作。

2　规范性引用文件

下列文件中的条款通过本标准的引用而成为本标准的条款。凡是注日期的引用文件，其随后所有的修改单（不包括勘误的内容）或修订版均不适用于本标准。然而，鼓励根据本标准达成协议的各方研究是否可使用这些文件的最新版本。凡是不注日期的引用文件，其最新版本适用于本标准。

DB11/T 150.1　奶牛饲养管理技术规范（育种部分）

Q/shz T 08 04—2014　牛奶质量控制

中国荷斯坦牛改良方案

中国荷斯坦牛体型线性鉴定规程

3　术语和定义

下列术语和定义适用于本标准。

3.1　奶牛生产性能测定

DHI 报告即是奶牛生产性能测定记录。该记录可以为奶牛场饲养管理提供决策依据，为育种工作提供完整而准确的资料。

3.2　谱系

记载种畜血统来源、编号、名字、出生日期、生长发育表现、生产性能、种用价值和鉴定成绩等方面资料的文件。

3.3　后裔测定

根据后裔各方面表现的情况来评定种畜好坏的 1 种鉴定方法。

3.4　近交与近交系数

近交：有血缘关系（一般指 4 代内）的 2 个体间交配。

近交系数：指形成个体的 2 个配子间因近交造成的相关系数。

3.5　动物模型最佳线性无偏预测法

1 种估测种畜个体育种值的遗传评定方法。这种方法可以更有效地消除系统环境因素的影响，充分利用亲属可知的多种信息，具有严格的统计学特性，因而可以得到更准确的公、母种畜育种值。

3.6　体型线性鉴定

根据动物体型性状的生物学特点，对动物各部位体型进行线性评定的 1 种外貌鉴定方法。

注：这种方法可以克服传统评定方法由于缺乏共同一致的比较标准而产生的偏差。

3.7　选配

指选择最适的公、母畜进行交配，产生符合要求的后代。

注：是育种工作的中心环节之一，通常的方法有：

——同质选配，指选择在体质、类型、生物学特性、生产性能以及产品质量等方面相对相似的优秀公、母畜进行交配；

——异质选配，指选择具有相对不同特点的公母畜进行交配；

——亲缘选配，指根据家畜间的亲缘关系进行选配。

3.8 育种值

支配 1 个数量性状的全部基因的加性效应值。个体某性状的育种值可通过亲属资料和遗传参数来估测。

3.9 乳用特征

指与产奶性能有联系的体型特征。

示例：清秀的头，长而清瘦的颈，扁平而宽长的肋骨，薄而松软、富于弹性的皮肤和软而滑的被毛，棱角性等。

3.10 表型值

在生物个体身上实际表现的性状值。

注：表型值是基因型和环境共同作用的结果。1 个个体某性状的表型值等于其基因型值与环境偏差之和。

3.11 性状

生物有机体各方面特征（形态、内部解剖等有关表现）和特性（生理、生化机能等方面的表现）的统称，是鉴定比较品种（或类型）间好坏的标准。一切性状的产生和形成都受遗传规律支配，也受外界环境条件的影响，任何性状的表现都是遗传和环境共同作用的结果。

3.12 表现型

指某种基因型在一定的环境条件作用下，通过个体发育过程而表现出来的性状。是可以观察或测量到的，具有一定形态、结构和功能的性状。

3.13 奶牛群改良方案（DHI）

奶牛群改良方案主要是通过对奶牛群开展生产性能测定，利用 DHI 报告为奶牛改良和生产管理提供有效的数字依据。

3.14 体细胞数（SCC）

每毫升牛奶样品中体细胞的数量。体细胞是指白细胞和脱落的上皮细胞，牛奶中的体细胞数（SCC）是奶牛乳房健康的指示性指标。SCC 对牛奶的质量、数量以及乳制品的存放时间都有影响。

4 外貌特征

4.1 公、母牛共性特征

毛色黑白花或红白花，皮薄有弹性，各部位匀称。头颈结合良好，体躯长、宽、深，肋骨间距宽、长而开张；胸深、宽，背线平直；尻部长、平、宽；四肢结实，蹄质坚实，蹄底呈圆形。

4.2 公牛特有特征

头部有雄相，腹部适中。

4.3 母牛特有特征

头部清秀，腹大而不下垂；乳房细致，乳静脉明显，乳房大而不下垂，前伸后延，附着良好，乳头大小适中，垂直呈柱形，间距匀称。

5 育种资料编号

5.1 公牛编号

按 DB11/T 150.1 中第 7.1 条执行。

5.2 母牛编号

按 DB11/T 150.1 中第 7.1 条执行。

5.3 进口牛编号

凡从国外直接进口的公、母牛，可沿用其原有注册国度的登记号，也可按 DB11/T 150.1 中第 7.1 条有关规定重新编号，将原编号存入档案。

5.4 谱系

谱系是良种场最基本的育种资料，记载应及时、准确，由资料员负责记录并妥善保管。牛场资料员应统一按照"奶牛谱系"格式填写。

6　公母牛的选择与评定

6.1　公牛的选择与评定

6.1.1　选择原理

通过公牛后裔测定，应用动物模型 BLUP 法（最佳线性无偏预测法）。

6.1.2　选择条件（后裔测定条件）

6.1.2.1　从国外引进的已进行过后裔测定的优秀公牛（或精液）与种子母牛配种所生小公犊，经初选合格者，可进行后裔测定。

6.1.2.2　国内经后裔测定证明是优秀的公牛（或精液）与种子母牛配种所生小公犊，经初选合格者，可进行后裔测定。

6.1.2.3　从国外引进的未经后裔测定的小公犊，可进行后裔测定。

6.1.2.4　国内培育的小公犊，父母、祖父母、外祖父母生产性能优秀，资料齐全，初选合格者，可进行后裔测定。

6.1.2.5　此外，公牛 12 月龄体重达 350 kg 以上、外貌特级、无遗传或传染疾病、精液品质符合国家标准者，方可进行后裔测定。

6.1.3　选择工作的规定

6.1.3.1　小公牛 12 月龄～24 月龄时采精并备足 600 份精液。

6.1.3.2　小公牛所备精液应在 3 个月内随机配妊 150 头 1 胎～5 胎成年母牛。

6.1.3.3　每头公牛女儿应分布于不同良种场间。

6.1.3.4　与配种母牛及公牛女儿未完成一胎产奶以前，不可任意淘汰、调出、出售。

6.1.3.5　公牛女儿达到配种要求的体尺、体重时配种。

6.1.4　公牛育种值的估计

应用最佳线性无偏估计值（BLUP）评定公牛生产性能和外貌改良能力优劣，体型评定应用线性鉴定方法。

6.2　母牛的选择与评定

6.2.1　选择原理

综合选择指数法并考虑表型值。

6.2.2　选择条件

6.2.2.1　本身：

——1 胎产奶量 7 000 kg 以上，2 胎以上产奶量 8 000 kg 以上；

——乳脂率 3.6% 以上；

——乳蛋白率 3.0% 以上；

——外貌特级，泌乳系统优秀。

6.2.2.2　血统：父母系的生产性能、外貌优秀，遗传性能稳定，不携带有害基因。

6.3　后备牛的选择与评定

6.3.1　系谱选择

6.3.1.1　对初生小母牛及青年牛，首先按系谱选择，即根据所记载的祖先情况，估测来自祖先各方面的遗传性。

6.3.1.2　按系谱选择后备母牛，应着重注意后备牛父亲的育种值。特别是产奶量指标的选择，不能只以母亲的产奶量高低作为唯一选择标准；乳脂率性状应父、母同等考虑。

6.3.2　按生长发育选择

6.3.2.1　根据牛只在初生、6 月龄、12 月龄、18 月龄（或初配月龄）、初产时的体尺、体重进行选择。

6.3.2.2 选择标准应根据本场牛群规模情况制定,每隔 5 年进行 1 次修订。

6.3.3 体型外貌选择

根据牛只 6 月龄、12 月龄、18 月龄的体型外貌进行选择。重点对乳用特征、肢蹄和乳头质地、后裆宽窄等进行鉴定。

7 体型线性鉴定

7.1 鉴定员

经过系统学习培训、且每年至少从事 500 头奶牛体型线性鉴定,方可承认其鉴定员资格,并承认所鉴定的体型成绩记录。获得资格的鉴定员每年应进行 1 次鉴定结果比对,以改进技术和减少人员间的系统误差。

7.2 实施原则

参照《中国荷斯坦牛体型线性鉴定规程》执行。

8 奶牛育种目标

8.1 改良目标

8.1.1 生产性能:初产牛 305 d 产奶量 8 000 kg 以上,经产牛 305 d 产奶量 9 000 kg 以上;乳脂率 3.6% 以上,乳蛋白率 3.1% 以上。

8.1.2 体型结构:整体呈楔形,体深、强壮度好,后躯容积大,四肢健壮,整体棱角分明。初产牛体高 140 cm 以上。

8.1.3 乳用特征:乳腺发达,乳静脉粗大、弯曲;乳房前伸后延,呈浴盆状;四乳区匀称,乳头大小适中,乳流速快。

8.1.4 其他性能:适应性强,耐粗饲,繁殖率高,无遗传性疾病。

8.2 实施方案

8.2.1 核心群的建立

8.2.1.1 根据改良目标的要求,选择在群成年母牛的 80% 和适当比例的优秀青年母牛作为核心群。

8.2.1.2 每年 10 月将全场成乳牛及后备牛按谱系进行分类,结合外貌鉴定、DHI 报告,对全场牛只优劣进行分析排队,从而确定核心牛群。

8.2.2 选配

8.2.2.1 选配要求

根据个体母牛性状,选择最适宜的公牛进行配种,以期得到符合要求的、品质优良的后代。选配时应考虑公、母牛的体型、生产性能和亲缘关系等。

8.2.2.2 选配原则

8.2.2.2.1 根据改良目标,巩固优良特性,改进不良性状,依据个体亲合力和种群配合力进行选配。

8.2.2.2.2 选用公牛的质量应高于与配母牛的质量。即公牛生产性能和外貌等级要高于与配母牛的等级。

8.2.2.2.3 优秀公、母牛采用同质选配,品质较差母牛采用异质选配。但是要避免相同缺陷或不同缺陷的交配组合。

8.2.2.2.4 一般近交系数应控制在 6% 以下。

8.2.2.3 选配方法

8.2.2.3.1 同质选配是以巩固、提高、扩大优良性状,并稳定地遗传给后代为目的而采取的一种选配方法。异质选配是应用不同的优良性状相互补充,以期获得双亲不同优点兼备的后代。

8.2.2.3.2 亲缘选配:指根据家畜间的亲缘关系来进行选配。利用近交是亲缘选配的 1 种形式。亲缘关系计算见附录 A。

8.2.2.3.3 生产性状采用加强型选配，体型性状采用改进型选配。

9　后备母牛选择

9.1　选择方法

9.1.1　系谱选择

9.1.1.1 系谱选择是根据所记载的祖先情况，估测来自祖先各方面的遗传性。按系谱选择后备母牛，应考虑来源于父亲、母亲及外祖父的育种值。特别是产奶量这一性状的选择，不能单一以母亲的产奶量高低作为唯一选择标准，乳脂率、乳蛋白率等性状应父、母同等考虑。

9.1.1.2 奶牛谱系是牛群管理的基础资料，它包括奶牛编号、出生日期、花片图谱、生长发育记录、繁殖记录、生产性能记录等。

9.1.2　按生长发育选择

按生长发育选择主要是以体尺、体重为依据。主要指标包括：初生重、6月龄、12月龄、第一次配种（15月龄）及头胎牛的体尺、体重。具体参数应符合表1要求。

表1　后备牛各阶段选育目标

月龄	体高，cm	腹围，cm	体重，kg	备注
初生	—	—	35	
6	103～106	128	170～180	
12	120～123	157	300～330	
15	125～130	170	370～380	
产犊	137～140	190	530～550	

9.1.3　按体型外貌选择

根据后备牛培育标准对不同月龄的后备牛进行外貌鉴定，对不符合标准的个体及时处理。鉴定时应注重后备牛的乳用特征、乳头质地、肢蹄强弱、后躯宽窄等外貌特征。

9.2　选留标准

9.2.1 犊牛健康、发育正常，无任何生理缺陷，初生重35 kg以上；系谱清楚，三代系谱中无明显遗传疾病。母亲生产性能：头胎牛305 d产奶量7 000 kg以上，经产牛305 d产奶量8 000 kg以上。初产牛女儿选择以系谱资料为主。

9.2.2 育成牛、青年牛满足各阶段生长发育目标，繁殖机能正常。

9.2.3 不合格后备牛及时进行筛选淘汰。

10　体型线性鉴定技术

体型线性鉴定是根据奶牛体型性状的生物学特点，对各部位体型性状进行线性评分，经过计算，从而对奶牛体型外貌进行等级评定的1种方法。具体评分办法按照《中国荷斯坦牛体型线性鉴定规程》执行。

11　奶牛改良工作组织管理

11.1　组织管理

新疆西部牧业股份公司应建立分公司—分部—奶牛场3级育种网络，明确职责、开展荷斯坦奶牛改良工作。

11.2　奶牛改良工作流程图

见附录B。

12 奶牛群改良方案（DHI）

12.1 DHI 报告内容

12.1.1 分娩日期——母牛产犊的年月日。

12.1.2 泌乳天数——指本胎次泌乳的天数。

12.1.3 胎次——母牛现胎次。

12.1.4 HTW——测定日奶量，是以千克为单位的牛只日产奶量。

12.1.5 HTACM——校正奶量，是以泌乳天数和乳脂率校正计算产奶量。即：将实际产量校正到产奶天数为 150 d，乳脂率为 3.5%，以便比较不同泌乳阶段牛只的泌乳性能。

12.1.6 PREVM——上次奶量，是以千克为单位的上个测奶日该牛的产奶量。

12.1.7 产奶持续力——当前产奶量/前次产奶量×100。

12.1.8 平均泌乳天数——泌乳牛的平均泌乳天数。

12.1.9 F%——乳脂率，是测定日送检奶样的乳脂率。

12.1.10 P%——乳蛋白率，是测定日送检奶样的乳蛋白率。

12.1.11 F/P——乳脂、乳蛋白比例，这是该牛在测试日奶样乳脂率与乳蛋白率的比值。

12.1.12 SCC——体细胞计数，单位为 1 000，是每毫升样品中体细胞的数量。

12.1.13 MLOSS——牛奶损失，这是计算产生的数据，用于确定奶量的损失。

12.1.14 PRESC——前次体细胞计数，单位为 1 000，上次样品中体细胞数。

12.1.15 LTDM——累计奶量，这是计算产生的数据，以千克为单位，基于胎次及泌乳天数，用于估计该牛只本胎次产奶的累计总量。

12.1.16 LTDF——累计乳脂量，这是计算产生的数据，以千克为单位，基于胎次及泌乳天数，用于估计该牛只本胎次生产的脂肪总量。

12.1.17 LTDP——累计蛋白量，这是计算产生的数据，以千克为单位，基于胎次及泌乳天数，用于估计该牛只本胎次生产的蛋白总量。

12.1.18 PEAKM——峰值奶量（高峰奶），以千克为单位的最高的日产奶量，是以本胎次前几次产奶量比较得出的。

12.1.19 PEAKD——峰值日，表示产奶峰值发生在产后的多少天。

12.1.20 305M——305 d 奶量，是计算产生的数据，以千克为单位，如果泌乳天数不足 305 d 则为预计产量，如果已完成 305 d 产奶量，该数据为实际奶量。

12.1.21 DueDate——预产期，根据牛场提供的繁殖信息，计算出的下胎预产期。

12.2 DHI 报告分析

12.2.1 体细胞数

通过体细胞数（SCC）高低、变化，反映生产管理中的问题。

体细胞造成的奶损失计算公式以及与胎次相关的奶量损失见表 2 和表 3。

表 2 体细胞对胎次奶量损失

名称	SCC 导致 305 d 奶量损失	
SCC，万/mL	1 胎牛	2 胎牛以上
<15	0	0
15.0～30.0	180	360
30.1～50.0	270	550

（续）

名称	SCC 导致 305 d 奶量损失	
SCC，万/mL	1 胎牛	2 胎牛以上
50.1～100.0	360	725
>100.0	454	900

表 3　线性体细胞与相关的奶量损失

体细胞计数（以 1000 为单位）			奶量损失（千克）			
线性评分	中值	范围	每天		每胎 305 d	
			1 胎	2 胎以上	1 胎	2 胎以上
0	12.5	0～17				
1	25	18～34				
2	50	35～68				
3	100	69～126	0.34	0.68	91	182
4	200	127～273	0.68	1.36	182	363
5	400	274～546	1.02	2.04	272	545
6	800	547～1 092	1.36	2.72	363	726
7	1 600	1 093～2 185	1.70	3.41	454	908
8	3 200	2 186～4 371	2.04	4.09	545	1 090
9	6 400	<4 372	2.38	4.77	636	1 271

注：SCC＝15 万时，可能发生轻微乳房炎；SCC＝50 万时，可能出现临床症状，这与细菌种类有关。

降低体细胞数的方法：按 Q/SY SB J 08 03.4 执行。

12.2.2　高峰奶

12.2.2.1　为本胎次所有测定日奶量比较，最高的日产奶量，以千克为单位。出现高峰奶之日的泌乳天数为峰值日（PEAKD），表示产奶峰值发生在产后的多少天。

12.2.2.2　高峰奶是胎次潜在奶量的指示性指标，是提高胎次产奶量的动力，高峰奶量与日粮营养浓度和奶牛产犊时体况有关。高峰值与对应胎次奶量关系见表4。

表 4　峰值奶量与胎次奶量的关系

峰值奶量，kg/d	胎次奶量，kg/头	峰值奶量，kg/d	胎次奶量，kg/头
26.5	5 440～6 350	30.3	6 350～7 260
34.3	7 260～8 160	38.2	8 160～9 070
42.0	9 070～9 980	46.1	9 980～10 890
50.1	10 890～11 800	55.8	11 800～13 600

12.2.3　峰值日

12.2.3.1　出现高峰奶之日的泌乳天数为峰值日（PEAKD），表示产奶值发生在产后的多少天。奶牛一般在产后 4 周～6 周（或 28 d～42 d）达到其产奶峰值，一般发生在第二个测样日，平均低于70 d。

12.2.3.2 峰值日多于 70 d，预示着有潜在奶损失，应检查干奶牛日粮、近产牛（产前 21 d）日粮、产犊时的体况、产犊管理和泌乳早期日粮等。

12.2.4 产奶持续力

12.2.4.1 产奶持续业＝当前产奶量/前次产奶量×100。正常的泌乳持续性见表5。

表 5　正常泌乳持续性

名称	0 d～65 d	65 d～200 d	＞200 d
1胎	106％	96％	92％
多胎	106％	92％	86％

12.2.4.2 如果奶牛峰值过早达到，但持续性较差，是奶牛营养负平衡程度的表现，是泌乳早期日粮浓度低的指示。因为事实上奶牛产前有适宜的体况使之达到高峰，但产后营养无法支持可达到的预期产奶水平。

12.2.4.3 如果峰值日过迟达到，但持续性好，可能是因为奶牛在分娩时体况不足而不能按时达到峰值，一旦采食量上升到足以维持产奶（时），则表现出较好的持续性。这与奶牛体况、围产期管理及泌乳早期营养有关。

12.3 DHI 测定要求

12.3.1 牛奶采样

12.3.1.1 每头泌乳牛每月采集奶样 1 次，每个样品总量应严格控制在 40 mL 以内（取样瓶注有标记）全天早、中、晚 3 班分别按 4∶3∶3 比例采集。

12.3.1.2 每班次采样后，立即将奶样保存在 0 ℃～5 ℃环境中，防止夏季腐败和冬季结冰，以免影响检测结果的准确性。夏季应加防腐剂。

12.3.1.3 奶样从开始采集到送检测室的时间应控制为：夏季不超过 48 h，冬季不超过 72 h。

12.3.1.4 采样时使用专用样品瓶。样品瓶标记牛号及顺序号时不能用钢笔，以防遇水褪色。

12.3.1.5 采样时注意保持奶样的清洁，勿使粪、尿等杂物污染奶样。

12.3.2 样品送检要求

12.3.2.1 送奶样的同时，连同采样记录表一起送交检测室。

12.3.2.2 采样后，将样品瓶按（1～50）顺序（每 10 个为 1 排）排在专用筐中，同时将顺序号、牛号填写在采样记录表中，如排列顺序有错误或记录表与筐中排列不符，会使测定时所有牛号错位，采样将前功尽弃。

12.3.2.3 凡采样牛只头数大于 50 头以上的，所用的专用筐上也须编上顺序号，并在相应的记录表上注明。

12.3.2.4 严格按照计划日期送样，若有临时变动，提前与检测室联系。

12.3.3 样品测定要求

12.3.3.1 检测室接到样品后，一定按照专用筐顺序号进行测定。

12.3.3.2 测定完毕后，按照测定的顺序将牛号、产奶量输入计算机，连同测定乳成分数据一起于次日转交育种室，及时反馈牛场。

12.4 DHI 报告表格见附录C。

附 录 A
（规范性附录）
交配时可能出现的近亲关系

A.1 近交系数

指形成个体的两个配子间因近交造成的相关系数。

计算公式：$F_x = \sum [(1/2)^N \times (1 + F_A)]$

式中：

F_x——X 个体的近交系数；

$\sum$——总和的符号；

N——从个体的父亲通过共同祖先到个体的母亲的连线上所有的个体数；

F_A——共同祖先本身的近交系数。

A.2 近亲关系

交配时可能出现的 9 种近亲关系（见表 A.1），前五种的近交系数均大于 4%，应杜绝发生。其中，第一种属半同胞交配，容易避免；第二、第三种因年龄差异，发生的可能性较小；第四、第五种，既容易被忽视，又容易发生；其他 4 种近交系数在 4% 以下，即使出现影响也不大，但要尽量避免。

表 A.1 交配时可能出现的近亲关系

共同祖先与配母牛的关系	共同祖先与配公牛的关系		
	（父）	（祖父）	（外祖父）
父	父（父）	父（祖父）	父（外祖父）
祖父	祖父（父）	祖父（祖父）	祖父（外祖父）
外祖父	外祖父（父）	外祖父（祖父）	外祖父（外祖父）

① 父－（父）F% = 12.5%

② 父－（祖父）F% = 6.25%

③ 父－（外祖父）F% = 6.25%

④ 祖父－（父）F% = 6.25%

⑤ 外祖父－（父）F% = 6.25%

⑥ 祖父－（祖父）F% = 3.125%

⑦ 祖父－（外祖父）F% = 3.125%

⑧ 外祖父－（祖父）F% = 3.125%

⑨ 外祖父－（外祖父）F% = 3.125%

注：♂表示公牛，♀表示母牛，F 表示共同祖先。

附 录 B
（规范性附录）
奶牛改良工作流程图

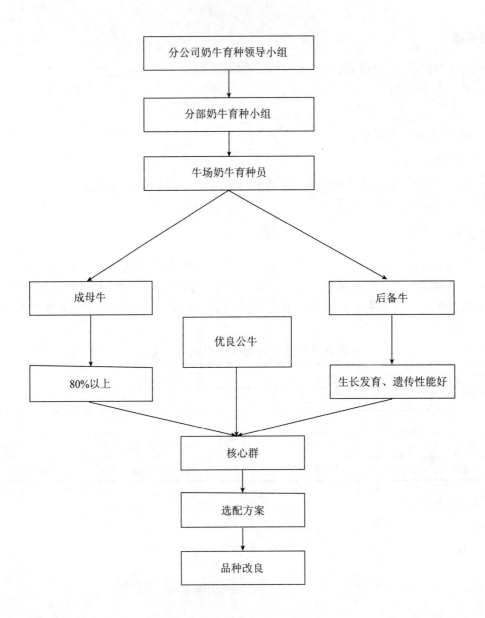

附　录　C
（规范性附录）

DHI 报告样表

Milk recording report farm：　　　　　　　　　　　　　　　　　　　　　　test date：

Sep. 序号	Loca. 组别	ID 牛号	CalveD 分娩日	DIm 产奶天	L♯ 胎次	HTM 日产奶量
⋮						

SCC 体细胞	Mlos 奶损失	LSCC 细胞分	Prescc 前体细胞	1stscc 首体细胞	LTDM 累积奶	305M 305 奶
⋮						

PeakM 高峰奶	peakD 高峰日	Persist 持续力	DryD 干奶日	Laclen 总泌乳日	DasDry 干奶天数
⋮					

荷斯坦牛犊牛饲养管理技术标准

1 适用范围

本标准规定了荷斯坦牛犊牛生产过程中的饲养管理技术规范。

本标准适用于荷斯坦牛犊牛饲养过程中的生产、管理和质量认证。

2 规范引用文件

下列文件中的条款通过本标准的引用而成为本标准的条款。凡是注明日期的引用文件，其随后所有的修改单（不包括勘误的内容）或修改版等均不适用于本标准。然而，鼓励根据本标准达成协议的各研究和执行方可使用这些文件的最新版本。凡是未注明日期的引用文件，其最新版本适用于本标准。

NY/T 388 畜禽场环境质量标准

NY 5027 无公害食品 畜禽饮用水水质

NY 5046 无公害食品 奶牛饲养兽药使用准则

NY 5047 无公害食品 奶牛饲养兽医防疫准则

NY 5048 无公害食品 奶牛饲养饲料使用准则

NY/T 5049 无公害食品 奶牛饲养管理准则

Q/XM 3010—2006 荷斯坦牛的饲养管理原则

3 术语和定义

下列术语和定义适用于本标准。

3.1 犊牛

从出生到满 6 月龄的牛。分哺乳期和断奶期两个阶段。

3.2 初乳期

犊牛出生 5 d～7 d 这段时间。

3.3 初乳

母牛产后到 7 d 以内所产的奶。

3.4 常乳期

犊牛出生 5 d～7 d 一直到断奶这段时间。

4 犊牛不同阶段的饲养管理

4.1 初乳期犊牛的饲养

4.1.1 新生犊牛的护理

犊牛出生后立即用干草或干净的抹布或毛巾擦净口鼻部的黏液，以利呼吸。如犊牛出生后发生窒息，不能呼吸，可握住犊牛前肢前后移动并按压犊牛的胸部，进行人工辅助呼吸，然后倒吊称初生重，使犊牛吐出黏液，同时配合使用氨水等刺激呼吸中枢的药物。将犊牛被毛擦干后送入温暖的犊牛保育舍内用浴霸暖风吹干，初生犊牛可穿马夹提高温度 5 ℃左右、降低湿度 30％以上。各犊牛单独饲喂；通常情况下，犊牛脐带自然扯断，如未扯断，用消毒剪刀在距腹部 5 cm 处剪断结扎脐带，用 7％碘酒浸泡消毒即可；剥去犊牛软蹄。初生一周内放入不离地的犊牛一岛一栏内喂养，一周后放入离地式犊牛岛栏内喂养，用带奶嘴的奶桶或奶壶饲喂，奶桶上奶嘴高度与犊牛头高持平即可，尽量减少奶桶、奶盆低位饲养，防止犊牛将奶吸入肺中，发生异物性肺炎。

4.1.2　饲喂初乳

犊牛在出生后 0.5 h～1 h 内应尽早哺喂初乳，尽量选择健康二胎牛的优质初乳，使用初乳质量检测仪测定初乳质量，如比重、免疫球蛋白（＞50 mg/mL），用塑料密封袋 1 kg 一包装，存放在 −20 ℃ 条件下保存备用。初乳解冻时，将容器直接置于 40 ℃～50 ℃ 热水中，待初乳融化到 37 ℃ 时饲喂。通常初次喂初乳的量 1 kg/次～1.5 kg/次，喂 3 次～4 次，以后应视犊牛强弱可按体重的 1/10～1/8 或体重的 10％ 左右计算喂量。初生后 3 d～5 d 用折光仪测定初乳灌服质量情况，以便对饲养员评定考核。奶温夏季应保持在 38 ℃，冬季 38 ℃～40 ℃，犊牛每次喂完初乳后 1 h～2 h，饮用 38 ℃ 温开水一次。如果新生犊牛不会吃奶，则应在兽医的协助下采用胃管插入的方法进行饲喂。犊牛出生后注射牲血素和维生素 B_{12}，从第 3 d 到第 30 d，可适量在奶中补充饲喂益生素或抗生肽。

4.2　常乳期犊牛的饲养

要做到"五定"。定质：即乳汁的质量，最忌喂给劣质和变质的奶，如母牛患有乳房炎，这时的犊牛应喂给予其时间基本相同的健康母牛乳汁。定量：1 周龄～2 周龄犊牛每天喂量为体重的 1/10，3 周龄～4 周龄为体重的 1/8，5 周龄～6 周龄为体重的 1/9，7 周龄～9 周龄以后为体重的 1/10 或逐渐断奶。每次喂奶应在鲜奶中兑 1/4～1/2 温开水。定温：夏季 37 ℃～38 ℃，冬季 38 ℃～39 ℃；防止温差过大，发生腹泻。定时：一般每班间隔 4 h 左右。定人：固定具有丰富饲养犊牛经验的饲养员饲养犊牛。

4.3　诱导采食

4.3.1　精饲料的诱导采食

出生后 5 日龄～8 日龄开始调教、诱导采食犊牛料，犊牛开食料应制备成颗粒状，犊牛料的配方示例见表 1。先将少量精料在喂完奶后涂抹于鼻镜和嘴唇上，或撒少量精料于奶桶中舔食，使其形成采食精料的习惯。经 3 d～4 d 调教，犊牛具有适应消化少量精料的能力以后，可将精料投放在食槽内让其自由采食。1 个月时采食 500 g～600 g，2 个月时采食 1 000 g～1 200 g 为宜。

表 1　犊牛料的配方

时期	玉米 %	麸皮 %	豆粕 %	代乳粉 %	磷酸氢钙 %	食盐 %	预混料 %
7 日龄～19 日龄	55	16	20	6	1	1	1
20 日龄到断奶	50	15	28	3	2	1	1
断奶到 6 月龄	48	29	19	0	1.5	1.5	1

4.3.2　青贮饲料的饲喂

犊牛 1 月龄左右开始喂少量青贮饲料，最先喂量 100 g/(d·头)～250 g/(d·头)，以后逐渐增加，到 3 月龄时增加到 4 kg/(d·头)，4 月龄～6 月龄时增加到 6 kg/(d·头)～8 kg/(d·头)。

4.3.3　青干草的饲喂

从 2 月龄断奶后开始，在犊牛栏内的草架上添加优质干草（如苜蓿草等），逐步训练犊牛采食干草。

5　犊牛的管理

5.1　犊牛的断奶

犊牛的哺乳期一般为 60 d～75 d。应在犊牛 60 日龄日增重 400 g～500 g，精饲料连续 3 d 采食量高于 1 kg 时断奶。体格过小或体弱犊牛或冬季适当延长其哺乳期。早期断奶犊牛饲养方案参照表 2 执行。

表 2　早期断奶犊牛饲养方案

单位：kg/(d·头)

日龄	喂奶量	犊牛料	粗饲料
1～10	4.0～5.0	5 d～8 d 开食	—
11～20	5.0～5.5	0.2	—

(续)

日龄	喂奶量	犊牛料	粗饲料
21～30	5.0～6.0	0.5	训练吃青贮
31～40	4.5～5.5	0.8	0.5～1.0
41～50	3.0～4.0	1.0	1.0～2.0
51～60	2.0	1.2	2.0～3.0
61～70	断奶	1.5	断奶后开始吃干草
71～180	—	1.5	青贮、干草

犊牛料的配方组成（%）：玉米 50、麸皮 12、豆粕 30、代乳粉 5、石粉 1、食盐 1、磷酸氢钙 1。哺乳期 30 d 的犊牛，30 日龄～60 日龄的犊牛料中每千克添加维生素 A 8 000 IU，维生素 D 600 IU，烟酸 2.6 mg，泛酸 13 mg，维生素 B_2 6.5 mg，维生素 B_6 6.5 mg，叶酸 0.5 mg，生物素 0.1 mg，维生素 B_{12} 0.07 mg，维生素 K_3 1.60 mg，胆碱 2 600 mg。60 日龄以上犊牛不加 B 族维生素，只加维生素 A、维生素 D、维生素 E 即可。犊牛断奶前宜用颗粒料，断奶后犊牛料可做成粉状拌，再与青贮饲料拌匀后饲喂。

5.2　管理方式

5.2.1　单圈单栏管理

犊牛从初生后放入犊牛岛内进行单栏管理，一犊一岛一栏，直到断奶以后。小群 3 头～5 头单栏饲养管理，便于根据不同日龄阶段进行饲养，提高抗病力，严格消毒制度，犊牛用具每天清洗消毒 1 次，每次喂完奶，要用固定的奶嘴和毛巾，擦净奶嘴周围残留的奶，可避免因不同日龄犊牛之间疾病的传播，通常哺乳犊牛冬季每头占圈舍面积大于 2.5 m^2。不可多头大圈高密度饲养。防止舔癖形成，密度较小时，有助于提高犊牛的成活率。一般每头断奶犊牛占地面积大于 4 m^2～5 m^2 为宜。断奶犊牛春、秋、冬季运动场面积每头不低于 10 m^2～25 m^2。

5.2.2　集中管理

犊牛断奶以后，即可根据不同月龄的大小进行分群集中管理，刚断奶的牛只分群以 6 头～8 头为宜，使断奶的牛只有一段适应期。两周后分群的大小以不超过 15 头左右为宜。冬季注意保温、降湿、通风和清扫消毒。

5.3　编号和称重

5.3.1　编号

为了便于档案管理，应在犊牛出生后用耳号剪按牛号标识相关规定在新生犊牛的耳朵上剪下相应的缺口进行编号。断奶后用耳号钳将耳标固定在耳朵上，耳标上用不易褪色的专用的记号笔写上与其对应的编号。

5.3.2　称重

在初生、断奶、3 月龄时进行称重，3 月龄后每月称重 1 次，并做好相应的称重记录。

5.4　去角

犊牛去角一般 20 日龄～1 月龄时适宜去角。常用电烙铁法去角，去角时，将烧热的烙铁放在犊牛角基部烫烙数秒钟，充分破坏掉牛的角质生发点，使牛角周围组织变成古铜色为止。用苛性钾（氢氧化钾）去角时，先剪去牛角基部及周围的毛，涂抹凡士林，然后在基部用苛性钾摩擦止出血。用电烙铁去角时，用电器应配有漏电装置，去角操作时，牛只应保定良好，去角过程中，要观察牛只反应，牛只应激反应过于强烈时，应暂缓操作。对于体质较差或发育缓慢的牛只可延期去角。

5.5　饮水

哺乳期要供给充足的饮水，最初可在牛乳中加入 1/3～1/2 的热水，冬季最好采用电加热或暖气加热装置供应热水。断奶后，在运动场内设热水槽，任其自由饮水。

5.6 运动

除阴冷天气外，犊牛出生后 10 d 即可到户外自由运动，冬季在不是太寒冷时，中午也可到圈外适当活动。

5.7 环境

特别在冬季要做好新生犊牛的保暖工作，一般采用暖风炉正压送风供暖最佳，地面采用漏粪地板，排湿排污采取水冲式粪沟，冬季尽量采取干清粪的圈舍清扫办法，减少水冲次数，降低圈舍湿度。屋面安装有动力排风扇在中午较热时进行大量通风；平时根据圈舍氨味大小，最好安装氨气和温湿度自动检测仪进行控制，一般氨气控制在 4.56 mg/m³～20 mg/m³，CO_2 控制在 0.05％～0.15％，湿度控制在 75％以下，温度 15 ℃～25 ℃，圈舍宽带一般在 14 m，屋面坡度 1∶3，屋脊高 4.8 m，边墙高 2.8 m，长度 50 m，屋面采取彩钢和阳光板 1∶1 配置进行采光，装一台供 8 000 m² 正压通风设备，应用电加热和水暖加热热水装置，让犊牛喝温热水。夏季要注意遮阳降温，降温可采取搭建遮阳棚的办法给犊牛遮阳降温 3 ℃～5 ℃。

5.8 断奶后犊牛的日增重控制在 700 g/（头·d）～800 g/（头·d），犊牛成活率控制在 95％以上。

5.9 管理做到"四勤"（勤观察、勤打扫、勤换垫草、勤消毒）和"四净"（牛体净、饲料净、工具净、圈舍净），每日换垫草至少 1 次，每日清扫圈舍 2 次。做好定期消毒，冬季每 1 d～2 d 消毒 1 次，1 种消毒液每用 2 次～3 次需更换碘氟制剂，夏季每周 1 次。运动场消毒每月 1 次。

荷斯坦牛育成牛饲养管理技术标准

1 适用范围

本标准规定了荷斯坦牛育成牛、青年牛生产过程中的饲养管理技术规范。

本标准适用于荷斯坦牛育成牛、青年牛饲养过程中的生产、管理和质量认证。

2 规范性引用文件

下列文件中的条款通过本标准的引用而成为本标准的条款。凡是注明日期的引用文件，其随后所有的修改单（不包括勘误的内容）或修改版等均不适用于本标准。然而，鼓励根据本标准达成协议的各研究和执行方可使用这些文件的最新版本。凡是未注明日期的引用文件，其最新版本适用于本标准。

NY/T 388　畜禽场环境质量标准

NY 5027　无公害食品　畜禽饮用水水质

NY 5046　无公害食品　奶牛饲养兽药使用准则

NY 5047　无公害食品　奶牛饲养兽医防疫准则

NY 5048　无公害食品　奶牛饲养饲料使用准则

NY/T 5049　无公害食品　奶牛饲养管理准则

Q/XM 3010—2006　荷斯坦牛饲养管理原则

3 术语和定义

下列术语和定义适用于本标准。

3.1 育成牛

育成牛是指处于 6 月龄以上到 18 月龄这一阶段的牛只。

3.2 青年牛

青年牛是指满 18 月龄至初产转群这一阶段的牛只。

4 饲养

4.1 育成牛的饲养

4.1.1 育成牛的饲养：犊牛转入育成牛阶段后在生理和饲养环境上发生较大变化，必须精心管理，使其尽快适应以精粗料为主的饲养方式。从 6 月龄以后应逐渐加大犊牛采食量，利用青粗饲料扩大瘤胃容量，提高消化能力，特别是 9 月龄～12 月龄这一阶段是育成母牛的性成熟期，其性器官和第二性征发育很快，体高、体尺变化明显，胃容积扩大了 1 倍左右，保证足量的饲喂容积、刺激前胃发育，保证营养需求促进生长发育尤为重要，到 12 月龄体重应达到 280 kg。13 月龄～16 月龄时进入体成熟时期，16 月龄时体重达到 350 kg，12 月龄～18 月龄体宽、体深变化最大，消化器官也更加扩大。育成期每日青粗饲料采食量可按体重的 6%～8%计，精饲料饲喂量依据不同年龄分组群逐渐增加，要尽量喂优质青干草，促使其向乳用牛体型发展。饲喂方案参照表 1 执行。

表 1　育成牛日粮组成

月龄	饲料，kg/d	青贮玉米，kg/d	青干草，kg/d
7～9	2.0	8～10	0.8
10～12	2.5	10～12	1.0
13～15	2.5	12～15	1.2
16～18	2.5	15～18	1.5

4.1.2 育成牛精饲料配方组成：

配方 1：玉米 53%，麦麸 22.5%，胚芽饼 10%，棉粕 6%，胡麻饼 6%，磷酸氢钙 1.5%，食盐 1%，另加多维 3‰。

配方 2：玉米 50%，麦麸 27.5%，胚芽饼 12%，棉粕 3%，胡麻饼 5%，磷酸氢钙 1.5%，食盐 1%，另加多维 4‰。

不同月龄段育成牛营养供给水平参照表 2 执行。

表 2　不同阶段育成牛营养水平参照

月 龄	奶牛能量单位 NND	可消化粗蛋白 g	钙 g	磷 g	维生素 IU
7～9	8～10	260～320	23	13	7.6
10～12	9～12	350～400	27	17	11.2
13～15	11～13	370～430	30	19	13.2
16～18	13～15	420～470	36	24	18.0

4.2　青年牛的饲养

4.2.1 青年牛的饲养：19 月龄～24 月龄的青年牛进入初次妊娠阶段，体格后躯发育变化显著。应满足其生长发育的营养需要。24 月龄以后的青年牛进入了妊娠后期阶段，体躯发育已达到成年牛时期的 80%～85%，器官发育进一步完善，对环境的适应性较强，在满足其生长发育营养需要的同时，还应提供其妊娠阶段所需的营养。青年牛的饲喂方案参照表 3 执行。

表 3　青年牛的饲喂方案

月 龄	精料 kg/d	青贮玉米 kg/d	青干草 kg/d
19～21	2.5	20	2.0
22～24	3.0	20	2.5
25～28	3.5	25	3.0

不同月龄青年牛营养供给水平参照表 4 执行。

表 4　不同月龄青年牛营养供给水平

月 龄	奶牛能量单位 NND	可消化粗蛋白 g	钙 g	磷 g	维生素 千单位
19～21	14～16	440～490	39	27	20.4
22～24	15～17	460～520	42	29	22.4
25～28	16～18	490～540	45	32	24.4

4.2.2 精饲料配方组成：

配方 1：玉米 48%，麸皮 33%，菜粕 7.5%，棉粕 8%，磷酸氢钙 1.5%，食盐 1%，含硒剂 1%。

配方 2：玉米 50%，麸皮 28.5%，棉粕 8%，胡麻饼 10%，磷酸氢钙 1.5%，食盐 1%，含硒剂 1%。

配方 3：玉米 52%，麸皮 27%，豆粕 5%，花生粕 8%，棉籽粕 5%，磷酸氢钙 2%，预混料 1%。

5 管理

5.1 称重和体尺测定

从育成牛开始至青年牛转入干奶舍期间应每月称重 1 次，称重时应做好记录，称重完毕后，依据当月牛群的平均活重和日增重参数对营养水平做出调整。这一阶段日增重以控制在 0.65 kg/（头·d）为宜。在 6 月龄、12 月龄、18 月龄进行体尺测定，了解其生长发育并记入档案，一般 6 月龄、12 月龄和 18 月龄的体重分别为 170 kg～175 kg、290 kg～295 kg 和 390 kg～400 kg。胸围分别为 125 cm～128 cm、150 cm～155 cm 和 170 cm～180 cm，体高分别为 100 cm～103 cm、113 cm～118 cm 和 123 cm～127 cm。

5.2 加强运动

在舍饲条件下，育成牛每天应至少运动 2 h 以上。一般采取自由运动。

5.3 卫生和饮水

在保持牛舍清洁，运动场卫生的前提下，供给充足的饮水。

5.4 刷拭和调教

育成牛应每天刷拭 1 次～2 次，每次 5 min～10 min。

5.5 育成牛初配年龄

育成牛满 16 月龄，体重达到 350 kg、体高达到 1.27 m 以上时，即可开始配种，对于发情不正常的牛只应及时组织相关技术人员进行会诊，并做出治疗或淘汰处理。对于发育迟缓、体尺、体况不够开配条件的牛只可适当延期配种。

5.6 乳房按摩

青年牛妊娠满 7 月龄时应转入干乳牛舍，开始进行乳房按摩，增强对乳腺组织的刺激，促进乳腺组织的发育，增强人与牛的亲和力，适应挤奶要求。乳房按摩每天 3 次，每头牛每次 5 min～10 min 即可。

5.7 转群

5.7.1 青年牛妊娠满 7 月龄时应转入干乳牛舍，妊娠 7 月龄以上的青年牛的饲养管理方法同干乳牛的饲养管理。

5.7.2 青年牛初次分娩后即转群进入泌乳牛阶段。

荷斯坦牛成年牛饲养管理技术标准

1　适用范围

本标准规定了荷斯坦牛成年牛生产过程中的饲养管理技术规范。

本标准适用于荷斯坦成年牛饲养过程中的生产、管理和质量认证。

2　规范性引用文件

下列文件中的条款通过本标准的引用而成为本标准的条款。凡是注明日期的引用文件，其随后所有的修改单（不包括勘误的内容）或修改版等均不适用于本标准。然而，鼓励根据本标准达成协议的各研究和执行方可使用这些文件的最新版本。凡是未注明日期的引用文件，其最新版本适用于本标准。

GB 4143—84　牛冷冻精液

NY/T 388　畜禽场环境质量标准

NY 5027　无公害食品　畜禽饮用水水质

NY 5045　无公害食品　生鲜牛乳

NY 5046　无公害食品　奶牛饲养兽药使用准则

NY 5047　无公害食品　奶牛饲养兽医防疫准则

NY 5048　无公害食品　奶牛饲养饲料使用准则

NY/T 5049　无公害食品　奶牛饲养管理准则

Q/XM 3010—2006　荷斯坦牛的饲养管理原则

3　术语和定义

下列术语和定义适用于本标准。

3.1　围产期

围产期指妊娠母牛分娩前后各 15 d 以内这一时期。

3.2　分娩

分娩对牛来说又称产犊，母畜妊娠期满后，由于激素、神经和机械因素的共同作用，将发育成熟的胎儿、胎膜、胎水由子宫经产道排出体外的过程。

3.3　泌乳盛期

泌乳盛期指分娩后第 16 d～第 100 d。

3.4　泌乳中期

泌乳中期指分娩后第 101 d～第 200 d。

3.5　泌乳后期

泌乳后期指分娩后第 201 d～干奶。

4　围产期饲养管理

4.1　围产期的饲养

4.1.1　围产前期的饲养。

围产前期是产犊前两周到分娩这一时期。产犊前 21 d 到产犊这一阶段，这一时期胎儿继续迅速生长发育，初乳形成，乳腺组织再生，这一阶段的饲养管理将为泌乳期生产性能的发挥打下基础。围产前期日粮干物质占到体重的 2.5%～3.0%，精粗比为 40∶60，低盐高钙，食盐占精饲料 0.5%，钙 52 g～63 g，磷 33 g～38 g。从产前 2 周开始增加精料，每日多喂 0.3 kg～0.5 kg，逐日增加，直到分娩时精料量占体重的 0.8%～1%。日粮组成为混合料 3.5 kg～5 kg，青贮玉米 20 kg，干草 3 kg。

4.1.2 分娩期的饲养。

母牛分娩后立即喂给足量的麸皮盐水（麸皮 1 kg～2 kg，盐 100 g～150 g，饮用水 10 kg～15 kg），冬季水温 30 ℃～40 ℃，同时喂给优质嫩软的干草 1 kg～2 kg。为促进子宫恢复和恶露排出，可补给益母草红糖水（益母草 250 g，水 1.5 kg 煎成水剂，再加红糖 0.5 kg，水 3 kg），每日 1 次，连服 3 d。

4.1.3 围产后期饲养。

围产后期是从分娩后到产后 2 周，每天增加精料 0.4 kg～0.5 kg，直增加到产奶高峰，精料比例逐渐达到日粮干物质的 60%，同时可给每头牛每天补充 1 kg～1.5 kg 全脂膨化大豆。分娩后立即改为高钙日粮。钙为 0.7%～1%（130 g/d～150 g/d），磷 0.5%～0.7%（80 g/d～100 g/d）。粗饲料以优质干草为主逐渐向玉米青贮为主过渡，产后 15 d 青贮量可增加到 25 kg，干草 3 kg～5 kg，产后 7 d 后还可喂给块根类、糟渣类，日喂量分别 3 kg～5 kg 和 8 kg～10 kg。

4.2 围产期的管理

4.2.1 分娩前 2 周母牛转入产房。产房要事先消毒，保持干净，注意防暑。让牛自由活动。

4.2.2 分娩前，应仔细观察干奶牛舍干奶牛的状况，不到围产期而乳房已经肿胀的牛只也应及时转入产房。

4.2.3 围产前期增加精饲料的喂量达到 4 kg～5 kg，以改变瘤胃微生物环境，使其能够发酵高能日粮，刺激瘤胃乳头扩张，增加乳头表面面积，以便接受产后高能日粮。

4.2.4 围产期的牛只，应保证其牛床、运动场干净、卫生，保证充足饮水。

4.2.5 分娩前，仔细观察母牛分娩症状，有分娩症状时用 0.1% 高锰酸钾清洗外阴，并适时进行接生或助产。

4.2.6 母牛产后 30 min 可挤奶，用 1 kg～2 kg 初乳喂犊牛。产后第 1 d 每班次挤出奶量 1/2 左右，挤奶速度不宜太快，第 2 d 每班挤出奶量 2/3 左右，第 3 d 挤 3/4，第 4 d 即可挤净。

4.2.7 在做好母牛护理的同时，做好新生犊牛的护理工作。

4.2.8 母牛产后应仔细观察牛只采食、体温、乳房状况、乳汁状况、胎衣脱落情况等，并做好相应记录，谨防产后瘫痪、胎衣不下和乳房炎。

4.2.9 母牛产奶正常后严格按照挤奶日程操作。

4.2.10 严禁饲喂霉变饲料和饮用污水。冬季不喂冰冻饲料和饮冰水。

4.2.11 分娩后状态正常的牛只应及时修蹄，做好蹄部卫生保健。

5 泌乳盛期饲养管理

5.1 泌乳盛期的饲养

5.1.1 泌乳盛期的日粮组成配比。

精粗比 60：40。干物质占体重的 3.5%，钙 0.7%，磷 0.45%，粗蛋白 16%～18%，不同阶段不同泌乳水平奶牛的日粮配比参照表 1 执行。

表 1 不同阶段的泌乳牛日粮配比

不同阶段牛	饲喂量				混合精料组成
	玉米青贮	优质干草	胡萝卜	混合料	
体重 600 kg，日产奶 20 kg，3 胎以上的泌乳牛	25	4.0	3.0	8	玉米 54%，豆粕 10%，菜粕 8%，棉粕 6%，麸皮 18%，磷酸氢钙 2%，小苏打 1%，食盐 1%

（续）

不同阶段牛	饲喂量				混合精料组成
	玉米青贮	优质干草	胡萝卜	混合料	
体重 600 kg，日产奶25 kg，3胎以上的泌乳牛	25	4.0	3.0	10	玉米 47%，豆粕 12.5%，菜粕 8%，棉粕 8%，麸皮 18.5%，磷酸氢钙3%，小苏打 1.5%，食盐 1.5%
体重 600 kg，日产奶30 kg，3胎以上的泌乳牛	25	5.0	5.0	11.5	玉米 48%，豆粕 25%，麸皮 20%，磷酸氢钙 3%，小苏打 2%，食盐 2%
体重 650 kg，日产奶20 kg，3胎以上的泌乳牛	25	3.0	4.5	8.6	玉米 30%，豆粕 10%，棉籽粕 16%，大麦 18%，麸皮 20%，石粉 1.5%，磷酸氢钙 2%，小苏打 1%，食盐 1.5%

不同体重和产奶量奶牛的营养水平参照表2执行。

表2 不同体重和产奶量奶牛的营养需要

体重和产奶量	干物质（DM）占体重 %	奶牛能量单位 NND	粗纤维（CF）占干物质（DM）%	可消化粗蛋白 g	钙（Ca）g	磷（P）g	维生素A IU
体重 600 kg，日产奶20 kg，3胎以上泌乳牛	2.5～3.0	34.66	18	1 405	120	83	26
体重 650 kg，日产奶20 kg，3胎以上泌乳牛	3.0～3.5	33.19	18	1 426	123	86	28
体重 600 kg，日产奶25 kg，3胎以上泌乳牛	3.5 以上	36.98	17	1 664	141	97	28
体重 600 kg，日产奶30 kg，3胎以上泌乳牛	3.5 以上	41.63	17	1 924	162	111	28

特别注意：对于1胎～2胎的泌乳牛，其第一个泌乳期的维持需要应在维持需要的基础上增加20%，其第二个泌乳期的维持需要应在维持需要的基础上增加10%。此外，在制订配方时还应依照营养标准充分考虑环境温度、体重膘情变化情况、运动量等因素的影响。

5.1.2 饲喂方法

传统饲喂：粗饲料每日分3次喂完，饲喂中间可根据采食情况进行补饲添加。精料分3个班次饲喂，每次分2次或3次添加。饲喂时，先喂粗饲料，后喂精饲料，以精饲料的采食带动粗饲料采食来增加采食量，即勤添少喂，少量多次，先粗后精，以精带粗的饲喂原则。

机械饲喂：采用TMR进行饲喂时，按照标准配方进行配料切碎搅拌，可将调制好的TMR日粮投撒到饲喂槽内，自由采食。

5.2 泌乳盛期的管理

5.2.1 积极改善饲草饲料的适口性，增加营养浓度，加强产后监控，促进食欲恢复，促使泌乳高峰早日到来。

5.2.2 补充适量的过瘤胃蛋白和保护性脂肪，缓解营养负平衡，膘情评分下降不大于1分。

5.2.3 饲喂定时定量，应尽量延长采食时间，每天食槽的空置时间不应超过2 h～3 h，剩料不多于3%～5%，对所剩余的残渣应及时清理。夏季更应注意及时空槽，保证饲喂槽的洁净卫生。

5.2.4 饲喂大量的优质干草，保证优质粗纤维的供给。

5.2.5 泌乳早期饲喂精饲料的增幅，每天不应超过 0.5 kg。精饲料中须添加 1%～2% 的小苏打或氧化镁等缓冲剂以调节瘤胃 pH。饲料保持相对稳定，更换时必须有 10 d 以上过渡期。

5.2.6 做好早期发情监控，争取在产后 60 d～90 d 配怀，对特别高产的牛只可适当延期到 90 d～120 d配种。

5.2.7 高产奶牛易患乳房炎，挤奶时应严格按挤奶程序操作，做好乳房炎的预防工作。

5.2.8 每天刷拭牛体 2 次～3 次，保持牛体和环境卫生，保证饮水充足，做好防疫灭病工作。

5.2.9 做好冬季保温和夏季防暑降温。

6 泌乳中期饲养管理

泌乳中期产奶量相对稳定，以每月 5%～7% 的速度下降，采食量高峰出现在这一阶段，体况膘情逐步恢复，牛只处于早期妊娠阶段。

6.1 泌乳中期的饲养

奶牛泌乳中期的营养需要按维持加产奶进行全价日粮饲养，暂不考虑体重变化。日粮干物质为体重的 3% 左右，粗蛋白 13%，钙 0.45%，磷 0.4%，精粗比 50:50。干物质采食量按体重的 3.5%～4.5%供给。

每头每日 25 kg 玉米青贮，4 kg 优质干草，每产 2.5 kg 奶给 1 kg 精饲料，每天供给 8 kg～10 kg 鲜啤酒糟或苹果渣、甜菜渣、豆腐渣、甘蔗渣、饴糖渣等，精饲料组成：玉米 50%、豆粕 10%、棉粕 10%、玉米蛋白 10%、麦麸 10%、酵母饲料 5%、磷酸氢钙 1.5%、石粉 0.5%、小苏打 1%、食盐 1%、微量元素和维生素添加剂 1%。

6.2 泌乳中期的管理

6.2.1 保证泌乳中期的营养需求平衡供给，使泌乳高峰尽量延续。

6.2.2 做好早期妊娠诊断，及时弥补配种失误。

6.2.3 坚持刷拭牛体，保证牛体和环境卫生，饮水充足。

6.2.4 对于膘情体况评分大于 4.0 分牛只要限制采食。

7 泌乳后期饲养管理

7.1 泌乳后期的饲养

7.1.1 泌乳后期母牛产奶量以每月 10% 下降，母牛处于怀孕后期，胎儿很快发育，日粮干物质应占体重 3%～3.2%，粗蛋白 12%，钙 0.45%，磷 0.35%，精粗比 40:60。

7.1.2 日粮组成：玉米青贮 20 kg，干草 4 kg，精饲料 6 kg～8 kg，精饲料组成：玉米 50%，菜粕 10%，棉籽粕 8%，胡麻粕 5%，麸皮 23.5%，磷酸氢钙 1.5%，食盐 1%，微量元素和维生素添加剂 1%。

7.1.3 根据奶牛泌乳量随时调整精料喂量，中等膘情按 3 kg 奶给 1 kg 精料，严格控制饲草饲料的喂量，防止泌乳后期的奶牛过肥。

7.2 泌乳后期的管理

7.2.1 以产奶量的多少决定营养的供给量，减缓产奶量下降趋势。

7.2.2 适当减少精饲料的给量。

7.2.3 在干奶前一个月适当提高精饲料给量，以满足妊娠后期的营养需要。

7.2.4 注意保胎，防止机械性流产。

7.2.5 保证草料卫生，严禁饲喂变质、冰冻的草料。

7.2.6 在停奶前，直肠检查 1 次，确定是否妊娠。

荷斯坦牛干奶牛饲养管理技术标准

1 适用范围

本标准规定了荷斯坦牛干奶牛生产过程中的饲养管理技术规范。

本标准适用于荷斯坦牛干奶牛饲养过程中的生产、管理和质量认证。

2 规范性引用文件

下列文件中的条款通过本标准的引用而成为本标准的条款。凡是注明日期的引用文件，其随后所有的修改单（不包括勘误的内容）或修改版等均不适用于本标准。然而，鼓励根据本标准达成协议的各研究和执行方可使用这些文件的最新版本。凡是未注明日期的引用文件，其最新版本适用于本标准。

NY 5027　无公害食品　畜禽饮用水水质

NY 5046　无公害食品　奶牛饲养兽药使用准则

NY 5047　无公害食品　奶牛饲养兽医防疫准则

NY 5048　无公害食品　奶牛饲养饲料使用准则

NY/T 5049　无公害食品　奶牛饲养管理准则

Q/XM 3010—2006　荷斯坦牛的饲养管理原则

3 术语和定义

下列术语和定义适用于本标准。

3.1 干奶期

干奶期是指停奶至分娩前 15 d 这一时期。

3.2 干奶牛

干奶牛是指因生产、生理需要或其他因素人工地或自然地停止泌乳处于干奶期的奶牛。

4 干奶牛的饲养

干奶牛的日粮搭配和饲喂量参照表1执行。

表 1　干奶牛的日粮搭配

单位：kg

不同生理状况的牛	喂量		
	优质干草	玉米青贮	精料
停奶期的奶牛	6～8	—	—
体重 600 kg～650 kg 干奶牛	3	20	3.0～3.5
体重 650 kg～700 kg 干奶牛	4	20	3.5～3.8

5 干奶牛的管理

干奶牛的管理对于保证胎儿的正常生长发育，对于瘤胃和乳腺组织的修整和恢复，对于奶牛机体营养储备，对于下个泌乳期生产性能的发挥具有极为重要的作用。

5.1 干奶日期的确定

通常依据妊娠检查的配种日期来进行推算，在妊娠满7月龄时进行干奶，停奶前应再次进行妊娠检查，确认妊娠时进行停奶，干奶期以 60 d 为佳。

5.2 干奶方法

5.2.1 快速干奶法

对于停奶时日产奶量在 15 kg 以下的停奶牛采用快速干奶法，一般需 3 d～7 d 时间，方法是从第 1 d 起，停喂精饲料，多喂干草，改变饲喂时间，控制饮水，减少挤奶次数，到最后挤奶量 2 kg～3 kg 奶时停挤，最后一次挤净奶后，并用杀菌液洗乳头，再用青霉素软膏注入乳头内，然后用木棉胶封闭乳头。

5.2.2 逐渐干奶法

对于停奶时日产奶量在 15 kg 以上的停奶牛一般需 8 d～15 d，从第 1 d 起停喂精饲料，多喂干草，改变饲喂顺序和饲喂时间，控制饮水，减少挤奶次数，使其奶量逐渐减少，直到停奶。对于高产牛停奶时，特别要仔细观察乳房和乳汁状况，发现异常应及时处理。乳头封闭方法同 5.2.1。

5.3 管理技术

5.3.1 做好干奶牛的保胎工作，严禁饲喂冰冻的草料和过冷的水。

5.3.2 加强牛体卫生和环境卫生，适量驱赶运动，饮水充足。

5.3.3 对转入干奶牛舍的青年牛应按时按摩乳房 3 次/d，每次 5 min～10 min，产前乳房水肿时应停止按摩。

5.3.4 对患乳房炎的牛只应继续进行干奶期治疗，直至痊愈后再行药物封闭。

5.3.5 每月进行两次体况评定，膘情控制在 3.5 分～4.0 分以内为佳。

5.3.6 精饲料饲喂量控制在 3.0 kg～3.5 kg，粗饲料以青贮和干草为主。

5.3.7 保持低钙水平，日粮钙含量 60 g～80 g，干奶牛对低钙水平的适应性，预防产后热。

5.3.8 饲喂胡萝卜或维生素和矿物质添加剂以保证维生素和矿物质的需要，预防胎衣不下。

荷斯坦牛浓缩饲料标准

1　范围

本标准规定了荷斯坦牛浓缩饲料的技术要求、使用方法、检验规则、包装、标签、储存及运输等。

本标准适用于在石河子生产加工、销售的荷斯坦牛浓缩饲料。

2　规范性引用文件

下列文件中的条款通过本标准的引用而成为本标准的条款。凡是注日期的引用文件，其随后所有的修改单（不包括勘误的内容）或修订版均不适用于本标准。然而，鼓励根据本标准达成协议的各方研究是否可使用这些文件的最新版本。凡是不注日期的引用文件，其最新版本适用于本标准。

GB/T 5917　配合饲料粉碎粒度测定法

GB/T 5918　配合饲料混合均匀度测定法

GB/T 6432　饲料中粗蛋白测定方法

GB/T 6434　饲料中粗纤维测定方法

GB/T 6435　饲料水分的测定方法

GB/T 6436　饲料中钙的测定方法

GB/T 6437　饲料中总磷量的测定方法　光度法

GB/T 6438　饲料中粗灰分的测定方法

GB/T 6439　饲料中水溶性氯化物的测定方法

GB 10648　饲料标签

GB 13078　饲料卫生标准

GB/T 14699.1　饲料采样方法

GB/T 15398 饲料有效赖氨酸测定方法

GB/T 18823 饲料检测结果判定的允许误差

3　技术要求

3.1　感官

色泽一致，无发霉变质、结块及异味、异嗅。

3.2　水分

不高于 12.0%。

3.3　加工质量指标

3.3.1　粒度

全部通过 1.25 mm 分析筛，0.8 mm 分析筛上物不得大于 15%。

3.3.2　混合均匀度

混合应均匀，经测试后其混合均匀度的变异系数不大于 10%。

3.4　营养成分指标

营养成分应符合表 1 的要求（以浓缩饲料在精料补充饲料中添加比例 30%）。

3.5 卫生指标

按照 GB 13078 的规定执行。

表 1 浓缩料营养成分

组别	等级	主要营养指标,%							
		粗蛋白质（≥）	粗纤维（≤）	粗灰分（≤）	钙	总磷（≥）	食盐	赖氨酸（≥）	蛋氨酸（≥）
甲	一级	33.0	12.0	15.0	2.50～5.00	1.00	2.00～5.00	1.40	0.60
	二级	30.0	13.0	15.0	2.50～5.00	1.00	2.00～5.00	1.20	0.55
	三级	27.0	15.0	15.0	2.50～5.00	1.00	2.00～5.00	1.00	0.50
乙	一级	30.0	14.0	14.0	2.50～5.00	0.80	2.00～5.00	1.10	0.40
	二级	27.0	15.0	14.0	2.50～5.00	0.80	2.00～5.00	1.00	0.35
	三级	24.0	16.0	14.0	2.50～5.00	0.80	2.00～5.00	0.80	0.30
丙	一级	36.0	11.0	13.0	2.50～5.00	1.00	2.00～5.00	1.50	0.50
	二级	33.0	12.0	13.0	2.50～5.00	0.90	2.00～5.00	1.40	0.45
	三级	30.0	14.0	13.0	2.50～5.00	0.80	2.00～5.00	1.30	0.40
	四级	27.0	15.0	13.0	2.50～5.00	0.70	1.50～4.50	1.20	0.35

注：浓缩饲料中若添加非蛋白氮物质，以尿素计，应不超过浓缩饲料的2%（高产奶牛和使用氨化秸秆的奶牛慎用），并在饲料标签中注明添加物名称、含量、用法及注意事项。

4 试验方法

4.1 感官指标

感官评定。

4.2 水分的测定

按 GB/T 6435 的规定执行。

4.3 成品粉碎粒度的测定

按 GB/T 5917 的规定执行。

4.4 混合均匀度的测定

按 GB/T 5918 的规定执行。

4.5 粗蛋白质的测定

按 GB/T 6432 的规定执行。

4.6 粗纤维的测定

按 GB/T 6434 的规定执行。

4.7 粗灰分的测定

按 GB/T 6438 的规定执行。

4.8 钙的测定

按 GB/T 6436 的规定执行。

4.9 总磷的测定

按 GB/T 6437 的规定执行。

4.10 食盐的测定

按 GB/T 6439 的规定执行。

4.11　赖氨酸的测定

按 GB/T 15398 的规定执行。

5　检验规则

5.1　批次

生产企业根据自身设备、配方、原料和生产工艺确定批次。

5.2　采样

按 GB/T 14699.1 的规定执行。

5.3　检验

检验分为出厂检验和型式检验。

5.3.1　出厂检验

出厂检验由生产企业的质量检验部门负责检验，检验指标为感官、粒度、水分、粗蛋白质。出厂产品必须附有产品使用方法、产品标签和产品合格证。

5.3.2　型式检验

型式检验的项目为本标准规定的全部指标。

有下列情况之一时进行型式检验：

——新产品投产时；

——材料、配方、工艺有较大改变，可能影响产品性能；

——正常生产时，定期或积累一定产量后，应周期进行一次检验；

——出厂检验结果与上次型式检验有较大差异时；

——国家质量监督检验机构提出进行型式检验的要求时。

5.4　判定规则

饲料检测结果判定的允许误差按 GB/T 18823 的规定执行，检验中如有 1 项指标不符合本标准时，则应加倍抽样进行复检，复检结果仍有 1 项指标不符合本标准时，则整批产品判为不合格品。

6　包装、标签、运输和储存

6.1　包装

包装采用无毒无害、对产品质量无影响的材料，每袋净含量由生产企业确定，包装净含量误差范围符合《定量包装商品计量监督规定》的要求。

6.2　标签

按 GB 10648 的规定执行。

6.3　运输

严禁与有毒有害物质混运，防止破损、日晒、雨淋。

6.4　储存

产品应储存在通风、阴凉、干燥处，严禁与有毒有害物质混储。

产品保质期一、四季度为 60 d，二、三季度为 45 d。

荷斯坦牛精饲料标准

1 范围

本标准规定了荷斯坦牛精料补充饲料（简称精饲料）的技术要求、试验方法、检验规则、包装、标签、储存及运输等。

本标准适用于石河子市饲料行业生产加工、销售的荷斯坦牛精饲料。

2 规范性引用文件

下列文件中的条款通过本标准的引用而成为本标准的条款。凡是注日期的引用文件，其随后所有的修改单（不包括勘误的内容）或修订版均不适用于本标准。然而，鼓励根据本标准达成协议的各方研究是否可使用这些文件的最新版本。凡是不注日期的引用文件，其最新版本适用于本标准。

GB/T 5917　配合饲料粉碎粒度测定法

GB/T 5918　配合饲料混合均匀度测定法

GB/T 6432　饲料中粗蛋白测定方法

GB/T 6434　饲料中粗纤维测定方法

GB/T 6435　饲料水分的测定方法

GB/T 6436　饲料中钙的测定方法

GB/T 6437　饲料中总磷量的测定方法　光度法

GB/T 6438　饲料中粗灰分的测定方法

GB/T 6439　饲料中水溶性氯化物的测定方法

GB 10648　饲料标签

GB 13078　饲料卫生标准

GB/T 14699.1　饲料采样方法

GB/T 18823　饲料检测结果判定的允许误差

3 技术要求

3.1 感官

色泽一致，无发霉变质、结块及异味、异嗅。水分：不高于 14.0%。

3.1.1 加工质量指标

3.1.1.1 成品粒度（粉状饲料）

99% 以上通过 2.80 mm 编织筛，但不得有整粒谷物；1.40 mm 编织筛筛上物不得大于 20%。

3.1.1.2 混合均匀度

混合应均匀，经测试后其混合均匀度之变异系数不大于 10%。

3.1.2 营养成分指标

精饲料的营养成分应符合表 1 的要求。

3.1.3 卫生指标

按照 GB 13078 的规定执行。

3.2 试验方法

3.2.1 感官指标

感官评定。

表 1　精饲料的营养成分

产品类别与等级		主要营养指标,%					
产品类别	等级	粗蛋白质	粗纤维	粗灰分	钙	总磷	食盐
犊牛	一级	≥21.0	≤8.0	≤15.0	0.50~1.50	≥0.50	0.50~1.50
	二级	≥19.0	≤9.0	≤14.0	0.50~1.50	≥0.50	0.50~1.50
	三级	≥17.0	≤10.0	≤13.0	0.50~1.50	≥0.50	0.50~1.50
育成牛	一级	≥20.0	≤8.0	≤15.0	0.50~1.50	≥0.40	0.50~1.50
	二级	≥18.0	≤9.0	≤14.0	0.50~1.50	≥0.40	0.50~1.50
	三级	≥16.0	≤10.0	≤13.0	0.50~1.50	≥0.40	0.50~1.50
青年牛饲料	一级	≥17.0	≤10.0	≤16.0	0.50~1.50	≥0.40	0.50~1.50
	二级	≥15.0	≤13.0	≤15.0	0.50~1.50	≥0.40	0.50~1.50
	三级	≥13.0	≤15.0	≤14.0	0.50~1.50	≥0.40	0.50~1.50
成年牛	一级	≥22.0	≤10.0	≤15.0	0.70~2.00	≥0.50	0.70~2.00
	二级	≥19.0	≤11.0	≤14.0	0.70~2.00	≥0.50	0.70~2.00
	三级	≥16.0	≤12.0	≤13.0	0.70~2.00	≥0.50	0.70~2.00
	四级	≥13.0	≤13.0	≤12.0	0.70~2.00	≥0.50	0.70~2.00

注：精饲料中若添加非蛋白氮物质，以尿素计，应不超过精饲料的1%（高产奶牛和使用氨化秸秆的奶牛慎用），并在饲料标签中注明添加物名称、含量、用法及注意事项。犊牛饲料不得添加非蛋白氮物质。

3.2.2　水分的测定
按 GB/T 6435 的规定执行。

3.2.3　粒度的测定
按 GB/T 5917 的规定执行。

3.2.4　混合均匀度的测定
按 GB/T 5918 的规定执行。

3.2.5　粗蛋白质的测定
按 GB/T 6432 的规定执行。

3.2.6　粗纤维的测定
按 GB/T 6434 的规定执行。

3.2.7　粗灰分的测定
按 GB/T 6438 的规定执行。

3.2.8　钙的测定
按 GB/T 6436 的规定执行。

3.2.9　总磷的测定
按 GB/T 6437 的规定执行。

3.2.10　食盐的测定
按 GB/T 6439 的规定执行。

3.3　检验规则

3.3.1　批次
生产企业根据自身设备、配方、原料和生产工艺确定批次。

3.3.2 采样

按 GB/T 14699.1 的规定执行。

3.3.3 检验

检验分为出厂检验和型式检验。

3.3.3.1 出厂检验

出厂检验由生产企业的质量检验部门负责检验，检验指标为感官、粒度、水分、粗蛋白质。出厂产品必须附有产品使用方法、产品标签和产品合格证。

3.3.3.2 型式检验

型式检验的项目为本标准规定的全部指标。

有下列情况之一时进行型式检验：

——新产品投产时；

——材料、配方、工艺有较大改变，可能影响产品性能时；

——正常生产时，定期或积累一定产量后，应周期进行 1 次检验；

——出厂检验结果与上次型式检验有较大差异时；

——国家质量监督检验机构提出进行型式检验的要求时。

3.3.4 判定规则

饲料检测结果判定的允许误差按 GB/T 18823 的规定执行，检验中如有 1 项指标不符合本标准时，则应加倍抽样进行复检，复检结果仍有 1 项指标不符合本标准时，则整批产品判为不合格品。

3.4 包装、标签、运输和储存

3.4.1 包装

包装采用无毒无害、对产品质量无影响的材料，每袋净含量由生产企业确定，包装净含量误差范围符合《定量包装商品计量监督规定》的要求。

3.4.2 标签

按 GB 10648 的规定执行。

3.4.3 运输

严禁与有毒有害物质混运，防止破损、日晒、雨淋。

3.4.4 储存

产品应储存在通风、阴凉、干燥处，严禁与有毒有害物质混储。

产品保质期一、四季度为 60 d，二、三季度为 45 d。

青贮饲料调制和使用技术规范标准

1　范围

本标准提出了青贮饲料的容器、原料选择、调制方法、使用和品质鉴定方法。

本标准适用于牛场和农户青贮饲料的调制和品质鉴定。

2　规范性引用文件

下列文件中的条款通过本标准的引用而成为本标准的条款。凡是注日期的引用文件，其随后所有的修改单（不包括勘误的内容）或修订版均不适用于本标准。然而，鼓励根据本标准达成协议的各方研究是否可使用这些文件的最新版本。凡是不注日期的引用文件，其最新版本适用于本标准。

DB/T 61—B43.096.8　青贮饲料调制和使用技术规范

3　青贮容器

青贮窖、青贮塑料袋、打捆机打捆用塑料袋封包和地面堆贮等。

3.1　青贮窖

3.1.1　窖址应地势高燥，土质坚实，窖底离地下水位 0.5 m 以上。

3.1.2　窖形在地下水位低的地方可采用地下窖，地下水位高的地方可采用半地下窖，原料少的可用圆形窖，规模大、原料多的基地或牛场的可用长方形地上窖。

3.1.3　按青贮料饲养期 12 个月，每头成年牛日用量 25.0 kg，按青贮饲料 600 kg/m³ 重计算，1 头成年牛约需 15 m³ 的青贮容积。

3.1.4　青贮窖的容量

圆柱形窖的容量（kg）＝半径²（m²）× 窖深（m）× 3.14×600 kg/m³

长方形窖的容量（kg）＝长（m）× 宽（m）× 深（m）× 600 kg/m³

3.1.5　窖的大小，以原料多少而定，圆形窖取料窖口不超过 1.5 m²/头（常年用），季节性为 2 m²/头。牛群较小时，长方形窖宽度以 2.0 m～3.0 m，深度 2.5 m～3.0 m 为宜，长度以原料的多少而定。牛群规模较大时，长方形窖宽度以 12.0 m～15.0 m，高度以 3.0 m～3.5 m，长度 50 m～60 m 为宜，每窖可供 200 头牛 1 年的储存量，长方形窖的个数以原料多少而定。

3.1.6　根据当地土质、地下水位等条件分别选用水泥窖或土窖。

3.1.7　窖壁要求光滑，青贮窖上大下小适当倾斜，长方形窖的窖底平坦。

3.2　青贮塑料袋

适于原料量不大时使用。用厚度 0.05 mm～0.08 mm 的无毒塑料薄膜，制成袋子，青贮量以每袋 50 kg～200 kg 为宜。

3.3　打捆机打捆塑料袋封包

适于原料量较大时使用。用厚度 0.05 mm～0.08 mm 的无毒塑料薄膜袋子封装成 50 cm×100 cm×40 cm 的正方体，青贮量以每包 50 kg～200 kg 为宜，然后堆放，并严防鼠害及日晒雨淋。

3.4　地面堆储

选择地势高燥、坚实平坦、排水通畅的地面进行堆储。堆宽 2.0 m～3.0 m。堆高和堆长以原料数量而定。

4 青贮原料

4.1 奶牛常用的青贮原料

包括带穗玉米、玉米秸秆、野青草、红薯藤蔓、苜蓿、沙打旺等。

4.2 青贮原料要求

4.2.1 禾本科牧草在抽穗期，玉米秆在蜡熟期、黄熟期收割均可单独青贮。豆科牧草在盛花期收割，以1：2比例掺入禾本科牧草或青玉米秆混合青贮。

4.2.2 青贮原料适宜的含水量为65％～75％，用手紧握切碎的原料，指缝有汁液渗出，但不成滴为宜。含水量不足应加入适量水，含水量过高，可将原料晾晒或加入适量干草粉。

4.2.3 青贮原料按照粗硬程度应铡成1 cm～2 cm的短节。

4.3 添加尿素的青贮

为了提高青贮饲料的营养价值，可在原料中掺入尿素。添加量为原料总重量的0.5％，将尿素溶化于水，均匀洒于原料中。

5 青贮饲料调制方法

5.1 按计划青贮量、原料种类和资金等条件，选择相应的青贮容器。

5.2 原料装填。

5.2.1 青贮原料要随收、随运、随铡、随装、随压、随封。

5.2.2 土窖在窖底铺垫10 cm左右的麦草，窖壁衬一层塑料薄膜。

5.2.3 原料应分层装填，逐层踩实，特别注意窖壁及四角要压实。

5.2.4 原料要装到高出窖口，小型窖高出0.5 m～0.7 m，大型窖高出1.5 m～2.0 m。

5.2.5 塑料袋青贮要分层装料，层层压实。堆贮时将原料装入事先设计好的用木板隔挡的空间内，并注意及时压实。

5.3 窖的封闭。

5.3.1 土窖在原料装填完毕后，应立即覆盖20cm厚的麦秸，盖上塑料薄膜，再压上20 cm～30 cm厚的湿土，然后拍平封严，要求窖顶中间高、四周低，以利于排水。

5.3.2 青贮塑料袋装满后，将袋口用绳子扎紧。堆贮时需将原料顶部用较厚的无毒塑料薄膜覆盖，四周用重物或土压实。

5.3.3 在封窖20 d内，原料会自然下沉，应及时填土，并经常检查，发现裂缝及时用土覆盖。

5.3.4 青贮时间一般为30 d左右。时间长短与外界气温有关，温度越高，时间越短。

6 青贮饲料的使用方法

6.1 启用方法

6.1.1 圆形窖开窖启用后应自上而下分层取用，长方形窖从一端分段由上向下取用。每次取料后，要盖上塑料薄膜或草帘，防止风吹、日晒和雨淋。

6.1.2 青贮窖一经打开，应连续使用，不得长时间放置，否则长时间暴露在空气中会出现二次发酵。

6.1.3 应根据饲喂量来取料，当天取出的青贮料，要当天喂完。

6.2 青贮饲料的饲喂

6.2.1 开始饲喂时，量应由少到多，逐渐增加。

6.2.2 犊牛、怀孕牛可少喂，发霉、变质的青贮料禁喂。

6.2.3 青贮饲料的饲喂量，以占日粮干物质量的1/3～1/2为宜。

6.3 青贮饲料的使用应符合 DB/T 61—B43.096.8 的规定要求。

7 感官品质鉴定

青贮饲料的品质鉴定应根据色、香、味、质地和 pH 进行评定。鉴定为低等的青贮饲料不能饲喂。

感官鉴定按表 1 评定等级。

表 1 青贮料品质鉴定要求

等级	项目			
	颜色	气味	质地结构	pH
优 等	绿色、黄绿色有光泽	芳香酸味	湿润、松散柔软、不粘手，茎叶花能分辨清楚	4.0～4.5
中 等	黄褐或暗绿色	刺鼻酸味	柔软，水分多，茎叶花能分清	4.0～4.5
低 等	黑色或褐色	腐败味与霉味	腐料，黏度大，结块或过干，茎叶难以分辨	7.5

秸秆氨化饲料调制技术标准

1 范围

本标准规定了秸秆氨化饲料的制作和使用技术要求。

本标准适用于大中型奶牛养殖企业、养殖小区及养殖户秸秆氨化饲料的调制和利用。

2 规范性引用文件

下列文件中的条款通过本标准的引用而成为本标准的条款。凡是注日期的引用文件，其随后所有的修改单（不包括勘误的内容）或修订版均不适用于本标准。然而，鼓励根据本标准达成协议的各方研究是否可使用这些文件的最新版本。凡是不注日期的引用文件，其最新版本适用于本标准。

GB 2440—2001　尿素标准

GB 4455—98　聚乙烯塑料薄膜标准

3 氨化材料

3.1 秸秆

适宜氨化的有麦秸、玉米秸、稻草等。用作氨化的秸秆要求干燥无霉变，铡成 2 cm～3 cm。

3.2 氨化添加物

尿素（符合 GB 2440—2001）。

3.3 加工用具

3.3.1 加工机械

铡草机。

3.3.2 加工工具

塑料薄膜（符合 GB 4455—98）、计量桶等。

3.3.3 劳保用品

口罩、手套、胶鞋、毛巾、工作服等。

4 氨化前准备

4.1 选场地和挖窖

4.1.1 窖（池）址应选在距房屋或畜舍 10 m 以外，地势高燥、通风向阳的地方。

4.1.2 选好窖址后要设计、挖好氨化窖（池），以两联池为好。窖深 1.5 m～2.0 m 为宜，长宽可根据贮量、地形而定。窖的四壁光滑，底部用水泥抹平，中间微凹。

4.2 氨化应选择晴天的中午进行。

5 氨化操作

5.1 堆垛装窖

用塑料薄膜铺垫堆垛底部或窖底，将铡碎的秸秆堆垛或填窖。堆垛或填窖时要计算秸秆重量。随机称 3 筐～5 筐秸秆的重量，取其平均值，然后乘上所用的筐数来计算。

5.2 添加尿素

按每 100 kg 风干秸秆加 5 kg 尿素和 40 kg～50 kg 水的比例，算出尿素和水的用量。将所需尿素溶于水中，用洒壶将尿素溶液均匀喷洒于秸秆，然后再装入窖中，边装边压实。或者每铺放 20 cm 厚的一层秸秆，再喷洒一定量的尿素溶液，这样反复多次，直到高出窖口 30 cm 左右。

5.3　密闭氨化

添加尿素后，迅速压实封严。

5.4　氨化时间应符合表1的规定要求。

表 1　氨化时间

天数，d	气温，℃		
	5～10	10～15	20 以上
尿素氨化	60～80	30～60	15～20

6　饲喂

6.1　开窖（池）放氨后饲喂

将取出的氨化秸秆摊开，放氨 4 h 后饲喂。每次取料后需用塑料薄膜盖好窖（池）口，防止日晒雨淋。

6.2　氨化品质鉴定

秸秆松软，呈深棕色，有糊香味为制作良好的氨化饲料。

6.3　喂量

氨化秸秆最好与其他草料混合饲喂，喂量由少到多，5 d 后增至正常用量，以粗料量风干重的 60％ 以内为宜。

青干草调制技术标准

1 范围

本标准规定了青干草的调制、储存技术和质量标准。

本标准适用于青干草的调制、储存及品质评定。

2 规范性引用文件

下列文件中的条款通过本标准的引用而成为本标准的条款。凡是注日期的引用文件，其随后所有的修改单（不包括勘误的内容）或修订版均不适用于本标准。然而，鼓励根据本标准达成协议的各方研究是否可使用这些文件的最新版本。凡是不注日期的引用文件，其最新版本适用于本标准。

GB/T 6432　粗蛋白测定方法

GB/T 6434　粗纤维测定方法

GB/T 6435　水分的测定方法

GB/T 12389—1990　胡萝卜素的测定方法

DB/T61—B43.096.9—90　青干草调制技术规范

3 术语和定义

下列术语和定义适用于本标准。

3.1 青干草

将牧草或其他无毒、无害植物在适宜时期收割其全部茎叶，经日晒或人工烘烤干燥，使水分降到14%～17%，能长期安全储存。

4 技术要求

4.1 原料采收

4.1.1　豆科类牧草在盛花期收割。

4.1.2　禾本科类牧草在抽穗期收割。

4.2 青干草干燥

可自然干燥或人工干燥。

4.2.1 自然干燥法

4.2.1.1　在牧草适宜收割期，选择晴天刈割，收割后即将青草平铺地面（厚度以 10 cm～15 cm 为宜）暴晒，定时翻动，以加快水分蒸发，使水分降到 40% 左右（取一束草在手中用力拧紧，有水但不下滴），达到半干程度。

4.2.1.2　将半干的草拢集成松散的小堆，或运移到通风良好的荫棚下晾干，使水分含量降到 14%～17%（将干草束在手中抖动有声，揉卷折叠不脆断，松手很快自动松散）即达干燥可储存程度。

4.2.1.3　利用凉棚、木架、低矮树木、屋檐下将刈割青草挂晾至可储存程度。

4.2.2 人工干燥法

4.2.2.1　低温干燥法：将青刈的牧草，立即运送到温度在 45 ℃～50 ℃ 的烘房内，烘数小时，使牧草干燥到含水量为 14%～17% 的程度。

4.2.2.2　高温干燥法：将青刈牧草，立即运送到 500 ℃～1 000 ℃ 的干燥机内，6 s～10 s 热空气脱水干燥。

5 青干草的储存

5.1 将青干草在草棚内压实堆垛保存。

5.2 在室外选择地势高燥、平坦、开阔、排水通畅的地方，按照干草的多少，堆垛成圆形或长方形，底层铺设 10 cm 厚的麦草，顶部呈屋顶状，上加麦草 10 cm，用塑料布覆盖压好。

5.3 有条件时，将干草打成捆，存放于干草棚室内或在室外加盖堆放，防止雨淋、日晒。

6 青干草的品质评定

6.1 青干草的品质评定

应符合表 1 的要求。

表 1　青干草的品质评定

质量特征		等级		
		1	2	3
豆科	感官	鲜绿、灰绿色、芳香、无结块	淡绿、黄绿色、无发霉、结块	黄褐、暗褐色、无味
	水分含量,%	≤17	≤17	≤17
	粗蛋白质含量,%	≥17	≥16	≥13
	粗纤维含量,%	≤25	≤28	≤31
	胡萝卜素含量,mg/kg	≤45	≤35	≤27
	泥沙等杂质含量,%	≤0.3	≤0.5	≤1.0
豆科与禾本科	感官	绿、灰绿色、芳香、无结块	淡黄色、无味、无发霉	暗绿色、无味、无发霉结块
	水分含量,%	≤17	≤17	≤17
	粗蛋白质含量,%	≥15	≥14	≥12
	粗纤维含量,%	≤28	≤30	≤33
	胡萝卜素含量,mg/kg	≤35	≤31	≤28
	泥沙等杂质含量,%	≤0.3	≤0.5	≤1.0
禾本科	感官	黄绿色、无味	暗绿色、无发霉、无结块	黄褐色、无发霉、无结块
	水分含量,%	≤17	≤17	≤17
	粗蛋白质含量,%	≥12	≥10	≥8
	粗纤维含量,%	≤30	≤32	≤35
	胡萝卜素含量,mg/kg	≤20	≤15	≤10
	泥沙等杂质含量,%	≤0.3	≤0.5	≤1.0

6.2 青干草品质指标测定方法
6.2.1 水分的测定
按 GB/T 6435 的规定执行。
6.2.2 粗蛋白的测定
按 GB/T 6432 的规定执行。
6.2.3 粗纤维的测定
按 GB/T 6434 的规定执行。
6.2.4 胡萝卜素的测定
按 GB/T 12389—1990 的规定执行。

奶牛繁殖技术标准：人工授精

1 范围

本标准规定了奶牛繁殖的技术要求和质量标准。

本标准适用于石河子所有奶牛场。

2 规范性引用文件

下列文件中的条款通过本标准的引用而成为本标准的条款。凡是注日期的引用文件，其随后所有的修改单（不包括勘误的内容）或修订版均不适用于本标准。然而，鼓励根据本标准达成协议的各方研究是否可使用这些文件的最新版本。凡是不注日期的引用文件，其最新版本适用于本标准。

GB/T 4143　牛冷冻精液标准

DB11/T 150.2　奶牛饲养管理技术规范　第4部分：繁殖

Q/shz T 02 03—2014　奶牛冷冻精液产品技术标准

3 术语和定义

下列术语和定义适用于本标准。

3.1 初情期

指母牛初次发情和排卵的时期，是性成熟的初级阶段，是具有生殖机能的开始。这时期生殖器官仍在继续发育。牛的初情期为6月龄～12月龄。

3.2 性成熟

幼龄家畜发育到一定时期，都开始表现性行为，具有第二性征，特别是以能产生成熟的生殖细胞为特征。公牛产生精子，母牛产生卵子，一旦这一时期交配，就有使雌性受胎的可能，这一时期常称为性成熟期。母牛的性成熟期为10月龄～18月龄。

3.3 初配月龄

一般来说，初配年龄应在性成熟的后期或更迟一些。母牛初配时间一般在15月龄～16月龄，且体重、体高达到相应标准（体重：380 kg以上，体高：127 cm以上）。

注：体重为称重。

3.4 发情

指达到性成熟的母牛，卵巢上卵泡生长、发育、成熟及与此相关的周期性的生理表现。正常发情母牛的生理特征为：有求配欲，愿接受公牛交配或其他母牛爬跨，兴奋不安、敏感、食欲减退，处于泌乳高峰的母牛，泌乳量可能降低。此外，还表现为：阴道红肿，有黏液流出，子宫颈口开张，卵泡发育成熟并排卵。安静发情又称安静排卵，即母牛无发情症状，但卵泡能发育成熟而排卵。年轻或体弱的母牛易发生安静发情。

3.5 发情周期

母牛自初情期生殖器官及整个有机体便发生一系列周期性变化，周而复始（除怀孕期外）一直到性机能活动停止的年龄为止。通常以一次发情的开始到下次发情开始的时间间隔来计算。母牛的发情周期一般为21 d，范围为18 d～24 d。

3.6 产后发情

指母牛分娩后的第一次发情。母牛产后第21 d～第40 d开始第一次发情，一般在40 d左右症状较明显。

3.7 发情鉴定

指根据母牛在发情期间行为表现和生殖器官的变化，把发情母牛及时找出，以便适时配种的一项技术。发情鉴定以外部观察、阴道检查、直肠检查等方法为主。

3.8 人工授精

用器械采取公牛精液，经处理后，再用器械把精液适时注入母牛的生殖道内，使其受胎的一种繁殖技术。

3.9 妊娠诊断

根据母牛妊娠后发生的一系列生理变化特征，采取相应的检查方法（如外部检查、阴道检查、直肠检查、实验室诊断等）来判断母牛是否妊娠的一项技术。

3.10 妊娠与妊娠期

3.10.1 妊娠（又叫怀孕）

指胎儿在母牛体内的发育过程。

3.10.2 妊娠期

是指从精卵结合到发育成熟的胎儿娩出的这段时期。母牛的妊娠期为 275 d～282 d。预产期推算方法为：配种月份减 3（1 月～3 月配妊牛月份加 9），日期加 6。

3.11 妊娠中断

包括胚胎早期死亡、干胎、流产、早产。

3.11.1 早期胚胎死亡

一般出现在受精后 16 d～25 d，即胚胎和胚胎外膜迅速生长和分化的阶段。

3.11.2 干胎

由于胎儿死亡后子宫颈闭锁，不发生流产，胎水被吸收，胎儿及胎膜脱水，而造成胎儿干尸化。

3.11.3 流产

指妊检确妊母牛，其胎儿发育不足 210 d 排出母体的现象。

3.11.4 早产

指妊检确妊母牛，其胎儿在 210 d～260 d 排出母体的现象。

4 母牛繁殖指标

4.1 年总受胎率＞195％。

4.2 年情期受胎率≥58％。

4.3 一次配种的情期受胎率 I＞65％，其中：青年牛≥75％，成母牛≥60％。

4.4 年空怀率≤5％。

4.5 年综合受胎指数≥55％。

4.6 胎间距≤410 d。

4.7 初配月龄 15 月～16 月。

4.8 初产月龄≤26 月。

4.9 始配天数≥60 d，群体平均始配天数应在 70 d～90 d。

4.10 情期平均用精量 1.1 支～1.5 支。

4.11 平均配准天数应在 90 d～110 d。

4.12 半年以上未妊牛≤5％。

4.13 年流产率≤6％。

4.14 年繁殖率≥90％。

4.15 年成母牛繁殖率≥80%。

4.16 以上各项繁殖指标的计算方法见附录A。

5 发情鉴定

5.1 发情症状

5.1.1 敏感躁动，活动增加，哞叫。

5.1.2 阴户肿胀，阴道黏膜红润，外阴有透明、线状的黏液流出。

5.1.3 食欲降低，产奶量下降。

5.1.4 追逐、爬跨其他牛只或接受其他牛爬跨。

5.2 发情鉴定

发情鉴定采用观察法，每天不少于3次，主要观察牛只性欲、黏液量、黏液性状，必要时直肠检查卵泡发育情况。

试青公牛检查法更适合新疆冬季使用。

5.3 产科检查和营养学分析

对超过14月龄未见初情的后备母牛，应进行母牛产科检查和营养学分析。

5.4 激素诱导发情

对产后60 d未发情的牛、间情期超过40 d的牛、妊检时未妊牛，要及时做好产科检查，必要时使用激素诱导发情。

5.5 其他

对异常发情（安静发情、持续发情、断续发情、情期不正常等）牛只和授精两个情期以上未妊牛要进行直肠检查。详细记录子宫、卵巢的位置、大小、质地和黄体的位置、数目、发育程度、有无卵巢静止、持久黄体、卵泡和黄体囊肿等异常现象，及时对症治疗。

6 配种

6.1 输精时间

输精的最佳时间是奶牛出现静立发情时。通常早上发现的发情牛，应在下午输精；下午发现的发情牛，应在次日早晨输精。

6.2 输精操作

6.2.1 配种前进行母牛产科检查，患有生殖疾病的牛不予配种，应及时治疗。

6.2.2 输精前要用清水冲洗外阴部，用消毒毛巾（或纸巾）擦干。

6.2.3 从液氮罐里提取精液，在液氮罐颈口部的停留时间不得超过10 s，停留部位应距颈管上口8 cm以下。

6.2.4 在38℃~40℃温水浸泡10 s~20 s，进行解冻。

6.2.5 输精前应进行精液品质检查，符合Q/shz T 02 03—2014要求，方可用于输精。

6.2.6 输精时要迫使母牛腰部下凹，输精器插入子宫颈口，在子宫体部位输精，做到慢插、轻拉、缓出，防止精液倒流或回吸。

6.2.7 采用直肠把握法输精。配种时应做卵巢检查，适时输精。1个发情期输精1次~2次，每次用1个剂量精液。

6.2.8 输精器（玻璃输精器和带有塑料外套的金属输精器）每牛每次1支，不经消毒不得重复使用。输精器用后要及时清洗干净，放入干燥箱内经170℃消毒2 h。

6.2.9 每次输精后，及时填写配种记录。

6.2.10 配种过程要保证无污染操作。

7 妊娠诊断

7.1 诊断时间
母牛输精后进行 3 次妊娠诊断，分别在配种后 2 个月、5 个月和停奶前。

7.2 诊断方法
妊娠诊断采用直肠检查法、腹壁触诊法、尿液试纸诊断法、超声波诊断法等。

8 产科管理

8.1 分娩管理
8.1.1 分娩母牛出现临产征兆，对牛后躯进行消毒，调入产间；产犊后 48 h 无异常情况方可出产间。产间消毒每天 1 次，每天进行牛只后躯消毒，经常更换垫草。

8.1.2 以奶牛自然分娩为主，需要助产时，由专业技术人员按产科要求进行。

8.2 产后监护
8.2.1 产后注意观察母牛产道有无损伤，发现损伤及时处理。产后 12 h 内观察母牛努责情况。对努责强烈母牛，要注意子宫内是否还有胎儿和有无子宫脱征兆，并及时用抗生素处理。

8.2.2 产后 24 h 内，观察胎衣排出情况；3 d 内产道和外阴部有无感染，同时观察母牛有无生产瘫痪症状，并及时做好相应处理。

8.2.3 产后 7 d 内，监视恶露排出情况。发现恶露不正常或有隐性炎症表现，应立即治疗。

8.2.4 产后 2 周，进行第一次产科检查。主要检查阴道黏液的洁净程度，发现黏液不洁时，轻微的可先记录，暂不处理；严重的应进行治疗。

8.2.5 产后 40 d，进行第二次产科检查，检查子宫恢复程度和卵巢健康状况，同时对第一次检查已做先行记录的牛进行复查。对这次检查中发现子宫疾病的牛，都要进行治疗。

8.2.6 产后 50 d～60 d，对一检、二检的治疗牛进行复检。如仍有炎症，应继续治疗。对卵巢静止或发情不明显的牛，通过诱导发情法催情。

8.3 胎衣排出情况的检查处理
8.3.1 产后 6 h 胎衣未下时，应予以处理。推荐方法：肌内注射催产素或前列腺素。

8.3.2 产后 24 h 胎衣仍未下时，行剥离术或保守疗法。

8.3.3 胎衣剥落后，检查胎膜是否完整，尤其要注意宫角尖端的检查，如发现有部分绒毛膜或尿膜仍留在子宫内未排出，要及时向子宫内投药，以防残留胎膜腐败。

8.4 子宫隐性感染的监测
8.4.1 检测方法：用 4% 苛性钠溶液 2 mL 取等量子宫黏液混合于试管内加热至沸点，冷却后根据颜色进行判定，无色为阴性，呈柠檬黄色为阳性。

8.4.2 检测时间：产后 2 周内。

8.4.3 控制标准：产后子宫隐性感染率＜30%。

8.5 记录
8.5.1 对母牛的发情、配种、妊娠、产犊等情况需用专门的表格予以记录。表格格式见附录 B。

8.5.2 牛场应利用产后监控卡对牛只进行管理，把产后监控作为技术管理的一项常规措施。产后监控卡格式见附录 B。

9 繁殖障碍

9.1 常见繁殖障碍
9.1.1 子宫内膜炎
9.1.1.1 原因：大多数是由于产犊、产后处理不当或宫缩乏力等导致恶露滞留，细菌大量繁殖而引起的。进入生殖道的各种器械消毒不严，也是引起子宫内膜炎的重要原因。一些传染病，如布鲁氏菌病、胎儿弧菌病、牛传染性鼻气管炎（IBR）、阿卡斑病等病毒性疾病和寄生虫（毛滴虫等）等，都会引发子宫内膜炎。

9.1.1.2　鉴定：主要根据恶露颜色、形状、气味等来判定是否患有子宫内膜炎。产后天数与正常恶露排出情况见表1。

表 1

产后天数，d	恶露类型	颜色	排出量，mL/d
0～3	黏稠带血	清洁透明或红	≥1 000
4～10	稀、黏，带颗粒或稠带凝块	褐红色	500
11～12	稀、黏、血	清洁透明、红或暗红	100
13～15	黏稠、呈线状	清洁透明、橙色	50
16～20	稠	清洁透明	≤10

恶露中出现其他性质和颜色的恶臭物质，表明子宫内膜炎发生。产后10 d出现无恶露或发生乳房炎等临床现象，应立即检查是否有子宫内膜炎发生。

9.1.1.3　子宫净化：用抗生素治疗。

9.1.2　内分泌失调

当出现内分泌失调时，做相应的药物处理。

9.2　繁殖障碍牛只的处理

9.2.1　产后60 d未发情的牛、发情间隔在40 d以上的未配牛、妊检发现的未妊牛，应查明原因，对症处理。

9.2.2　2个情期以上仍未配妊的牛只，应进行产科检查，发现病症及时处理。

9.2.3　产后半年以上的未妊成母牛和18月龄以上未配的青年牛应组织会诊。

9.2.4　早期胚胎死亡、流产、早产的母牛，应分析原因，必要时进行流行病学调查。对待传染性流产应采取相应的卫生防疫措施。

10　公牛人工采精

10.1　种公牛

10.1.1　对种公牛的基本要求

10.1.1.1　种公牛系谱至少3代清楚，并经后裔测定或其他方法证明为良种者。

10.1.1.2　种公牛应体质健壮，生殖器官（睾丸、副性腺、交媾器官等）发育正常，无繁殖障碍和法规规定的传染病。

10.1.1.3　全年冻精合格率不低于60%，年生产量不低于1万个剂量。

10.1.1.4　年第一次授精的情期受胎率不低于55%（至少需要100头牛的输精数据）。

10.1.2　种公牛的营养

10.1.2.1　按种公牛的发育阶段和营养需要做好日粮配合。

10.1.2.2　犊种公牛哺乳期不少于4个月，哺乳量不低于600 kg。

10.1.2.3　初情期阶段蛋白质给量一般应高于成年公牛需要量的10%。

10.1.2.4　性成熟阶段蛋白质给量一般应高于成年公牛需要量的5%。

10.2　种公牛生殖器官的检查

10.2.1　检查内容

对生殖器官应进行全面检查，包括睾丸形态、大小、质地以及副睾、副性腺等。

10.2.2 检查时间和次数
青年牛在首次采精前检查1次，成年公牛每年检查1次。

10.2.3 结果处理
在检查中发现异常问题时要及时查明原因并酌情进行治疗或淘汰。

10.3 种公牛的保健
10.3.1 每年定期2次检疫，平时做好防疫卫生保健和安全工作。

10.3.2 应保证种公牛每天有适量的运动，做好护蹄、修蹄工作。

10.3.3 平时注意对种公牛生殖器官的护理，防止各种因素造成的伤害。

10.4 采精
10.4.1 开始采精年龄不得低于14月龄，体重不得低于400 kg。

10.4.2 采精场所应整洁、防尘、防滑和地面平坦，并设有采精垫和安全栏。

10.4.3 成年公牛采精一般每周不得超过2次，每次不得超过2回，采精前做到空爬1次～2次。

10.4.4 做好采精牛平时的阴毛修剪和采精时的包皮清洗、消毒以及公牛后躯的卫生工作。

10.4.5 所有采精器具每次使用前均需严格消毒，未经消毒不得重复使用，采精时要求假阴道温在37℃～40℃，松紧适宜，润滑剂涂抹深度不得超过1/2。

10.4.6 采精时要做到人牛固定，操作不得粗暴，要胆大心细，充分掌握公牛个体习性，做到诱导采精。由公牛将阴茎自行深入假阴道，射精后随公牛落下，让阴茎慢慢回缩，自动脱落。

10.5 精液冷冻
精液冷冻遵照GB/T 4143的规定执行。

10.6 精液质量标准
精液质量标准见表2。

表2

项 目	新鲜精液	冷冻精液（解冻后）	
		细管精液	颗粒精液
色泽	乳白或淡黄		
剂量，mL	—	0.25	0.10±0.01
精子活力，%	≥65	≥35	≥35
呈直线前进运动精子数，万/mL	—	≥1 000	≥1 200
精子畸形率，%	≤12	≤18	≤18
精子顶体完整率，%	—	≥50	≥50
精子在37℃下存活时间，h	—	≥5	≥5
每毫升精液细菌个数，个	—	≤700	≤700
精子密度，亿个/mL	≥6	—	—

附 录 A

（规范性附录）

繁殖指标计算方法

A.1 年总受胎率

年总受胎率＝受胎母牛头数/实配母牛头数×100%。

年内受胎 2 次以上的母牛（包括正常受胎两次与流产后又受胎的），受配、受胎头数应同时算。如受胎 2 次，受配、受胎头数都是 2 头，受胎 3 次计作 3 头，依次类推。

配种后 60 d 内出群的母牛（不能确定是否妊娠的）不参加统计。配种后 60 d 以上出群的母牛应参加统计。

A.2 情期受胎率

情期受胎率＝受胎母牛数/输精情期数×100%。

1 个情期内无论几次输精，情期数只计 1 个。

配种后 60 d 以内出群的母牛，不能确定是否妊娠，可不计情期数，但以前的情期数参加统计。

受胎母牛数与输精情期数在时间上要相互对应统一。如：某年 2 月的情期受胎率：当年 2 月定妊娠母牛数/上年 12 月输精情期数×100%。

A.3 一次配种情期受胎率

一次配种的情期受胎率＝第一次配种受胎母牛数/第一次配种输精情期数×100%。

流产牛不参加统计，早产牛参加统计。

A.4 年空怀率

年空怀率＝年平均空怀头数/年平均成母牛饲养头数×100%。

成母牛产后 110 d 及流产后 90 d，每超过 1 d，为一个空怀日，365 个空怀日为空怀一头牛。

未确定受胎的已出群母牛，其空怀日参加统计，统计截止日期为出群日期。年度末在群待检牛只统计其输精前的空怀日；下一年度妊检后，仍未受孕的，其年前的空怀日也统计到下一年度。

A.5 年综合受胎指数

年综合受胎指数＝年总受胎率×年情期受胎率×（1 月～12 月空怀率）×100%。

A.6 胎间距

成母牛 2 次连续产犊的时间间隔。

A.7 始配天数

指成母牛产后第一次参加配种时所处的泌乳天数，青年牛第一次参加配种时所处的日龄。产后包括正产与早产，不包括流产。

A.8 情期平均用精量

情期平均用精量＝用精量/配种情期数。

A.9 半年以上未妊成母牛比率

半年以上未妊成母牛比率＝成母牛半年以上未妊头数/在群成母牛头数×100％。

统计方法：此项数值的统计可在一年的任意一天进行。

半年以上未妊牛指成母牛产后（或流产后）第180 d未妊牛（包括配后未检），均作为半年以上未妊牛只。

A.10 年流产率

流产率＝年内流产母牛头数/（年内正常繁殖母牛头数＋年内流产母牛头数）×100％。

A.11 年繁殖率

年繁殖率＝年实繁母牛头数/年应繁母牛头数×100％。

年实繁母牛头数：年内（1月～12月）分娩的母牛头数。

——年内分娩2次的以2头计，一产双胎的按一头计算；

——妊娠7个月以上的早产牛计为实繁，7个月以下的流产牛不计入实繁；

——年内出售、调出的妊娠牛，按实繁统计。

年应繁母牛头数：年初成母牛头数加上年内满26月龄以及未满26月龄而提前分娩的青年母牛头数。

——经产牛从上胎产犊日至出群日不满13个月，不计作应繁头数；

——年内分娩2次的以2头计，一产双胎的按一头计算；

——青年牛至出群日不满26月龄的不计作应繁头数，但不满26月龄的早产青年牛计作应繁头数。

A.12 年成母牛繁殖率

成年母牛繁殖率＝年内成母牛实繁/年成母牛平均饲养头数×100％。

附 录 B

（规范性附录）

表 B.1 发情记录表

牛号	发情日期	发情开始时间	发情持续时间	性欲表现	阴道分泌物状况

表 B.2 配种记录表

牛号	配种日期	第几次配种	与配公牛号	输精时间	输精量	精子活力	输精时所见生殖器状况	排卵时间

表 B.3 妊检记录表

牛号	配种日期	妊检日期	妊检结果	处理意见	预产日期	停奶日期	妊检人员

表 B.4 产犊记录表

牛号	胎次	与配公牛	产犊日期	分娩情况			胎儿情况				胎衣情况	母牛健康状况	犊牛			经手人
				顺产	接产	助产	正常	死胎	畸形	多胎			性别	编号	体重	

表 B.5 流产记录表

牛号	胎次	配种日期	与配公牛	不孕症史	配种时子宫状况	流产日期	妊娠月龄	流产类型	流产后子宫状况	处理措施	流产后第二次发情日期	流产后第一次配种日期	流产后妊娠日期

表 B.6 产后监控卡

牛号		日期		舍号		管理人	
项 目		时间	内容	结果	处理办法		经手人
产后观察							
胎衣监控与检查							
恶露监视							
第一次产科检查							
第二次产科检查							
第三次产科检查							
子宫隐性感染检查							
子宫复旧检查							

奶牛繁殖技术标准：胚胎移植

1 范围

本标准规定了奶牛供体选择、超数排卵、胚胎采集、胚胎加工处理、受体选择、胚胎移植技术要求。

本标准适用于石河子所有奶牛场胚胎移植。

2 规范性引用文件

下列文件中的条款通过本标准的引用成为标准的条款。凡是注日期的引用文件，其随后有的修改单（不包括勘误的内容）或修订版均不适用于本标准。然而，鼓励根据本标准达成协议。各方研究是否可使用这些文件的最新版本。凡是不注日期的引用文件，其最新版本适用于本标准。

Q/shz T 02 02—2014 奶牛胚胎技术标准

Q/shz T 02 03—2014 奶牛冷冻精液产品技术标准

Q/SY SB J 02 03 胚胎质量标准

Q/SY SB J 02 04 精液质量标准

3 术语和定义

下列术语和定义适用于本标准。

3.1 胚胎移植

又叫受精卵移植。指将供体母牛的胚胎由输卵管或子宫角取出（冲卵），移植到受体母牛的输卵管或子宫内，使其继续发育成正常个体的一项繁殖技术。这种技术能够提高良种母牛的繁殖效率。

3.2 供体牛

指提供胚胎或卵母细胞的母牛。选用生产性能高或具有某种遗传特性、健康、繁殖性能正常的母牛作供体牛。

3.3 受体牛

指接受移植胚胎的母牛。一般选用生产性能较低、繁殖机能正常的健康母牛作受体牛。

3.4 同期发情

对母牛发情周期进行同期化处理的方法。即利用激素制剂人为控制并调整一群母牛发情周期的进程，使之在预定的时间内集中发情，以便有计划地合理组织配种。

3.5 超数排卵

在母牛发情周期的间情期，通过注射外源促性腺激素，使其卵巢有超出常规数量的卵泡发育并排卵，称为超数排卵，简称超排。

4 要求

4.1 试剂和溶液

4.1.1 除特殊规定外，所用试剂均为分析纯以上的化学试剂用于配制各种溶液的水为电阻值超过18 M的超纯水；配制好的溶液 pH 为 7.2～7.6，渗透压为 270 mOsm～290 mOsm，低温 4 ℃～5 ℃保存。

4.1.2 培养液中使用的血清、牛血清蛋白（BSA）和抗生素应为组织培养基、胎牛血清。血清使用前需在生物安全操作室或超净工作台检测是否含支原体、病毒、真菌和细菌，56 ℃下灭活 30 min，分装，低温冷冻保存，用前解冻后过滤。

4.1.3 配制好的无机化学溶液应采用高压灭菌法消毒。血清、抗生素等在高温条件下易变性的溶液应做过滤消毒（滤膜孔≤0.22 μm），然后添加到溶液中。

4.2 实验室及器材

4.2.1 实验室：胚胎/卵母细胞专用。应光线充足、清洁无尘，备有应急照明灯，实验室顶和墙壁的材料应无孔隙，其表面必须密封。通风系统采用高效微粒滤，通风装置至少每周消毒一次，非工作人员限制入内，见附录 A。

4.2.2 胚胎移植所需器材。胚胎移植所需器材见附录 B。

5 供体牛选择

5.1 遗传性能优良，其质量标准见表 1。

表 1 供体牛质量标准

生产性能			预期传递力（PTA）		
305 d 产奶量 kg	乳脂率 %	乳蛋白率 %	PTAM kg	PTAF %	PTAP %
>90 000	>3.8	>3.2	>500	>0.05	>0.05

5.2 营养状况良好，不过肥或过瘦。

5.3 生殖机能正常。首先，母牛应具有正常发情周期。其次，卵巢丰满，具有一定的弹性和体积。此外，超排开始时，卵巢上应有发育良好的黄体。无繁殖疾病，系谱清楚。

5.4 供体要有 1 胎以上的正常繁殖史，青年牛应在 14 个月龄以上，具备优良遗传基因。

5.5 选择的供体应立即做好标记，仔细观察发情并做好记录。

6 超数排卵处理

6.1 超排处理时间

6.1.1 自然发情的母牛，应在发情周期的第 9 d～第 13 d 开始注射 FSH。

6.1.2 应用阴道栓与雌激素和孕激素处理时，可在发情周期的任意一天进行，并在放置阴道栓后第 4 d（放阴道栓当天为 0 d）开始 FSH 处理，并于 FSH 处理的第 3 d 取出阴道栓。阴道栓放置方法见附录 C。

6.1.3 注射部位应剪毛、消毒，按剂量、时间给药，每次 1 个针头。

6.2 FSH 剂量和方法

6.2.1 进口的 Follitropin‐V 400 mg/瓶，稀释成 20 mL 液体，成年母牛总剂量为 20 mL，每天依次 8 mL、6 mL、4 mL、2 mL 连续 4 d 递减剂量，分早晚 2 次等量肌肉注射，青年母牛按成年母牛的 70% 剂量给药。第 3 d 上午肌内注射前列腺素（PG），［氯前列烯醇 0.4 mg/（头·次）～0.6 mg/（头·次）］。

6.2.2 应用国产 FSH，总剂量为 8 mg，每天早晚注射 1 次，间隔 12 h，剂量分配如下：第 1 d 1.5/1.5；第 2 d 1.0/1.0；第 3 d 1.0/1.0；第 4 d 0.5/0.5。在开始注射 FSH 后第 3 d 上午，肌内注射 1 次前列腺素［氯前列烯醇 0.4 mg/（头·次）～0.6 mg/（头·次）］。

6.3 供体牛的人工授精

6.3.1 生产精液的种公牛应是优良品种，并具有后裔测定的，遗传性状优良，系谱清楚。

6.3.2 精液质量符合 Q/SY SB J 02 04 的规定。

6.3.3 从液氮罐中取出细管冻精时，要小心操作，核对公牛号和编码。

6.3.4　冻精细管在 35 ℃水浴解冻后擦干细管，应立即输精，输精枪应事先预温。

6.3.5　输精时要保持外阴清洁，外阴周围用清水冲洗，并用纸巾擦干净。

6.3.6　观察站立发情后 12 h 进行第一次输精，或采用定时输精，共输精 2 次～3 次，每次间隔 12 h。输精位置应达到过子宫颈前端 2 cm 处，精液量必须充分。每次输精剂量应比正常人工授精剂量增加 1 倍。

7　胚胎采集（采卵）

7.1　时间
发情后第 7 d（发情当天为 0 d）采集胚胎。

7.2　非手术法采卵方法

7.2.1　准备好供体，并前高后低站立保定好以后，在荐尾结合部硬膜外腔注射 4 mL～5 mL 利多卡因局部麻醉。

7.2.2　尾部向外拴系，外阴周围用清水冲洗，并用纸巾擦干，采用直肠把握法非手术采卵。

7.2.3　通常用带钢芯的冲卵管插入一侧子宫角，给气囊充气或液体 10 mL～20 mL，固定采卵管，抽出钢芯，先注入 30 mL～50 mL 冲卵液（见附录 D），观察液体回流情况，同时通过直肠轻轻按摩子宫角，这样反复多次直到用完 300 mL～500 mL 冲卵液为止。此时将钢芯再插入冲卵管并放气，把冲卵管退回子宫体，转向插入另一侧子宫角，重复上述操作。

7.2.4　对青年母牛或子宫颈通过困难的供体牛，可先用子宫颈扩张棒（扩宫棒）扩张子宫颈，然后再插入冲卵管。

7.2.5　注意所有操作都应小心谨慎，避免造成子宫内膜损伤和出血，以防止导致子宫炎或因回收液中含有过多血液而影响检卵。

7.2.6　冲卵后，向子宫内灌注或肌内注射前列腺素（PGF），冲卵后 2 d 或 3 d 也应注射 PGF。

8　胚胎加工处理技术条件

8.1　检卵技术

8.1.1　短期培养液的配制
PBS 液（0.22 μm 过滤器过滤）＋10％胎牛血清（56 ℃灭活 30 min、过滤）＋抗生素。按 200 μL 液滴，每平皿 4 滴～6 滴，准备数个小平皿并编号。

8.1.2　回收液处理
用 20 号针头的注射器吸 20 mL 冲卵液冲洗集卵杯内侧的尼龙网，静置并吸去上层泡沫即可。

8.1.3　检卵与 9 d 的净化

8.1.3.1　用实体显微镜放大 16 倍从回收液中检卵。从上到下、从左到右或从外到内循环移动，将找到的胚胎放入装有短期保存液的小平皿中，然后进行卵的净化和质量鉴定。

8.1.3.2　净化处理是将检出的卵依次放入备好的培养液小滴平皿中，逐步依次清洗，清除卵周围的黏液。

8.1.3.3　胚胎洗涤后，装入灭菌的 1/4 mL 细管中。按以下方式装管：2 mL 培养液、0.5 mL 气泡、0.5 mL 培养液、0.5 mL 气泡。

8.2　胚胎形态学质量鉴定与分级
应符合 Q/shz T 02 02 的规定。

8.3　胚胎洗涤

8.3.1　常规胚胎洗涤程序：

  a）胚胎应通过灭菌的培养液洗涤 10 次；

  b）每组洗涤胚数不能超过 10 枚；

    c) 每次洗涤分别用不同的灭菌吸管；

    d) 每次向平皿中转移胚胎带入的液体量不能超过 1/100。如果平皿中有 1 mL 液体，随胚胎转移另一平皿而带入的液体只有 10 μL；

    e) 胚胎洗涤前应有完整的透明带。

8.3.2 胰蛋白酶洗涤程序：

    a) 每次洗涤必须用灭菌吸管；

    b) 每次向平皿中随同胚胎转移的液体量不超过 1：100 稀释（每毫升 10 μL）；

    c) 每组洗涤胚胎数量不超过 10 枚；

    d) 胚胎洗涤前必须有完整的透明带；

    e) 通过保存液（PBS+0.4%BSA）洗涤 5 次；

    f) 在 0.25%胰蛋白酶液中（不含 Ca、Mg 离子的 Hanks 液）洗涤 2 次。在胰蛋白酶液中总的洗涤时间 60 s～90 s，pH 7.6～7.8；

    g) 再通过 10%犊牛血清（FCS）或正常牛血清洗涤 5 次。血清作为一种底物灭活抑制胰蛋白酶活性抑制其对透明带的作用；

    h) 胚胎准备添加冷冻保护剂。

8.4 胚胎冷冻保存

8.4.1 胚胎冷冻方法

乙二醇冷冻胚胎直接移植法程序：

    a) 胚胎放入 1.5 mol/L 或 1.8 mol/L 乙二醇液中，装入 1/4 mL 细管。装管顺序：0.5 mol/L 蔗糖液（s），气泡，乙二醇（EG），气泡，含有胚胎的乙二醇（EG），气泡，乙二醇（EG），气泡，蔗糖液（S），封口；

    b) 胚胎平衡 5 min 后放入 -6 ℃冷冻仪，植冰；

    c) -6 ℃植冰后保持 5 min，然后以 -0.5 ℃/min 继续冷冻；

    d) 在 -35 ℃～-32 ℃时，把细管投入液氮中。

8.4.2 标志

细管标签处注明胚胎号、胚胎质量、发育阶段以及冲卵时间等信息。

9 受体牛的选择及管理

9.1 受体的选择标准

受体母牛选择遗传品质差的土种牛或低代改良的牛。要求体格较大，膘度适中，无疾病的健康牛，并有正常的发情周期，生殖系统无疾患。青年牛需 16 月龄～18 月龄，成母牛 2 岁～3 岁。移植前要正确的观察发情，做好记录。受体牛发情天数与供体牛前后不超过 1 d。

9.2 管理

受体群的饲养管理和供体牛同样对待，给予清洁的饮水和足够的草料，保持中等营养水平。

9.3 受体同期发情处理

9.3.1 传统的同期发情处理方法：即间隔 11 d～14 d 两次肌内注射前列腺素（PG）法。

注：青年母牛注射 PG 间隔 11 d；成母牛注射 PG 间隔 13 d 或 14 d。

9.3.2 应用阴道栓法：发情周期任意 1 d 放置阴道栓，并注射雌二醇 1 mg 和 100 mg 孕酮，8 d 后取出阴道栓并注射 PG，第 9 d 注射雌二醇，第 10 d 全部发情配种。放阴道栓方法见附录 F。

10 非手术法移植技术

10.1 准备工作

10.1.1 器械和药品：目前多采用不锈钢或塑料套管移植器，一般由外套、移植管及内芯组成，使用前需高压消毒。药品主要有利多卡因等麻醉剂。

10.1.2　受体牛的准备：根据发情记录，确定与供体母牛或胚龄同期的受体，移植前用利多卡因硬膜外麻醉，并做直肠检查，确定排卵侧和黄体发育情况，发情 6 d～8 d 的母牛一般黄体基部直径应大于 15 cm，移植前对外阴部彻底清洗干净，并用新洁尔灭消毒液进行消毒。

10.1.3　胚胎的准备：根据受体牛的发情天数选择胚胎的发育阶段，一般将致密桑椹胚、早期囊胚和囊胚，分别移植给发情 6 d、7 d 和 8 d 的受体母牛。胚胎质量，应符合 Q/SY SB J 02 03 的规定。

10.2　胚胎解冻方法

10.2.1　分步脱甘油法：解冻细管，并按步骤倒入以下溶液：3.3 mL 1 M 蔗糖液＋6.7 mL 10％甘油 5 min，转移至 3.3 mL 1 M 蔗糖液＋3.3 mL 10％甘油＋3.3 mL 含 0.4％ BSA 的 PBS 液 5 min，然后转移至 3.3 mL 1 M 蔗糖液＋6.7 mL 含 0.4％ BSA 的 PBS 液 5 min，然后移到 0.4％ BSA 的 PBS 液中，装管，移植。

10.2.2　乙二醇（Ethylene Glycol）冷冻胚胎直接移植（DT）：解冻细管时，从液氮罐中取出细管，空气中停留 5 s，放入 32 ℃水浴中，冰晶消失后取出细管。装入移植枪，直接给牛移植。

11　移植操作

11.1　扒开阴唇，插入移植器，至子宫颈外口，另一只手通过直肠找到子宫颈，移植管顶开外套入子宫颈。

11.2　缓慢地将移卵管送达子宫角大弯或小弯深处，在移卵管前留下富余的间隔，并在直肠内托起子宫角内的移卵管，使其处于子宫角部，慢慢推入钢芯，然后慢慢地抽出移卵管。

12　记录

12.1　超数排卵胚胎采集及冷冻处理记录，表格见附录 E 做好移植记录。

12.2　受体牛胚胎移植记录，表格见附录 F。

附 录 A
（规范性附录）
实验室及相关环境消毒

　　胚胎实验室及其相关环境应保持整洁，定期用百毒杀或石炭酸溶液喷洒消毒。操作台以及水也应用消毒液进行常规消毒，直接进行胚胎操作的工作台每天用 70%酒精擦拭消毒，操作前打开紫外线灯照射消毒 10 min～15 min 对空气中的杂菌进行灭菌处理。严禁在实验室内吃、喝或吸烟等其他活动。

　　使用时，门窗要保持关闭，操作人员应更换专用工作服和拖鞋。操作者和助手应养成无菌操作的习惯，保证各个环节无菌操作。

附 录 B

（规范性附录）

胚胎移植所需器材设备

B.1 超数排卵所需器材

B.1.1 一次性注射器及针头。

B.1.2 牛用开膣器。

B.1.3 CIDR 放置器。

B.1.4 牛用输精枪。

B.1.5 输精枪塑料外套。

B.2 胚胎采集所需器材

B.2.1 冲卵管（二路式）：15♯～18♯用于青年牛，20♯用于经产母牛。

B.2.2 冲卵管内钢芯：长度 64 cm。

B.2.3 子宫颈扩张棒。

B.2.4 子宫颈黏液吸除器。

B.2.5 三通管。

B.2.6 二通管。

B.2.7 硅胶管。

B.2.8 20 mL 注射器：2 个/头。

B.2.9 10 mL 注射器：2 个/头。

B.2.10 5 mL 注射器：若干个。

B.2.11 集卵漏斗或底部带有划线格的过滤式集卵杯（日本或美国式）：1 个/头～2 个/头。

B.2.12 35 mm 培养皿：1 个/头～2 个/头。

B.2.13 剪毛剪子。

B.2.14 1 000 mL 容量瓶：1 个/头。

B.3 胚胎处理、鉴定和冷冻保存所需设备和器材

B.3.1 胚胎处理、鉴定所需设备和器材

B.3.1.1 实体显微镜。

B.3.1.2 恒温盘或恒温板。

B.3.1.3 培养皿。

B.3.1.4 胚胎吸管。

B.3.2 牛胚胎冷冻所需仪器、器材

B.3.2.1 实体显微镜。

B.3.2.2 程控胚胎冷冻仪。

B.3.2.3 胚胎吸管或 5 μL 自动微量取液器。

B.3.2.4　0.25 mL 塑料细管若干。

B.3.2.5　过滤器：0.22 μm 针头式过滤器若干。

B.3.2.6　培养皿：φ35 mm 若干。

B.3.2.7　细管塞若干。

B.3.2.8　封口机。

B.3.2.9　标签记号笔。

附 录 C
（规范性附录）
放置阴道栓方法

C.1 准备工作

C.1.1 放置阴道栓器械的准备：根据所要采取的同期发情处理方案，放置 CIDR 时使用 CIDR 放置器，使用"牛欢"海绵阴道栓，使用阴道开张器。

C.1.2 做好器械消毒：使用规定的消毒剂并按使用说明配制浓度。

C.1.3 做好牛的保定：采取站立保定方法。

C.2 操作

C.2.1 放置"牛欢"时，应先将其用少许植物油（加热处理降至室温）浸润。用阴道开张器打开阴门，用镊子夹住海绵栓，通过开张器将栓送入阴道深部，然后取出开张器清洗消毒，处理另一头牛。

C.2.2 放置 CIDR 时，将 CIDR 放入放置器内，通过阴门将 CIDR 推入阴道内，取出放置器后清洗消毒，然后再处理其他牛。

C.2.3 无论放置 CIDR 还是"牛欢"海绵栓，操作时一定要注意不要造成阴道的伤害。

附 录 D
（规范性附录）
各种液体的配制

D.1 杜氏磷酸缓冲溶液（改进的 PBS 液）

D.1.1 PBS 液配方

表 1 PBS 液配方

类别	成分	含量
A 液	NaCl	8.00 g/L
	KCl	0.20 g/L
	$Na_2HPO_4 \cdot 12H_2O$	2.836 g/L
	或 Na_2HPO_4	1.15 g/L
	KH_2PO_4	0.20 g/L
B 液	CaCl	0.10 g/L
	或 $CaCl_2 \cdot 2H_2O$	0.132 g/L
	$MgCl_2 \cdot 6H_2O$	0.10 g/L
C 液	葡萄糖	1.00 g/L
	丙酮酸钠	0.036 g/L
	硫酸链霉素	0.05 g（5 万单位）
	青霉素 G	0.075 g（10 万单位）

注：如果配制好的冲卵液采用过滤灭菌，A 液和 B 液可以混合，使用时再加 C 液。如果采用高压灭菌，A 液和 B 液必须分别高压灭菌。

D.1.2 配制说明

PBS 所有成分应是分析纯以上的化学制剂；所用水电阻值超过 18 MΩ；配制的液体 pH 为 7.6。渗透压为 270 mOsm～2 900 mOsm；配制好的 A、B 原液分别高压灭菌，低温保存备用。

D.2 冲卵液配制

将 A、B 液，各取 500 mL，加入 C 液，充分混合。再加牛血清白蛋白 3.0 g（或胎牛血清 10 mL），充分混合均匀后，用 0.22 μm 过滤器过滤灭菌，备用。

D.3 保存液配制

2 mL 血清＋8 mL PBS 液＋青霉素、链霉素各 100 单位/mL，用 0.22 μm 过滤器过滤灭菌备用。

血清灭活：将装有血清的瓶子放入 56 ℃水浴锅中，灭活 30 min，或在 52 ℃温水中灭活 40 min。灭活后，用 3 500 r/min 离心 10 min，再用 0.45 μm 过滤器过滤灭菌，然后分装成小瓶。

D.4 冷冻保护液配制

10％甘油 PBS 液：取含 20％胎牛血清的 PBS 液 9 mL，加入甘油 1 mL，用吸管反复混合 15 次～

20 次，经用 0.22 μm 过滤器过滤灭菌放入灭菌容器内备用。

　　3%、6%甘油冷冻平衡液（脱甘油液）：取含 20%胎牛血清的 PBS 液 2 mL 和 3.5 mL，分别加入 10%甘油 PBS 冷冻液 3 mL 和 1.5 mL，配制成 6%和 3%甘油的平衡液。

　　1.5 mol/L 乙二醇冷冻保护液：用含 0.4%牛血清白蛋白的 PBS 液配制成含 1.5 mol/L 乙二醇冷冻保护液。

附 录 E
（规范性附录）

供体牛超排及冲卵冷冻记录表

单位及地址：

牛号		生产日期		品种		产奶量	
产犊时间		胎次		最近发情或阴道栓处理时间			

FSH 超排处理程序

日/月									备注	
	AM	PM	AM	PM	AM	PM	AM	PM	药物制剂厂家	批号
PSH										
PG										
撤栓									处理人员：	

发情时间：

输精时间		种公牛号		输精者	

冲卵　　　　　　　操作者：

冲卵日期	年　月　日　时	
直检结果		

检卵及冷冻　　　　操作者：

冲卵结果	获卵总数	可用胚胎			不可用卵		
		合计	A级	B级	合计	无精	变性
胚胎冷冻	冷冻胚胎数量			鲜胚移植：			
冷冻仪型号		保存液： 冷冻液：					
上机时间	年　月　日　时　分　至　时						

记录人签字	备注：

附 录 F

（规范性附录）

受体牛胚胎移植记录表

受体牛号	地址	发情时间	黄体情况	胚胎移植情况				妊检情况		
				时间	胚胎编号	胚胎级别	术者	时间	结果	术者

饲料加工技术标准

1 范围

本标准规定了牛精料补充料加工过程的投料与除杂、粉碎与处理、自动配料控制、配料系统主要技术参数、包装、卫生、质量控制和检验、火灾和爆炸控制、环保控制的工艺及原料质量要求。

本标准适用于石河子所有奶牛场。

2 规范性引用文件

下列文件中的条款通过本标准的引用而成为本标准的条款。凡是注日期的引用文件，其随后所有的修改单（不包括勘误的内容）或修订版均不适用于本标准。然而，鼓励根据本标准达成协议的各方研究是否可使用这些文件的最新版本。凡是不注日期的引用文件，其最新版本适用于本标准。

GB/T 6432　饲料中粗蛋白测定方法

GB/T 6434　饲料中粗纤维测定方法

GB/T 6435　饲料中水分测定方法

GB/T 6436　饲料中钙测定方法

GB/T 6437　饲料中总磷测定方法

GB/T 8381　饲料毒素及测定标准

GB 13078—2001　饲料卫生标准

GB/T 14699　饲料采样方法

GB/T 16764—1997　配合饲料企业卫生规范

工业企业噪声卫生标准

3 工艺要求

3.1 投料与除杂

原料在被粉碎、膨化、混合之前，先对原料进行清理和除杂。各清理设备和吸风器积存的杂质，每班生产结束后由专人清理。

3.1.1 原料初清

投料口设自清栅格，清除过大异物。

物料提升、输送过程中，经初清筛和吸风器吸风，清除过大、轻质杂质，粒料原料还经过筛设备去除沙土。

3.1.2 去除磁性金属杂质

物料提升、输送过程中，经磁选设备永磁筒，去除磁性金属杂质。

3.2 粉碎与处理

3.2.1 粉碎

粉碎用于减少物料粒度。

3.2.1.1 玉米、小麦等粒状谷物用锤片粉碎机，块状饼类用碎饼机。谷物及副产品的粉碎粒度不宜过细，一般用 4 目～6 目筛。粒度较小的粕类一般不与粉碎。

3.2.1.2 粉碎粒度：物料粉碎后 99％通过 4 目编制筛。

3.2.2 处理

为避免粉碎机中有高温的铁质进入粉碎后的原料仓，物料在粉碎后的提升、输送过程中，经磁选设备永磁筒，去除磁性金属杂质后，输送到配料系统的原料仓。用于再次去除磁性金属杂质和防火防爆。

3.3 自动配料控制

配料系统通过计算机控制自动配料，按以下规程进行操作：

——主控室打开总控开关进入待机状态后，观察控制盘的各种指示灯是否正常，如有异常严禁开机；

——先打开电脑，调出与生产相应的配方，经检验无误后，开机生产；

——开机顺序是：逆物料行进的工序方向开机；

  • 首先打开空压机开关与除尘系统开关；

  • 启动搅拌工段：开成品料提升机—出料搅龙—搅拌机；

  • 启动付料投料工段：开配料仓分配仓门—输送搅龙—付料初清筛—付料提升机；

  • 启动料粒提升工段：开粒料仓分配仓门—粒料初清筛—粒料提升机；

  • 启动粒料粉碎工段：开配料仓分配仓门—输送搅龙—粉碎后提升机—粉碎机—喂料器—粒料仓门。

——关机按相反顺序；

——投料时，确认开机转速正常后再投料，上料完毕，机器运行 3 min～5 min 后再关机；

——原料仓变更原料时，先检查仓内是否有余料，确认无料后上料；

——配方中配比小于 3％的原料先合成预混，准确计量分装，然后经小料口人工投料，人工投料口听到投料提示铃声立即投料；

——经常检查喂料器自动点加原料时，显示的点加量是否合适，单项原料误差应≤5‰；

——经常检查配料秤每批误差显示，批次误差应≤5‰；

——生产完毕后，空转相关的机器 3 min，然后关闭电源，复核生产记录并打印出原料消耗统计与产成品生产统计；

——配料秤半年校验一次。

3.4 配料系统主要技术参数

3.4.1 批次配料量：按设备说明 500 kg/批。

3.4.2 批次混合时间：90 s～120 s。

3.4.3 混合均匀度：变异系数（CV）不大于 10％。

3.5 包装

采用化纤编织袋包装。净含量见包装标签。

3.6 卫生

3.6.1 原料库、成品库、生产车间、机器设备，保持干净、整洁、有序。

3.6.2 原料和各类产品的卫生指标符合 GB 13078 的规定要求。

3.7 质量控制和检验

3.7.1 产前质量控制和检验

3.7.1.1 库管员负责对原料质量进行初检把关和送检样品。

3.7.1.2 种类、批次不同的原料，均由品质控制技术部检验化验，按原料和产品留样观察制度要求留存原料样品，检测结果归档留存。原料检验合格方可生产使用。

3.7.1.3 每批原料用标牌标识，标识内容：品种、进货日期、是否合格。

3.7.1.4 原料入库按国标、企标标准检验验收。不合格原料由采购部与供应商交涉退货。

3.7.1.5 卫生指标符合要求的缺陷原料，由品质控制技术部批示是否调整使用。

3.7.1.6 原料码放要求整齐，做好防水、防雨、防霉、防鼠工作。

3.7.2 产中质量控制和检验

3.7.2.1 库管员对库存原料经常巡视检查,避免储存过程中发生变质现象。

3.7.2.2 库管员通知车间投料组长原料使用顺序,原则先进先出。

3.7.2.3 投料人员投料时确认应投品种,检查是否变质或有异常,发现问题立即停止投料,通知控制操作员和车间主管领导。

3.7.2.4 绳头、异物必须随时清除。

3.7.2.5 控制操作员对饲料配方反复核对无误后方可确认生产。

3.7.2.6 灌装人员计量误差不得超过 5‰,随时观察混合料粒度,发现异常立即通知控制操作员和车间主管领导。

3.7.2.7 灌装人员应随时清理秤上饲料,减少误差。

3.7.2.8 缝包人员按要求缝包,禁止出现开口现象。

3.7.3 产后质量控制和检验

3.7.3.1 产品按入库时间顺序和品种分别码放整齐,并标示。

3.7.3.2 库管员加强巡视,谨防潮湿。

3.7.3.3 产品出库按饲料入库先后顺序出库,做到先进先出。

3.7.3.4 包装破损由出料口负责重新灌装,禁止破损包装出厂。

3.7.3.5 原料种类、批次不同的产品,产品质量均须品控技术部检验化验,按要求留存产品样品。检验合格方可出厂。

3.8 火灾和爆炸控制

3.8.1 原料库、产品库、车间设醒目防火警示标志。该区域严禁明火和抽烟。

3.8.2 电工、维修工按要求检查设施、线路,排除隐患。

3.8.3 消防设施每年检查 1 次～2 次,确认状态效果,消防设施严禁挪用。

3.8.4 地坑、地沟及其中设施的积尘,每半年清理一次;提升机地坑积尘每 3 个月清理一次。

3.9 环保控制

车间噪声、粉尘浓度排放物粉尘浓度符合国家现行《工业企业噪声卫生标准》的有关规定。

3.9.1 粉碎机、空压机采取隔声措施。吸风器在投料口、初清筛、粉碎机、接料口分设吸风口。

3.9.2 车间噪声≤90 dg(A)。

3.9.3 车间粉尘浓度≤10 mg/m³;吸风器排放口粉尘浓度≤150 mg/m³。

4 质量要求

4.1 原料要求

4.1.1 饲料原料及添加剂原料质量要求饲料兽药采购技术标准的规定。

4.1.2 饲料原料及添加剂原料中有害物质及微生物含量应符合 GB 13078 的要求。

4.2 饲料质量要求

4.2.1 感官指标

色泽一致,不应有发霉变质、结块及异味。

4.2.2 理化指标

4.2.2.1 水分指标:应不高于 14%。

4.2.2.2 加工质量指标:粉碎粒度应全部通过 2.5 mm 圆孔筛,孔经 1.5 mm 网孔筛的筛上物不应大于 15%。饲料混合均匀度的变异系数不应大于 10%。

4.2.2.3 饲料加工卫生指标:应符合 GB 13078 的要求。

5 检验方法

5.1 饲料采样方法
按 GB/T 14699 的规定执行。

5.2 饲料检验项目
水分、粗蛋白、粗纤维、钙、磷、黄曲霉毒素。

5.3 检测方法

5.3.1 水分：按 GB/T 6435 的规定执行。

5.3.2 粗蛋白：按 GB/T 6432 的规定执行。

5.3.3 粗纤维：按 GB/T 6434 的规定执行。

5.3.4 钙：按 GB/T 6436 的规定执行。

5.3.5 总磷：按 GB/T 6437 的规定执行。

5.3.6 黄曲霉毒素 B_1：按 GB/T 8381 的规定执行。

5.3.7 感官：应符合本标准 4.2.1 条款的规定。

5.3.8 加工质量与混合均匀度：符合本标准 4.2.2.2 条款的规定。

6 检验规则

6.1 感官要求：粗蛋白质、钙和总磷含量为出厂检验项目，其余为型式检验项目。

6.2 在保证质量的前提下，车间可根据工艺、设备、配方、原料等的变化情况，自行确定出检验的批次。

6.3 试验测定值的双试验偏差按相应标准规定执行。

6.4 检测与仲裁判定各项指标合格与否时，应考虑允许误差。

7 标志、包装、储存

7.1 标志
不同种类的饲料应在饲料包装袋设有不同的标志。标志内容有名称、重量、加工厂名、联系电话。

7.2 包装
7.2.1 饲料包装应完整、无漏洞、无污染和异味。

7.2.2 包装材料应符合 GB/T 16764—1997 的要求。

7.2.3 包装印刷油墨无毒，不应向内容物渗漏。

7.3 储存
7.3.1 饲料储存应符合 GB/T 16764—1997 的要求。

7.3.2 不合格和变质饲料应做无害化处理，不应存放在饲料储存场所内。

7.3.3 饲料储存场地不应使用化学灭鼠药和杀虫剂。

奶牛饲养管理技术标准：饲料与营养

1 范围

本标准规定了奶牛饲料的分类、组织原则，常规饲料的营养价值，饲料加工、储存技术及质量，奶牛的营养需要等技术要求。

本标准适用于石河子所有奶牛场。

2 规范性引用文件

下列文件中的条款通过本标准的引用而成为本标准的条款。凡是注日期的引用文件，其随后所有的修改单（不包括勘误的内容）或修订版均不适用于本标准。然而，鼓励根据本标准达成协议的各方研究是否可使用这些文件的最新版本。凡是不注日期的引用文件，其最新版本适用于本标准。

DB11/T 150.3—2002　奶牛饲养管理技术规范　第 3 部分：饲养与饲料

Q/shz T 03 01—2014　采购技术标准

Q/shz T 13 01—2014　包装、搬运、储存技术标准

3 术语和定义

下列术语和定义适用于本标准。

3.1 干物质（DM）

指饲料中除水分之外的物质，包括粗蛋白、粗脂肪、粗纤维、无氮浸出物、矿物质和维生素。

3.2 粗蛋白（CP）

饲料中含氮物质的总称。包括真蛋白质和非蛋白质含氮化合物（游离氨基酸、硝酸盐、氨等）两部分。粗蛋白含量等于饲料的含氮量乘以 6.25。

3.3 降解蛋白质（RDP）

饲料蛋白进入瘤胃后，部分蛋白在微生物作用下，降解为氨和氨基酸，这部分蛋白称为降解蛋白质。

3.4 非降解蛋白（RUP）

饲料蛋白进入瘤胃后，部分蛋白不发生变化，通过瘤胃进入真胃和小肠，然后被吸收，这部分蛋白称为非降解蛋白质。

3.5 粗脂肪

饲料中的粗脂肪可分为真脂肪与类脂肪两大类。真脂肪由脂肪酸和甘油结合而成，类脂肪由脂肪酸、甘油、含氮基团等结合而成。用乙醚浸泡饲料，测定脂肪含量所得的醚浸出物中除真脂肪外，尚有叶绿素、胡萝卜素、有机酸及其他化合物，因此总称为粗脂肪。

3.6 粗纤维（CF）

粗纤维由纤维素、半纤维素、木质素、角质等组成，是植物细胞壁的主要成分，也是饲料中最难消化的营养物质。

3.7 中性洗涤纤维（NDF）

饲料中中性洗涤纤维即细胞壁成分，指饲料中不溶于中性洗涤剂的那部分物质，包括纤维素、半纤维素、木质素、角质蛋白、木质化含氮物质、果胶等。

3.8 酸性洗涤纤维（ADF）

对于细胞壁成分用酸性洗涤剂进行处理，半纤维素等可全部溶解，而其他不溶于酸性溶液的部分，称为酸性洗涤纤维，包括纤维素、木质素等。

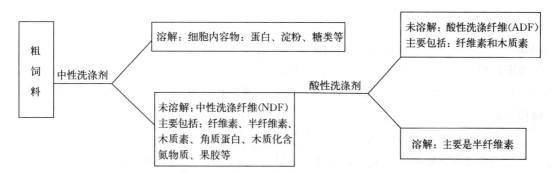

3.9 净能（NE）

指奶牛维持需要与产奶需要的能量。因为饲料能量供维持和产奶的利用效率大致相等，因此，产奶净能（NE）表示奶牛维持与产奶的能量需要。包括：产奶净能、妊娠净能、维持净能。

3.10 奶牛能量单位（NND）

是我国奶牛饲养标准规定的奶牛营养单位之一。1个奶牛能量单位相当于1kg含乳脂4%的标准乳的能量，即3 138 kJ产奶净能。

$$NND＝产奶净能/3 138 kJ。$$

3.11 日粮结构

指奶牛日粮中，粗饲料、精饲料、矿物质等各种饲料的构成情况。

3.12 全混合日粮（TMR）

TMR（Total Mixed Ration）为全混合日粮的英文缩写，TMR是根据奶牛在不同生长发育和泌乳阶段的营养需要，按营养专家设计的日粮配方，用特制的搅拌机对日粮各组分进行搅拌、切割、混合和饲喂的一种先进饲养工艺。全混合日粮（TMR）保证了奶牛所采食每一口饲料都具有均衡的营养。

3.13 精粗料比

指日粮干物质中来源于精饲料和粗饲料的比例。

3.14 总可消化养分（TDN）

可以被吸收利用的养分之和，包括可消化粗蛋白、可消化粗纤维、可消化无氮浸出物和可消化粗脂肪。

$$TDN＝可消化粗蛋白＋可消化粗纤维＋可消化无氮浸出物＋可消化粗脂肪×2.25$$

注： 公式中可消化粗脂肪乘以2.25，这是根据Atwater的实验数据而规定的，可消化脂肪的燃烧热约为可消化碳水化合物的2.25倍。

4 饲料的分类

4.1 粗饲料

一般指容积大、粗纤维成分含量高（粗纤维/干物质≥18%），可消化养分含量低的饲料。

常见的有：青贮类饲料（玉米青贮、大麦青贮等）、干草类饲料（羊草、苜蓿、黑麦草、稻草、麦秸等）、青绿饲料（青草、青苜蓿等）。

4.2 精饲料

一般指容积小、粗纤维成分含量低（粗纤维/干物质<18%），可消化养分含量高的饲料。包括能量饲料和蛋白饲料。

能量饲料指干物质中粗纤维含量低于18%，粗蛋白质含量低于20%的饲料。常见的能量饲料：谷实类（如：玉米、麦类等）、糠麸类（如：小麦麸等）、淀粉质块根、块茎、果类饲料等。

蛋白饲料指干物质中粗纤维含量低于18%，粗蛋白质含量高于20%的饲料。常见的蛋白饲料：饼粕类（如：豆饼、豆粕、棉籽饼、菜籽饼、胡麻饼、玉米胚芽饼等）、动物性饲料（鱼粉等）及非蛋白氮等。

4.3 糟粕类及块根类饲料

常见的有：鲜啤酒糟、玉米淀粉渣以及鲜胡萝卜等。

4.4 矿物质饲料

常见的有：食盐、含钙磷类矿物质（石粉、骨粉、磷酸钙、磷酸氢钙、轻体碳酸钙等）等。

4.5 添加剂饲料

4.5.1 添加剂饲料包括：营养性添加剂和非营养性添加剂。

4.5.2 常见的营养性添加剂：维生素添加剂、微量元素添加剂、氨基酸添加剂等。

4.5.3 常见的非营养性添加剂：抗生素添加剂、促生长添加剂、保护剂、缓冲剂等。

4.6 特殊类饲料

常见的有：牛乳、代乳料、过瘤胃脂肪等。

5 常用饲料营养成分

应符合 DB11/T 150.3—2002 附录 A 中的要求。

6 奶牛饲料的组织原则

6.1 根据牛群规模，制订年度饲料计划，保证稳定供应。

6.2 饲料采购质量应严格执行 Q/shz T 03 01—2014。

6.3 注重饲料品质，分析市场行情，确定饲料价格。

6.4 了解饲料来源、品质、安全性及实际使用效果。

6.5 及时检测饲料营养成分，由石河子市饲料监测所监测。

6.6 季节性饲料如苜蓿、干草、青贮、全棉籽等应有计划地集中储备，以保证常年均衡供应。苜蓿在夏季、秋季进行储备。几类季节性储备饲料的年需求量见表1。

表 1　几类季节性储备饲料的年需求量

单位：kg/（头·年）

品种	成母牛	青年牛	育成牛	犊牛
干草	1 100～1 500	1 400～1 600	800～1 000	250
青贮	5 000～8 000	5 000～6 000	2 000～2 400	450
苜蓿	750～1 500	—	—	—
棉籽	365～750	—	—	—

7 饲料的采购、加工、调制与储存管理

7.1 饲料的采购

采购质量应符合 Q/shz T 03 01—2014。

7.2 精饲料的加工方法

7.2.1 粉碎：是一种简单实用的饲料加工调制方法。主要用于玉米的粉碎，粉碎的颗粒宜粗不宜细，筛孔直径以 3 目～4 目为宜。

7.2.2 混合：根据饲料的配合比例，使用混合搅拌机械把各饲料组分均匀搅拌的过程。

7.2.3 制粒：饲料通过加热、机械力作用等处理将粉料制成颗粒状。

7.2.4 膨化：利用膨化机械通过高温、高压处理，改善饲料营养结构，从而达到提高其消化率和适

口性的目的。

7.3　粗饲料的加工与调制

7.3.1　干草的制备

干草的营养成分和适口性与牧草的收割期、晾晒方式有密切关系：禾本科牧草（东北羊草、燕麦草、小黑麦等）应于抽穗期刈割；豆科牧草（苜蓿、三叶草等）应于花蕾期或初花期刈割，推迟收割将极大地降低牧草的营养成分。牧草收割之后要及时地摊开晾晒，避免发霉变质（尤其是豆科牧草），同时要避免打捆之前淋雨。当牧草的水分降到 15％ 以下时及时打捆，此时青干草保持绿色、茎叶柔软、叶片多，营养成分得以最大限度的保存。豆科牧草为便于储运，采用颗粒成品供应，规格为直径 0.5 cm～0.8 cm 的圆柱状和 3 cm×6 cm 的块状。使用制粒技术可以有效地保存叶片中的蛋白质，同时减少饲喂过程中的浪费。

7.3.2　青贮饲料的加工调制

7.3.2.1　青贮窖

青贮窖的容积根据牛群的规模大小来确定，窖的底部做水泥硬化处理．地下式或半地上的青贮窖窖底应制作渗水井，窖壁用预制板或石块砌衬，新建青贮窖一律采用地上窖。

注 1：制作青贮前将窖清理干净，用生石灰粉消毒处理。

注 2：制成的玉米青贮重量按每立方米 700 kg～750 kg 计算。

7.3.2.2　青贮的制作步骤和方法

7.3.2.2.1　适时收割：选用整株的玉米、高粱作为原料，也可以选用豆科牧草（苜蓿）、禾本科牧草（小黑麦）等作为原料。掌握适时的收割期：做玉米青贮最适宜的收割期为蜡熟期，高粱最适宜的收割期为颗粒定浆时；禾本科牧草孕穗至抽穗期收获最适宜；豆科牧草现蕾至开花初期收获最适宜。入窖时原料的水分控制在 60％～70％ 为最佳，水分过高过低都会影响青贮的品质。

7.3.2.2.2　切割长度：切割长度以 3 cm 以内为佳。

7.3.2.2.3　填装与压窖：往青贮窖中装料，应快速装满，边填料，边用装载机或链轨推土机层层压实，时间一般不超过 1 周。对于容积大的青贮窖，在制作时可分段装料、分段封窖。

7.3.2.2.4　封窖与保存：封窖前表面撒食盐 2 kg/m²～3 kg/m²，用防老化的双层塑料布覆盖密封，密封程度以不漏气不渗水为原则，塑料布表面用废旧轮胎覆盖压实。在青贮的贮藏期应经常检查塑料布的密封情况，有破损的地方及时进行修补。

7.3.2.2.5　保存与使用：青贮一般在制作后 45 d 可以使用。密封完好的青贮原则上以 1 年～2 年使用完毕为宜。青贮使用过程中，应使青贮截面保持整齐，避免二次发酵。

7.3.3　青贮品质改善

对品质较差的原料在制作青贮时，可适当添加青贮酶制剂等以改善青贮品质。

7.3.4　青贮品质鉴定标准

见附录 A。

7.3.5　饲料的储存

7.3.5.1　要防雨、防潮、防鼠、防火、防冻、防霉变。

7.3.5.2　饲料堆放整齐，标识鲜明，遵循先进先出的原则。

7.3.5.3　饲料库执行 Q/shz T 13 01—2014 中第 3.3 条。

8　奶牛的营养需要

8.1　奶牛的营养需要

奶牛的营养需要可以分为维持需要和生产需要两大部分。生产需要包括妊娠、泌乳和生长发育等需要。奶牛的营养需要随着体重、年龄、泌乳阶段等因素不同有较大的差别。奶牛的日粮配合应考虑以下指标：干物质采食量、能量、蛋白质、矿物质、微量元素、维生素。同时尤其应重视过瘤胃蛋白和中性洗涤纤维等的需要量。

奶牛营养需要应符合 DB11/T 150.3 中表 1、表 2、表 3、表 4 的要求。

8.2 干物质采食量

8.2.1 干物质采食量受体重、泌乳阶段、产奶量、健康状况、日粮水分、饲料品质、气候、采食时间等因素的影响。一般用占体重的百分比来表示。

8.2.2 奶牛在产后 30 d～60 d 达到产奶高峰，而最大干物质采食量发生在产后 70 d～90 d。因此，泌乳早期能量处于负平衡，体重减轻；在泌乳的中期、后期，随着干物质进食量的增加，产奶量保持平衡并趋于下降，奶牛体况恢复，体重增加。

8.2.3 日粮中水分含量影响干物质的进食量，日粮中水分一般掌握在 45%～50%（当日粮含水量在 50% 以上时，每增加 1% 的含水量，每 100 kg 体重干物质进食量降低 0.02 kg）。

8.2.4 粗饲料质量是奶牛干物质采食量的限制因素，优质粗饲料可以提高奶牛干物质采食量。

8.3 能量

8.3.1 能量是奶牛维持、生长、生产和繁殖必不可少的营养需要。我国使用奶牛能量单位（NND）、NRC 标准、使用净能（NE）体系。

8.3.2 维持能量需要：在全年平均温度下，正常情况下运动的维持需要为 $350.5\ W^{0.75}$ kJ；在低温、高温或运动情况下，能量消耗增长，这些增加的能量需要，可列入维持需要中计算。

8.3.3 产奶能量需要：每生产 1 kg 乳脂率 4% 的标准乳需要的产奶净能 3 138 kJ。

8.3.4 体重变化与能量需要：奶牛日粮能量不足时，动用身体储备能量去满足产奶需要，体重下降；当日粮能量过多时，多余能量在体内储存起来，则体重增加。体重每增 1 kg 相当于 8 kg 标准乳的产奶净能；体重每减 1 kg 能产生 4.92 MJ 的产奶净能，相当于 6.56 kg 标准乳。

8.3.5 妊娠的能量需要：妊娠后期胎儿发育迅速，能量需要增加，妊娠 6 月、7 月、8 月、9 月时，每天应在维持基础上增加 1.00 MJ、1.70 MJ、3.00 MJ 和 5.00 MJ 的产奶净能。

8.3.6 生长的能量需要：应根据不同的生长发育阶段和生长速度，确定生长的能量需要。

8.4 蛋白质需要

8.4.1 用于提供动物所必需的氨基酸。氨基酸是体内所有细胞和组织的构成单位，奶牛体内各种酶、激素、精液及牛奶，均需要各种氨基酸。氨基酸来于日粮中非降解蛋白质和瘤胃内合成的微生物蛋白。

8.4.2 奶牛日粮由混合饲草和富含淀粉的精料组成，保持瘤胃最有效的消化和发酵需要 11%～12% 的粗蛋白。日粮的蛋白质水平过低，整个日粮的消化率将降低，其结果会降低饲料采食量，并使饲料的能量利用效率下降；当日粮蛋白水平过高，造成蛋白质和能量的浪费。蛋白质的利用受日粮能量的限制，保持日粮的能氮平衡十分重要。

8.4.3 饲料蛋白包括真蛋白和非蛋白氮。进入瘤胃后非降解蛋白通过瘤胃；而降解蛋白和非蛋白氮分解为氨，被瘤胃微生物利用，合成菌体蛋白，将被小肠吸收。瘤胃能合成菌体蛋白的日最高量可达约 2.4 kg。高产奶牛所需要的日粮蛋白应含有较高的非降解蛋白，这样才能满足奶牛高产对蛋白质的需要。

8.5 矿物质

8.5.1 矿物质元素可分为常量和微量两类，常量矿物质包括：钙、磷、钠、氯、钾、镁和硫；微量元素包括钴、铜、碘、铁、锰、钼、硒和锌。矿物质过量会造成元素间的拮抗作用，甚至有害。

8.5.2 钙：钙是组成骨骼的一种重要矿物成分，其功能主要包括：肌肉兴奋、泌乳等。奶牛对钙的吸收受许多因素的影响，如维生素 D 和磷，日粮过多的钙会对其他元素如磷、锰、锌产生拮抗作用。

成乳牛应在分娩前 10 d 饲喂低钙日粮 40 g/d～50 g/d 和产后给予高钙日粮 148 g/d～197 g/d。钙缺乏症：佝偻病、产乳热等。

8.5.3　磷：除参与组成骨骼以外，是体内物质代谢必不可少的物质。磷不足可影响生长速度和饲料利用率，出现乏情、产奶量减少等现象，补充磷时应考虑钙、磷比例，通常钙磷比为（1.5～2）：1。

8.5.4　钠和氯：在维持体液平衡，调节渗透压和酸碱平衡时发挥重要作用。泌乳牛日粮氯化钠需要量约占日粮总干物质的0.46%，干奶牛日粮氯化钠的需要量约占日粮总干物质的0.25%，高含量的盐可使乳房肿胀加剧。钾是细胞内液的主要阳离子，与钠、氯共同维持细胞内渗透压和酸碱平衡，提高机体的抗应激能力。

8.5.5　硫：对瘤胃微生物的功能非常重要，瘤胃微生物可利用无机硫合成氨基酸。当饲喂大量非蛋白氮或玉米青贮时，最可能发生的就是硫的缺乏，硫的需要量为日粮干物质的0.2%。

8.5.6　碘：参与许多物质的代谢过程，对动物健康、生产均有重要影响。日粮碘浓度应达到0.6 mg/kg DM。同时有研究认为碘可预防牛的腐蹄病。

8.5.7　锰：功能是维持酶的活性，可影响奶牛的繁殖。需要量为40 mg/kg DM～60 mg/kg DM。

8.5.8　硒：与维生素E有协同作用，共同影响繁殖机能，对乳房炎和乳成分都有影响。在缺硒的日粮中补加维生素E和硒可防止胎衣不下。合适添加量为0.1 mg/kg DM～0.3 mg/kg DM。

8.5.9　锌：是多种酶系统的激活剂和构成成分。锌的需要量为日粮的30 mg/kg DM～80 mg/kg DM，在日粮中适当补锌，能提高增重、生产性能和饲料消化率，还可以预防蹄病。

8.6　维生素

8.6.1　维生素对机体调节、能量转化、组织新陈代谢都有重要作用，分脂溶性（维生素A、维生素D、维生素E、维生素K）和水溶性（B族维生素、维生素C）两类。反刍动物可以在瘤胃组织合成多种维生素。

8.6.2　维生素缺乏容易引起多种疾病：维生素A缺乏能引起夜盲、胎衣滞留等问题，维生素D缺乏影响钙磷代谢，导致骨骼钙化不全，引起犊牛佝偻病。在分娩前一周喂大剂量的维生素D可以降低乳热症的发生。维生素E和硒有协同作用，维生素E缺乏时出现肌肉营养不良、心肌变性、繁殖性能降低等症状。B族维生素、维生素C奶牛可在体内自己合成，一般不会缺乏。

8.6.3　对高产奶牛补充烟酸是有利的，可以减少应激，对增加牛奶产量、提高牛奶质量、控制酮病辅助作用。

8.6.4　推荐量每千克饲料干物质维生素A不低于5 000 IU，维生素D不低于1 400 IU，维生素E不低于100IU。

8.7　水

8.7.1　水是奶牛必需的营养物质。奶牛的饮水量受干物质进食量、气候条件、日粮组成、水的品质及奶牛的生理状态的影响。水的需要量按干物质采食量或产奶量估算，每千克DMI需要5.6 kg的水或每产1 kg的奶需要4 kg～5 kg的水。环境温度达27 ℃～30 ℃时泌乳母牛的饮水量发生显著的上升；日粮的组成显著地影响奶牛的饮水量，母牛采食含水分高的饲料，饮水量减少，日粮中含较多的氯化钠、碳酸氢钠和蛋白质时，饮水量增加，日粮中含有高纤维素的饲料时，从粪中损失的水增加。水的温度也影响奶牛的饮水量和生产性能，炎热的夏季防止阳光照射造成水温升高，在寒冷天气，饮水适当加温可增加奶牛饮水量。

8.7.2　饮水应保持清洁卫生。

8.8　奶牛的特殊营养

8.8.1　脂肪

8.8.1.1　脂肪可以提高日粮的能量浓度，缓解高峰期奶牛的能量负平衡。

8.8.1.2　脂肪类饲料包括：

　　——膨化大豆、全棉籽；

　　——饱和脂肪酸；

——脂肪酸钙类制品。

8.8.1.3 如果脂肪添加量过高，会影响瘤胃的发酵，特别是影响粗纤维的分解，使牛奶非脂固体率（特别是乳蛋白率）降低。

8.8.2 粗纤维

奶牛在日粮中需要一定量的粗纤维来维持正常的瘤胃机能，防止代谢病的发生。当粗纤维水平达15%，ADF 在 19% 时能够维持正常的生产水平和乳脂率。草的长度影响奶牛的瘤胃机能，在日粮中至少有 20% 的草长度大于 3.5 cm。

8.9 推荐奶牛日粮营养浓度

8.9.1 泌乳奶牛各阶段营养浓度

见附录 B。

8.9.2 后备牛日粮浓度

见附录 C。

9 日粮的配置

9.1 日粮的配置原则

9.1.1 精粗比合理，营养全价，满足奶牛的营养需要。

9.1.2 营养价值高，价格合理。

9.1.3 适口性强。

9.1.4 饲料报酬高。

9.1.5 营养素间搭配合理，确保奶牛健康和乳成分的正常稳定。

9.1.6 全混日粮：混合均匀，水分适宜 45%～55%。

9.2 日粮配置应注意的问题

9.2.1 日粮中青贮应以玉米青贮为主，干草类饲料应选用优质苜蓿干草、东北羊草和小黑麦干草。

9.2.2 过瘤胃蛋白、过瘤胃脂肪要适量，过多的蛋白质会引起酮病等代谢病，脂肪添加过量会降低乳蛋白率。

9.2.3 合理的矿物质平衡，钙磷比为（1.5～2.0）：1。

9.2.4 TMR 日粮水分应控制在 45%～55%。

9.2.5 合理的能量蛋白比，同时考虑不同种类蛋白质饲料中氨基酸的互补性。

9.2.6 粗饲料的物理形态及纤维含量。应有部分粗饲料长度大于 35 mm，高产牛粗纤维的摄入不应低于干物质的 15%，ADF 占干物质 19%～21%，NDF 占干物质 25%～28%。

9.2.7 混合精料实行集中加工、统一供应，配合比例为：能量饲料占 50%～55%，蛋白质类饲料占 25%～30%，矿物质类饲料占 3%～5%，维生素及微量元素添加剂占 1%，其他辅料部分（如麸皮、干啤酒糟等）占 5%～10%。

9.3 推荐日粮配方

见附录 D。

附　录　A

（规范性附录）

表 A.1　青贮品质的鉴定

项目	等　级		
	优	中	劣
色	黄绿、青绿近原色	黄褐、暗褐	黑色、墨绿
香	芳香、酒酸味	香味淡	刺鼻臭味、霉味
味	酸味浓	酸味中	酸味淡
手感	湿润松散	发湿	发黏、滴水
结构	茎、叶、茬保持原状	柔软、水分较多	腐烂成块、无结构
pH	≤4.25	4.25～4.5	≥4.6
铵态氮,%	≤5	5～20	≥20
可消化总养分（TDN）,%	≥60	50～60	≤50

附　录　B
（规范性附录）

表 B.1　成母牛各阶段营养浓度需要

营养需要	干奶前期	干奶后期	围产后期 0 d~21 d	泌乳早期 20 d~80 d	泌乳中期 80 d~200 d	泌乳末期 >200 d
干物质 DM，kg	13	10~11	17~19	23.6	22	19
总能 NE，Mcal/kg	1.38	1.5	1.7	1.78	1.72	1.52
脂肪 Fat，%	2	3	5	6	5	3
粗蛋白 CP，%	13	15	19	18	16	14
非降解蛋白，%CP	25	32	40	38	36	32
降解蛋白，%CP	70	60	60	62	64	68
酸性洗涤纤维 ADF，%	30	24	21	19	21	34
中性洗涤纤维 NDF，%	40	35	30	28	30	32
粗饲料提供的 NDF，%	30	24	22			
总消化养分 TDN	60	67	75	77	75	67
Ca，%	0.6	0.7	1.1	1	0.8	0.6
P，%	0.26	0.3	0.33	0.46	0.42	0.36
Mg，%	0.16	0.2	0.33	0.3	0.25	0.2
K，%	0.65	0.65	0.25	1	1	0.9
Na，%	0.1	0.05	0.33	0.3	0.2	0.2
Cl，%	0.2	0.15	0.27	0.25	0.25	0.25
S，%	0.16	0.2	0.25	0.25	0.25	0.25
维生素 A，IU/kg	100 000	10 000	110 000	100 000	50 000	50 000
维生素 D，IU/kg	30 000	30 000	35 000	30 000	20 000	20 000
维生素 E，IU/kg	600	1 000	800	600	400	200

附　录　C
（规范性附录）

表 C.1　后备牛日粮浓度

阶段划分	月龄	体重 kg	奶牛能量单位 NND	干物质 kg	粗蛋白 g	Ca g	P g
哺乳期	0	35~40	4.0~4.5		250~260	8~10	5~6
	1	50~55	3.0~3.5	0.5~1.0	250~290	12~14	9~11
	2	70~72	4.6~5.0	1.0~1.2	320~350	14~16	10~12
犊牛期	3	85~90	5.0~6.0	2.0~2.8	350~400	16~18	12~14
	4	105~110	6.5~7.0	3.0~3.5	500~520	20~22	13~14
	5	125~140	7.0~8.0	3.5~4.4	500~540	22~24	13~14
	6	155~170	7.5~9.0	3.6~4.5	540~580	22~24	14~16
育成期	7~12	280~300	12~13	5.0~7.0	600~650	30~32	20~22
	13~16	380~400	13~15	6.0~7.0	640~720	35~38	24~25
青年期	17~预产	420~500	18~20	7.0~9.0	750~850	45~47	32~34

<h1 style="text-align:center">附 录 D</h1>
(规范性附录)
推荐日粮配方

D.1 3月龄～6月龄犊牛日粮需要

D.1.1 日粮结构

项目	含量，kg
苜蓿颗粒	0.7
青贮	1.25
干草	0.92
犊牛料	1.35

D.1.2 犊牛料成分

项目	成分，%
玉米	47
麸皮	12
棉籽饼	3
豆粕	27
菜籽饼	3
酵母粉	3
食盐	1
磷酸氢钙	2
石粉	1
后备牛预混料	1

D.2 7月龄～12月龄牛日粮需要

D.2.1 日粮结构

项目	含量，kg
青贮	3.5
干草	3.66
后备牛料	2.25

D.2.2 后备牛料成分

项目	成分，%
玉米	55.1
麸皮	16
菜籽饼	5
棉籽饼	6
豆粕	7
葵饼	3
食盐	1
沸石	3
磷酸氢钙	1.5
石粉	1
后备牛预混料	1

D.3 13月龄～23月龄牛日粮需要
D.3.1 日粮结构

项目	含量，kg
青贮	4.5
干草	3.66
后备牛料	2.69

D.3.2 后备牛料成分

项目	成分，%
玉米	55.1
麸皮	16
菜籽饼	5
棉籽饼	6
豆粕	7
葵饼	3
食盐	1
沸石	3
磷酸氢钙	1.5
石粉	1
后备牛预混料	1

D.4 干奶牛日粮需要
D.4.1 日粮结构

项目	含量，kg
青贮	3
干草	3.66
干奶牛料	3.59

D.4.2 干奶牛料成分

项目	成分，%
玉米	53.8
小麦	10
麸皮	12
菜籽饼	3
棉籽饼	5
豆粕	12
食盐	1
苏打	0.7
磷酸氢钙	1
石粉	0.5
干奶牛预混料	1

D.5 成母牛日粮需要
D.5.1 日粮结构

项目	含量，kg
干粕	2.3
干啤酒糟	0.46
胚芽饼	0.46
苜蓿颗粒	2.82
青贮	5
干草	2.75
成母牛料	10.35

D.5.2 成母牛料成分

项目	成分，%
玉米	52.5
小麦	8
麸皮	10
葵饼	3
棉籽饼	5
豆粕	12
菜籽饼	3
食盐	1
苏打	1.5
磷酸氢钙	1.5
石粉	1.5
泌乳牛预混料	1

D.6 高产牛日粮需要

D.6.1 日粮结构

项目	含量，kg
干啤酒糟	0.46
干粕	2.76
干酒精糟	0.23
全棉籽	1.39
菜籽饼	0.23
苜蓿	2.82
青贮	4.5
干草	0.69
苜蓿干草	1.41
高产牛料	10.4

D.6.2 高产牛料成分

项目	成分，%
玉米	40.2
小麦	8
菜籽饼	3
棉籽饼	5
豆粕	12
膨化大豆	6
鱼粉	5
酵母粉	3
美加力	5.5
食盐	0.8
苏打	1.5
磷酸氢钙	1.5
石粉	1.5
玉米蛋白粉	6
高产年预混料	1

D.7 后备牛各阶段选育目标

月龄	体高，cm	胸围，cm	体重，kg	备注
初生	—	—	35	
6	103～106	128	170～180	
12	120～123	157	300～330	
15	125～130	170	370～380	
牛犊	137～140	190	530～550	

奶牛饲养管理技术标准：饲养管理与生产工艺

1 范围

本标准规定了奶牛饲养管理的技术要求和各阶段奶牛营养需要参数。

本标准适合于石河子所有奶牛场。

2 规范性引用文件

下列文件中的条款通过本标准的引用而成为本标准的条款。凡是注日期的引用文件，其随后所有的修改单（不包括勘误的内容）或修订版均不适用于本标准。然而，鼓励根据本标准达成协议的各方研究是否可使用这些文件的最新版本。凡是不注日期的引用文件，其最新版本适用于本标准。

Q/shz T 08 01—2014 奶牛饲养管理技术标准：饲料与营养

Q/shz T 08 03—2014 奶牛饲养管理技术标准：卫生保健

3 术语和定义

下列术语和定义适用于本标准。

3.1 拴系饲养

是指牛只在牛舍拴系定位饲养的一种饲养模式。一般牛舍外设有供牛只活动的运动场。

3.2 散栏饲养

根据不同的生长发育和泌乳阶段对奶牛进行分群，提供不同营养水平的日粮，采取自由采食的一种饲养方式。

3.3 初乳

指母牛产后第一周所产的奶。初乳中含有大量的免疫球蛋白和丰富易消化的养分，可促进犊牛生长发育、提高免疫力。

3.4 犊牛岛

指哺乳期犊牛单独饲养的专用围栏，一牛一栏；一般根据季节、气候以及消毒的需要在圈内外移动，所以称之为"犊牛岛"。犊牛在犊牛岛中饲养至 60 日龄即可出栏入群饲养。付云宝同志的改进型离地式犊牛岛优势更多，可以避免哺乳期犊牛间的交叉感染，提高犊牛成活率达 98%。

3.5 干物质采食量（DMI）

指奶牛所采食日粮干物质的总和。DMI 受奶牛生长发育阶段、产奶量、采食时间、饲料品质、日粮水分、气候条件等因素的影响。

3.6 泌乳阶段的划分（成母牛按其是否泌乳可划分为：泌乳期和干奶期）

根据奶牛不同泌乳阶段的生产、生理变化和饲养管理要点，习惯上把泌乳期划分为：围产后期（产后 3 周）、泌乳早期（21 d～100 d）、泌乳中期（101 d～200 d）、泌乳末期（201 d～305 d 停奶）4 个阶段。

3.7 干奶期

干奶期一般为 8 周。可划分为干奶前期（干奶前 5 周）和干奶后期（产前 3 周，又称为围产前期）。奶牛经过一个泌乳期的泌乳，在下胎产犊前 60 d 左右使其停止泌乳，使奶牛身体及泌乳系统得以恢复、休整，以利于产犊和下一胎的产奶。

3.8 围产期

指奶牛产前 3 周（围产前期）至产后 3 周（围产后期）这段时间。围产期是奶牛生产的关键时期，其饲养管理的好坏将直接影响奶牛的健康和整个泌乳期产奶量，所以围产期的饲养管理非常重要。

3.9 分群饲养

根据不同生长发育和泌乳阶段奶牛饲养管理特点，进行工厂化分阶段分群饲养管理的一种模式。从而改变规模奶牛场规模一大就管不细、养不好的现状。

3.10 体况评分

是评价奶牛饲养效果的一种手段。它是以 0 分～5 分数字化描述奶牛体况的一种评分方法（1 分表示偏瘦，5 分表示过肥）。根据奶牛产奶量和体况及时合理调整饲养方案。

4 奶牛分群与阶段划分

4.1 根据奶牛不同阶段生长发育特点和生理阶段，习惯上把牛群划分为：
——后备牛；
——犊牛（0 月龄～6 月龄）；
——育成牛（7 月龄～18 月龄）；
——青年牛（19 月龄～产犊前）；
——成母牛。

4.2 青年牛妊娠产犊后转入成母牛群，成母牛根据其生理、泌乳阶段可划分为：
——干奶牛；
——干奶前期（停奶～产前 3 周）；
——干奶后期又称围产前期（产前 3 周～分娩）；
——泌乳牛；
——围产后期（分娩～产后 3 周）；
——泌乳早期（产后 22 d～100 d）；
——泌乳中期（产后 101 d～200 d）；
——泌乳末期（产后 201 d～停奶）。

5 后备奶牛饲养技术

5.1 后备牛的培育目标

15 月龄体重达到 380 kg 参配体重。24 月龄产犊，产犊时体重达到 550 kg。

5.2 后备牛各阶段的营养需要与日粮营养浓度

按照 Q/shz T 08 01—2014 的规定执行。

5.3 后备牛饲养技术总则

5.3.1 保证不同生长发育阶段的营养需要。

5.3.2 保证充足、新鲜、清洁的饮水。

5.3.3 保证圈舍清洁卫生、通风、干燥，定期消毒，预防疾病发生。

5.3.4 定期测量奶牛的体尺、体重，评价生长发育状况，调整饲养方案；并将测量记录填入奶牛谱系。

5.3.5 哺乳期犊牛在犊牛岛内单独饲养，断奶后按生长发育状况进行分小群，采用犊牛漏粪卧床饲养的管理模式。

5.4 后备牛各阶段的饲养技术要点

5.4.1 哺乳期犊牛 0 日龄～60 日龄的饲养技术

5.4.1.1 新生犊牛应在出生后 1 h 内饲喂初乳，首次饲喂量为 3.5 kg～4 kg，温度为（38±1）℃，连续 3 d，3 d 后逐渐过渡到饲喂常乳或犊牛代乳粉。

5.4.1.2 犊牛出生 1 周后在离地犊牛岛栏内训练吃草料，逐渐增加其喂量。

5.4.1.3 哺乳期为 60 d，全期喂奶量 380 kg～420 kg，每日喂 3 次，每次喂量约为全天总量的 1/3。

5.4.1.4 哺乳期犊牛喂奶量见表1。

表 1

日龄阶段，d	喂奶量，kg/d	阶段总量，kg
0～7	6	42
8～15	7	56
16～35	9	180
36～50	5	75
51～60	3	30
合计	—	383

5.4.1.5 犊牛出生后立即清除口、鼻、耳内的黏液，确保呼吸畅通；挤出脐内污物，在距腹部6 cm～8 cm处断脐，并用5％的碘酒消毒，擦干牛体；称重、填写出生记录、放入犊牛岛栏内。

5.4.1.6 犊牛出生10 d内，打耳号、照相、登记谱系。

5.4.1.7 去角：犊牛出生后3周～4周去角（用电烙铁或药物去角）。

5.4.1.8 去副乳头：在犊牛出生后2周～3周进行（用剪刀在乳头基部剪去），并做好消毒。

5.4.1.9 犊牛饲喂应做到"五定"、"四勤"。"五定"即：定质、定时、定量、定温、定人；"四勤"：勤打扫、勤换垫草、勤观察、勤消毒。

5.4.1.10 犊牛的生活环境要求清洁、干燥、冬暖夏凉，保证圈舍空气清新和犊牛接受光照。哺乳期犊牛应一牛一岛一栏单独饲养，犊牛用具、饲槽保持清洁卫生。犊牛转出后用浓度2％火碱彻底消毒牛栏及用具，更换褥草。

5.4.1.11 严格执行饲养方案，做好断奶阶段的过渡饲养，60日龄结束哺乳期。测量体重后转入断奶群。

5.4.2 犊牛期（断奶～6月龄）的饲养技术要点

5.4.2.1 随着犊牛月龄增长，须鉴定分小群，逐渐增加优质粗饲料喂量，选择优质干草与苜蓿供犊牛自由采食，4月龄前禁止饲喂青贮等发酵饲料。

5.4.2.2 做好断奶犊牛过渡期的饲养管理，减少由于断奶、日粮变化及气候环境造成的应激。

5.4.2.3 犊牛满6月龄，日粮DM采食量应达到4.5 kg/d；粗蛋白达540 g/d～580 g/d，钙达22 g/d～24 g/d，磷达14 g/d～16 g/d。犊牛混合料喂量1.5 kg/d～2 kg/d。

5.4.3 育成牛饲养技术要点

5.4.3.1 育成牛根据生长发育及生理特点可分为7月龄～12月龄和13月龄～18月龄。

5.4.3.2 日粮以粗饲料为主，每天混合精料2 kg～2.5 kg，DM采食量达到7.8 kg。粗蛋白640 g～720 g，钙达35 g～38 g，磷达24 g～25 g。

5.4.3.3 培育目标：达到14月龄～15月龄参加配种，参配体重380 kg以上，注重体尺增长。保持适宜膘情2.8分～2.9分。具体参数见表2。

表 2 育成牛不同月龄体尺、体重参数

月龄	体高，cm	胸围，cm	体重，kg
初生			35
6	103～106	128	170～180
12	120～123	157	300～330
15	125～130	170	370～380
产犊	137～140	190	530～550

5.4.3.4 注意观察发情，做好发情记录，以便适时配种。

5.4.4 青年牛饲养技术要点

5.4.4.1 鉴定分群。

　　按月龄和妊娠情况进行分群管理，可分为以下几个阶段：19 月龄～预产前 60 d、预产前 60 d～预产前 21 d、预产前 21 d～分娩。

5.4.4.2 各阶段青年牛日粮供给特点。

5.4.4.2.1 19 月龄～预产前 60 d 牛日粮 DM 进食量控制在 11 kg～12 kg，以中等质量的粗饲料为主。混合精料每头日 2.5 kg～3 kg，日粮粗蛋白水平 12％～13％。

5.4.4.2.2 预产前 60 d～预产前 21 d 牛日粮 DM 进食量控制在 10 kg～11 kg，以中等质量的粗饲料为主，日粮粗蛋白水平 14％，混合精料每头日 3 kg。该阶段奶牛的饲养水平近似于成母牛干奶前期。

5.4.4.2.3 预产前 21 d～分娩牛采用过渡期饲养方式，日粮 DM 进食量 10 kg～11 kg，日粮粗蛋白水平 14.5％。混合精料每头日 4.5 kg 左右。

5.4.4.3 做好发情、配种、妊检等繁殖记录。

5.4.4.4 根据母牛体况、胎儿发育阶段，按营养需要掌握精料供给量，防止过肥。

5.4.4.5 产前采用低钙日粮，减少苜蓿等高钙饲料喂量，控制食盐喂量。

5.4.4.6 注意观察牛只临产症状，做好分娩前的准备工作。

5.4.4.7 以自然分娩为主，掌握适时、适度的助产方法。

5.4.5 后备牛饲养要求

　　后备牛饲养要求见表3。

表3　0 月龄～24 月龄后备牛饲养标准

月龄	体重 kg	DM 采食量占体重 ％	DM 采食量 kg	粗蛋白 ％	代谢能 MJ/kg	净能 MJ/kg	粗饲料 ％	实施方案
0～2	50	2.8～3.0	1	18	12.55	7.53	0～10	犊牛 TMR，开食料
2～3	80	2.8	2.25	18	12.55	7.53	10～15	犊牛 TMR
3～6	140	2.7	3.0～4.0	16.5	10.88	6.90	40	泌乳牛 TMR＋1 kg 豆科干草
6～12	250	2.5	5.0～7.0	14	9.62	5.86	40～50	TMR（14％CP） TMR（13％CP） ＋2 kg 泌乳牛 TMR（MD）
13～18	360	2.3	8.0～9.0	13	10.67	5.44	50	
19～23	500	2	10.0～11.0	12.5～13.0	10.67	5.44	50	TMR（12.5％～13％CP） 限饲 10 kg DM/d～11 kg DM/d
24	580～600		10	14.5	6.49		55～60	围产期 TMR

6 成母牛的饲养技术

6.1 成母牛饲养技术总则

6.1.1 按奶牛不同的泌乳阶段和生理阶段分群管理，确立各阶段的饲养技术方案。

6.1.2 采用合理的饲养工艺，为各泌乳阶段奶牛提供营养平衡、精粗比例合理的高质量日粮。

6.1.3 注重奶牛卫生保健，为奶牛创造干净、干燥、舒适的环境。

6.1.4 根据 DHI 报告对牛群实施科学有效的饲养管理。

6.1.5 成母牛运动场的面积要求：每头 25 m²～40 m²；凉棚面积要求：每头 6 m²～8 m²。

6.1.6 成母牛运动场中设置补饲槽，泌乳牛应设置盐槽。

6.1.7 做好成母牛的乳房保健和肢蹄护理。按照 Q/shz T 08 01—2014 执行。

6.1.8 保证充足、新鲜、清洁的饮水供应，冬季防止结冰，夏季防止水温升高。

6.2 成母牛不同泌乳阶段的生理规律

6.2.1 泌乳阶段奶牛的生理规律

泌乳阶段奶牛的生理规律，可以用泌乳、体重、DM 采食量 3 条曲线来描述，如图 1。

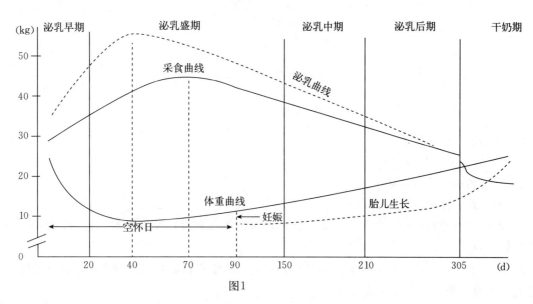

图1

6.2.2 泌乳曲线

6.2.2.1 奶牛产后 40 d～60 d 达到产奶高峰。

6.2.2.2 峰值产奶决定整个泌乳期产量，峰值增加 1 kg，全期增加 200 kg～300 kg。

6.2.2.3 群体中头胎牛的高峰奶相当于经产牛的 75%。

6.2.2.4 干奶期饲养、奶牛体况、产后失重影响峰值奶量。

6.2.3 DM 采食量变化曲线

6.2.3.1 奶牛临产前 7 d～10 d，由于生理变化，DM 采食量下降 25%。

6.2.3.2 由于泌乳高峰出现在产后 40 d～60 d，而 DM 采食量高峰发生在产后 70 d～90 d，此阶段奶牛处于能量负平衡，表现为产后体重下降。

6.2.3.3 合理的饲养技术可提高 DM 采食量、产奶量，减少产后失重及降低发病率，利于产后发情。影响奶牛 DM 采食量的因素为：

——日粮水分：以 45%～55% 为宜，当高于 50% 时，每高出 1%，DMI 下降占体重的 0.02%；

——饲料品质，优质牧草可以提高 DMI；

——全天候采食与全混日粮 TMR 可以提高 DMI；

——清洁的饮水可以提高 DMI。

6.2.4 体重变化曲线及体况评分

6.2.4.1 奶牛产犊前体况处于 3.5 分～3.75 分，由于泌乳早期动用体储备维持较高产奶量的需要，造成体重下降。泌乳早期体损失不应超过 50 kg。

6.2.4.2 产后 90 d～100 d 奶牛体况降到最低谷（约在 2.5 分），随着产奶量的变化和奶牛采食量的增加，体重开始恢复。

6.2.4.3 奶牛在泌乳中期体重应得到恢复，200 d 时体况应达到 3 分。

6.2.4.4 停奶前达到适宜体况（3.5 分～3.75 分），并在整个干奶期得以保持。

6.2.4.5 各阶段体况变化与评分情况如图2。

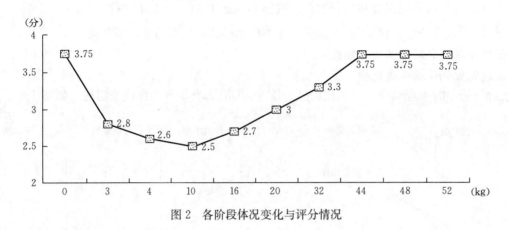

图2 各阶段体况变化与评分情况

6.3 成母牛各阶段营养需要

按照 Q/shz T 08 01—2014 的规定执行。

6.4 成母牛各阶段饲养技术要点

6.4.1 干奶前期（停奶～产前21 d）

6.4.1.1 此阶段饲养管理的目的是调节奶牛体况，维持胎儿发育，使乳腺及机体得以休整，为下一个泌乳期做准备。

6.4.1.2 停奶前10 d，应进行妊娠和隐性乳房炎检测，确定妊娠以及乳房健康正常后方可进行停奶。配合停奶应调整日粮，逐渐减少精料给量。

6.4.1.3 停奶采用快速停奶法，最后一班将奶挤净，用酒精将乳头消毒后，注入专用干奶药，转入干奶牛群，并注意观察乳房变化。

6.4.1.4 奶牛体况应处于3.5分～3.75分，可根据个体不同体况，增减精料喂量。

6.4.1.5 控制食盐、苜蓿喂量，运动场不设补盐槽。

6.4.2 干奶后期（产前3周～分娩）

6.4.2.1 此阶段又称为围产前期，体况评分：3.5分～3.75分。

6.4.2.2 DM摄入达10 kg～11 kg，粗蛋白水平15%，钙的水平0.7%，磷的水平达0.3%。饲养战略：做好干奶牛和新产牛日粮的过度，以适应泌乳早期的高浓度日粮。

6.4.2.3 管理上应做好产前的一切准备工作。床位、产间保持清洁、干燥，每天消毒，随时注意牛只状况。

6.4.3 围产后期（分娩～产后21 d）

6.4.3.1 此阶段也称为围产后期，体况评分为3分～3.5分。此阶段应做好产前、产后日粮的转换，使牛只尽快提高采食量，适应泌乳牛日粮，尽快彻底排出恶露，恢复繁殖机能。

6.4.3.2 视食欲、消化、恶露、乳房情况每日增加0.5 kg精饲料，自由采食干草。提高日粮含钙量。每千克日粮DM含钙0.6%、磷0.3%，精粗比为40：60，粗纤维含量不少于23%。

6.4.4 产房的管理

6.4.4.1 产房要保持安静，干净卫生；昼夜设专人值班。

6.4.4.2 根据预产期做好产房、产间、助产器械工具的清洗消毒等准备工作。

6.4.4.3 母牛产前1 h～6 h进入产间，消毒后躯。通常情况下，让其自然分娩，如需助产时，要严格消毒手臂和器械。

6.4.4.4 母牛产后立即喂麸皮盐水，清理产间，喷洒药物消毒，更换褥草，做好产科检查。

6.4.4.5 母牛产后30 min到1 h内挤1次～2次奶，挤奶2 kg～4 kg。如果没有乳房炎，立刻喂犊牛，从第二班开始，可以上机挤奶。

6.4.4.6　产后 24 h 内观察胎衣排出情况，如脱落不全或胎衣不下，及时进行处理。

6.4.4.7　奶牛产后 7 d～15 d，经健康检查，正常牛方可出产房，并做好交接手续。异常牛，单独处理。

6.4.4.8　奶牛出产房时，可视情况进行修蹄。

6.4.5　泌乳盛期的饲养技术（产后 21 d～100 d）

6.4.5.1　日粮 DM 采食量达到 23 kg。每千克 DM 应含 2.4 个 NND、粗蛋白占 16％～18％、钙 1％、磷 0.46％。精粗比掌握在 60：40，粗纤维含量不少于 15％。体况评分 2 分～2.5 分。

6.4.5.2　注意饲喂优质干草，对减重严重的牛添加脂肪，满足维生素和矿物质的饲喂标准，保证瘤胃内环境平衡。

6.4.5.3　搞好产后监控，及时配种。

6.4.5.4　提高日粮能量浓度，保证充足的采食时间，提高奶牛 DM 采食量，减少产后负平衡，尽早达到并维持产奶高峰。

6.4.6　泌乳中期的饲养技术（产后 101 d～200 d）

6.4.6.1　此阶段产奶量逐渐下降（月下降幅度为 5％～7％），饲养方案：料跟着奶走，精料可渐减，延至第 5～第 6 泌乳月时，精粗比（45～50）：（50～55），DMI 达 22 kg，粗蛋白水平达 16％，钙水平达 0.8％，磷水平达 0.42％，体况为 2.5 分～3 分。应尽量延长奶牛的泌乳高峰并逐渐恢复体况。

6.4.6.2　在日粮中适当降低能量、蛋白含量，增加青粗饲料的喂量。

6.4.6.3　此阶段奶牛能量处于正平衡，奶牛体况逐渐恢复，每日有 0.25 kg～0.5 kg 的增重。

6.4.7　泌乳后期的饲养技术（产后 201 d～停奶）

6.4.7.1　DMI 达 19 kg，粗蛋白水平 14％、钙 0.6％、磷 0.36％，精粗比例 30：70，粗纤维含量不少于 20％。体况评分达到 3 分～3.5 分。

6.4.7.2　合理控制精料量，防止奶牛过肥，停奶时应在 3.5 分。

6.4.7.3　该阶段以恢复牛只体况为主，体况应保持 3.0 分～3.5 分。

6.4.7.4　加强管理，防止流产。

6.4.7.5　做好停奶工作，为下胎泌乳打好基础。

7　奶牛夏季的饲养技术

7.1　热应激对奶牛的影响

奶牛的温度适中区为 15 ℃～20 ℃，温度超过 27 ℃时，热应激明显影响奶牛的采食及休息，对奶牛的健康、产奶量、奶的质量、繁殖率以及后备牛的生长发育产生不利的影响。

7.2　夏季饲养技术要点

7.2.1　调整奶牛日粮结构，提高 DM 采食量。

7.2.2　打开门窗，保证通风。

7.2.3　修建彩钢凉棚或搭建简易凉棚，可减少 20％～30％的太阳辐射热。

7.2.4　对高产、老、弱等体质差的牛要及时淋浴降温。

7.2.5　安装排风扇和喷淋，二者交替使用。

7.2.6　保持运动场平整、不积水，在牛舍、运动场周围植树绿化。

7.2.7　调整饲喂时间，增加夜间饲喂量和饲喂次数，特别是干草。

7.2.8　定期灭蝇，每月至少 1 次，安装灭蝇灯。

7.2.9　调整作息时间。早班提前上，延长工作时间。中午气温高，尽量将牛留在舍内，减少辐射热，采用风扇和微喷交替的方式进行降温。加强夜班的补饲。

7.3 夏季奶牛日粮调整方法

7.3.1 提高日粮精料比例，但最多不超过 60%，NDF 不低于 28%～30%。

7.3.2 调整日粮营养浓度：首先在日粮中添加脂肪，提高能量水平 20%～30%；再者提高日粮中蛋白质水平，其中过瘤胃蛋白含量由 28%～30%提高到 35%～38%，同时适当添加蛋氨酸的用量。

7.3.3 使用瘤胃缓冲剂。如在日粮中添加碳酸氢钠和氧化镁。

7.3.4 注意补充钠、钾、镁。日粮 DM 中钾占 1.5%、钠占 0.5%、镁占 0.3%。

7.3.5 提高维生素 A 添加量，可提高 1 倍。

7.3.6 在日粮中适当添加甜菜粕颗粒、番茄皮、鲜胡萝卜等适口性好的副饲料。

8 TMR 生产工艺

8.1 TMR 饲养工艺的优点

8.1.1 精粗饲料均匀混合，避免奶牛挑食，维持瘤胃 pH 稳定，防止瘤胃酸中毒。

　　奶牛单独采食精料后，瘤胃内产生大量的酸，而采食有效纤维能刺激唾液的分泌，降低瘤胃酸度。TMR 使奶牛均匀地采食精粗饲料，维持相对稳定的瘤胃 pH，有利于瘤胃健康。

8.1.2 TMR 日粮为瘤胃微生物同时提供蛋白、能量、纤维等均衡的营养物质，加速瘤胃微生物的繁殖，提高菌体蛋白的合成效率。

8.1.3 增加奶牛 DM 采食量，提高饲料转化效率。

8.1.4 充分利用农副产品和一些适口性差的饲料原料，减少饲料浪费，降低饲料成本。

8.1.5 根据饲料品质、价格，灵活调整日粮，有效利用非粗饲料的 NDF。

8.1.6 简化饲喂程序，减少饲养的随意性，使管理的精准程度大大提高。

8.1.7 实行分群管理，便于机械饲喂，提高生产率，降低劳动力成本。

8.1.8 实现一定区域内小规模牛场的日粮集中统一配送，从而提高奶业生产的专业化程度。

8.2 分群及各群 TMR 的调配

8.2.1 分群方案

　　TMR 饲养工艺的前提是必须实行分群管理，合理的分群对保证奶牛健康、提高牛奶产量以及科学控制饲料成本等都十分重要。对规模牛场来讲，根据不同生长发育及泌乳阶段奶牛的营养需要，结合 TMR 工艺的操作要求及可行性，一般采取如下分群方案（见表 4）。

表 4 分群标准及注意事项

分群标准	注意事项
高产群	泌乳早期或头日产 30 kg 以上牛只（包括：围产后期）
中产群	泌乳中期或日产 25 kg 以上牛只
低产群	泌乳末期
干奶前期	停奶产前 21 d；青年妊娠牛产前 60 d～产前 21 d
干奶后期	产前 21 d～产犊；青年妊娠年产前 21 d～产犊
头胎牛群	头胎牛单独分群，并按产量、泌乳月分别给予高、中、低三种 TMR
16 月龄～23 月龄青年牛	限饲 10 kg DM/d～11 kg DM/d
7 月龄～15 月龄育成牛	自由采食
0 月龄～6 月龄犊牛	哺乳期补开食料

8.2.2 TMR 日粮的调配

8.2.2.1 根据不同群别的营养需要，考虑 TMR 制作的方便可行，一般要求调制 5 种不同营养水平的 TMR 日粮，分别为：高产牛 TMR、中产牛 TMR、低产牛 TMR、后备牛 TMR 和干奶牛 TMR。在实际饲喂过程中，对围产期牛群、头胎牛群等往往根据其营养需要进行不同种类 TMR 的搭配组合。

8.2.2.2 对于一些健康方面存在问题的特殊牛群，可根据牛群的健康状况和进食情况饲喂相应合理的 TMR 日粮或粗饲料。

8.2.2.2.1 不要考虑成母牛规模和日粮制作的难度，高产奶牛要分小群，一般 20 头一群较为合适；中低产牛尽量不要合并为一群。

8.2.2.2.2 头胎牛 TMR 推荐投放量按成母牛采食量的 85%～95% 投放。具体情况根据头胎牛群的实际进食情况做出适当调整。

8.2.2.2.3 哺乳期犊牛开食料所指为精料，应该要求营养丰富全面，适口性好，让其自由采食，引导采食粗饲料。

8.2.3 TMR 的营养水平

各种 TMR 的营养水平按 Q/shz T 08 01—2014 的要求执行。

8.3 TMR 日粮的制作

8.3.1 添加顺序

8.3.1.1 基本原则：遵循先干后湿，先精后粗，先轻后重的原则。

8.3.1.2 添加顺序：精料—干草—全棉籽—青贮—湿糟类等。

8.3.1.3 如果是立式饲料搅拌车应将精料和干草添加顺序颠倒。

8.3.2 搅拌时间

掌握适宜搅拌时间的原则是确保搅拌后 TMR 中至少有 20% 的粗饲料长度大于 3.5 cm。一般情况下，最后一种饲料加入后搅拌 5 min～8 min 即可。

8.3.3 效果评价

从感官上，搅拌效果好的 TMR 日粮表现在：精粗饲料混合均匀，松散不分离，色泽均匀，新鲜不发热、无异味，不结块。

8.3.4 水分控制

水分控制在 45%～55%。

8.3.5 注意事项

8.3.5.1 根据搅拌车的说明，掌握适宜的搅拌量，避免过多装载，影响搅拌效果。通常装载量占总容积的 60%～75% 为宜。

8.3.5.2 严格按日粮配方，保证各组分精确给量，定期校正计量控制器。

8.3.5.3 根据原料饲料的含水量，掌握控制 TMR 日粮水分。

8.3.5.4 添加过程中，防止铁器、石块、包装绳等杂质混入搅拌车，造成车辆损伤。

8.4 饲喂管理

8.4.1 奶牛要严格分群，并且有充足的采食位，牛只要去角，避免相互争斗。

8.4.2 食槽宽度、高度、颈夹尺寸适宜；槽底光滑，浅颜色。

8.4.3 每天饲喂 2 次～3 次，固定饲喂顺序、投料均匀。

8.4.4 班前班后查槽，观察日粮一致性，搅拌均匀度评价；观察牛只采食、反刍及剩槽情况。

8.4.5 每天清槽，剩槽 3%～5% 为合适，合理利用回头草。夏季定期刷槽。

8.4.6 不空槽、勤匀槽，如果投放量不足，增加 TMR 给量时，切忌增加单一饲料品种。

8.4.7 保持饲料新鲜度，认真分析采食量下降原因，不要马上降低投放量。

8.4.8　观察奶牛反刍，奶牛在休息时至少应有 40% 的牛只在反刍。

8.4.9　传统拴系饲养方式，除舍内饲喂外，应增加补饲，延长采食时间，提高 DM 采食量。

8.4.10　采食槽位要有遮阳棚，暑期通过吹风、喷淋，减少热应激。

8.4.11　夏季成母牛回头草直接投放给后备牛或干奶牛，避免放置时间过长造成发热变质。同时避免与新鲜饲料二次搅拌引起日粮品质下降。

奶牛饲养管理技术标准：卫生保健

1　范围

本标准规定了奶牛场防疫及奶牛卫生保健的技术要求。

本标准适合石河子所有奶牛场。

2　规范性引用文件

下列文件中的条款通过本标准的引用而成为本标准的条款。凡是注日期的引用文件，其随后所有的修改单（不包括勘误的内容）或修订版均不适用于本标准。然而，鼓励根据本标准达成协议的各方研究是否可使用这些文件的最新版本。凡是不注日期的引用文件，其最新版本适用于本标准。

Q/shz T 08 04—2014　奶牛饲养管理技术规范　第6部分：牛奶质量控制

中华人民共和国动物防疫法（以下简称《动物防疫法》）

3　术语和定义

下列术语和定义适用于本标准。

3.1　防疫

是指为了不让动物疫病或人畜共患的传染病传染进一个健康而尚未受感染的畜群或人群所采取的各种有效措施。通常包括隔离、消毒、免疫、预防性治疗以及环境保护等。

3.2　检疫

对动植物（包括生物制品）是否携带特定病原微生物（疫病因子），是否患有疫病，是否携带病原微生物（疫病因子）进行检查。

3.3　免疫

使机体对特定病原微生物感染有抵抗能力，而不感染或不易感染某种疫病或传染病。

3.4　消毒

利用物理或化学方法杀灭或清除病原微生物，使之减少到不能再引起发病的一种手段。

3.5　化制

对不适合于常规使用的畜产品进行无害化处理和再利用的一项兽医公共卫生措施。

3.6　普通病

由于动物机体的组织、器官在构造或生理上起了变化、营养失调、中毒、损伤或其他外界因素如温度、气压、光线等原因所致的疾病。

3.7　传染病

传染病的发生由病原微生物、传播途径和易感动物3个环节组成，缺一不可。牛的传染病主要有：口蹄疫、牛流行热、牛传染性鼻气管炎、蓝舌病、牛病毒性腹泻—黏膜病、布鲁氏菌病、结核、副结核、炭疽、牛肺疫等。

3.8　一类疫病

根据《动物防疫法》，将畜禽疫病分为三类，一类疫病是指对人畜危害严重，需要采取紧急严厉的强制预防、控制、扑灭措施的疫病。国家有关部门公布的与奶牛有关的一类疾病有：口蹄疫、蓝舌病、牛瘟、牛肺疫。

3.9　隔离

将感染牛、疑似感染或携带病原微生物的牛只与健康牛群分隔，单独饲喂处理。

3.10 CMT 乳房炎监测

CMT 即美国加州奶牛乳房炎检测，是指一种间接检测乳房炎的简便快捷方法。其诊断原理是：利用阴离子洗涤剂或碱与乳中体细胞相互作用而产生的不同黏度反应，来估计乳中的体细胞数量，确定是否患有乳房炎及其严重程度。

3.11 牛四大疾病

是指乳房炎、蹄病、代谢病、繁殖疾病。

3.11.1 乳房炎

一种以乳腺组织发生各种不同类型炎症为特征的疾病。

3.11.2 蹄病

是指奶牛蹄部的病理变化，包括蹄变形和蹄病。蹄变形指蹄的形状发生改变，而不同于正常牛蹄的形状；蹄病指蹄已经发生了病理变化，临床表现出红、肿、热、痛和功能障碍。

3.11.3 代谢病

包括新陈代谢疾病和营养代谢疾病。由于日粮结构失调或饲养管理不当，引起营养失调，导致代谢机能障碍所致的疾病。常见的代谢病有：产乳热、酮病、瘤胃酸中毒等。

3.11.4 繁殖疾病

奶牛繁殖疾病主要指由于生殖器官疾患而使奶牛不育、不孕或妊娠中断等的一类疾病。

3.12 真胃移位

真胃移位是指真胃由正常位置移到瘤胃和网胃的左侧与左肋弓之间。向前可扩张到网胃和膈肌；向后可扩张到最后肋骨或进入左侧腰旁窝。其临床性特征是慢性消化机能紊乱。

4 健康牛群标准

4.1 未发生国家公布的一类疫病。

4.2 结核、布鲁氏菌病、牛传染性鼻气管炎、牛病毒性腹泻—黏膜病没有阳性检出。

5 几种奶牛常见病的预防

5.1 乳房保健

5.1.1 创造干净、干燥、舒适的奶牛环境。

5.1.2 保持挤奶机正常的工作状态，具体操作按照 Q/shz T 08 04—2014 执行。

5.1.3 正确的挤奶程序：按照 Q/shz T 08 04—2014 的有关规定执行。

5.1.4 泌乳牛每月进行 1 次 CMT 隐性乳房炎检测，对连续 2 次＋＋及＋＋以上的牛要进行治疗；干奶前 10 d 进行隐性乳房炎的检测，如反应在＋＋以上时，要对该乳区用药治疗，痊愈后方可干奶。

5.1.5 充分利用 DHI 报告，采取适当措施，改进饲养管理，控制乳房炎发病率。

5.1.6 加强产前、产后牛的饲养管理，不准强制驱赶、起立或急走；对有吸吮癖牛应采取戴箍嘴或隔离饲养等有效措施。

5.1.7 临床型乳房炎病牛应隔离饲养，并及时治疗，痊愈后再回群；对久治不愈、慢性、顽固性病牛及时淘汰。

5.1.8 停奶时每个乳区注入专用干奶药。

5.2 肢蹄保健

5.2.1 肢蹄常见病

常见的有蹄叶炎、腐蹄病、白线裂、趾间组织增生等。

5.2.2 肢蹄保健综合措施

5.2.2.1 牛舍、运动场地面应保持平整、干净、干燥。粪便及时清扫，污水及时排除。

5.2.2.2 坚持用 4%硫酸铜液或 5%的福尔马林液浴蹄，夏、秋季每周至少 2 次，冬、春季可适当延

长浴蹄间隔时间。

5.2.2.3 坚持常年修蹄，牛只干奶或出产房时，应检查、修整牛蹄。

5.2.2.4 趾（指）间组织增生患牛，实施手术治疗。

5.2.2.5 对蹄病患牛应及时治疗。当蹄变形严重、蹄病发生率达 15% 时，应视为群发性问题，分析原因，采取相应的防治措施。

5.2.2.6 供应平衡日粮，满足奶牛对各种营养成分的需要量。

5.3　代谢性疾病
5.3.1　常见代谢性疾病
产乳热、酮病及瘤胃酸中毒等。

5.3.2　代谢病综合防治措施
5.3.2.1 合理调配奶牛日粮，防止营养失衡。

5.3.2.2 加强围产期奶牛生理指标的检测。

5.3.2.3 产前产后 3 d 之内，测尿 pH、尿酮体和体温；凡监测 pH 呈酸性、酮体呈阳性反应者，一并采取相应的治疗措施。

5.3.2.4 加强临产牛监护，对高产、年老、体弱及食欲不振牛，经临床检查未发现异常者，产前 1 周到产后 1 周可用糖钙疗法进行预防。

5.3.2.5 高产牛在泌乳高峰期时，日粮中可添加 1.5% 的碳酸氢钠（按总干物质计），与精料混合直接饲喂。

5.4　繁殖疾病
5.4.1　常见繁殖疾病。
流产、阴道炎、阴道脱出、子宫脱出、子宫扭转、子宫内膜炎、子宫蓄脓、胎水过多、胎衣不下、卵巢机能减退、卵巢囊肿、持久黄体等。

5.4.2　繁殖疾病的综合防治措施
5.4.2.1 充分满足奶牛围产期及高峰期的各种营养需要。防止奶牛发生营养负平衡而引起的繁殖疾病。

5.4.2.2 严格执行消毒制度，搞好环境卫生，保持环境清洁。严格执行奶牛围产期和输精的各项操作规程，防止由于人为因素引起微生物感染。

5.5　真胃移位
5.5.1　真胃移位的综合防治措施
5.5.1.1 合理调配日粮中的精粗比例，保证有效纤维含量。

5.5.1.2 加强围产后期的饲养管理，防止胎儿过大。

5.5.1.3 加强产后牛只护理，减少因产后疾病继发本病。

5.5.2　真胃移位的临床治疗
5.5.2.1 非手术疗法：常用翻滚法，将母牛四蹄缚住，腹部朝天，猛向右滚又突然停止，以期待真胃自行复原。在施用本方法前 2 d 应禁食并限制饮水，使瘤胃体积变小，成功率较大。优点是不需开腹，对肌肤无损失，操作方便、简单、快速；缺点是疗效不佳，易复发。

5.5.2.2 手术疗法：切开腹壁，整复移位的真胃，并将真胃或网膜固定在右腹壁上。手术疗法适用于病后的任何时期，由于将真胃固定，疗效确定，是根治疗法。

5.6　瘤胃保健
瘤胃的重要机能是储存、混合及消化粗纤维饲料。建立健全饲养管理制度，坚持科学养牛是瘤胃保健、防止出现瘤胃疾病的关键。瘤胃保健的措施有：

5.6.1 坚持合理的饲养管理制度，保证全年足够的饲料供应，严禁饲喂腐败、霉变饲料。

5.6.2 日粮配置要精粗比合理，保证奶牛矿物质、维生素的摄入量。

5.6.3 保持日粮的相对稳定，切忌频繁、突变日粮需要，调整时要循序渐进。

奶牛饲养管理技术标准：牛奶质量控制

1 范围

本标准规定了生鲜奶的技术要求、检测方法、盛装、储存、运输及牛场控制牛奶质量的措施。

本标准适用石河子所有牛场。

2 规范性引用文件

下列文件中的条款通过本标准的引用而成为本标准的条款。凡是注日期的引用文件，其随后所有的修改单（不包括勘误的内容）或修订版均不适用于本标准。然而，鼓励根据本标准达成协议的各方研究是否可使用这些文件的最新版本。凡是不注日期的引用文件，其最新版本适用于本标准。

GB 4789.2　食品卫生微生物学检验菌落总数测定

GB 5409　牛乳检验方法

GB 5413.30　乳与乳粉杂质度的测定

Q/shz T 08 03—2014　奶牛饲养管理技术标准　第3部分：卫生保健

3 术语和定义

下列术语和定义适用于本标准。

3.1 酒精阳性乳

指与72°酒精混合，发生凝结现象、低于正常酸度（16度～18度）的牛奶。

注：目前，酒精阳性乳的发生受多种因素的影响，增强机体抵抗力，是防止酒精阳性乳的有效途径。

3.2 抗生素奶

抗生素含量＞0.9 mg/kg 的牛奶统称抗生素奶。

3.3 牛奶体细胞数（SCC）

指牛奶中含有的白细胞和脱落的上皮细胞的总和。通常用 SCC×1000 表示。牛奶体细胞数是衡量奶牛乳房健康的重要指标。

3.4 牛奶酸度

指牛奶自然酸度和发生酸度的总和。自然酸度是由于奶中蛋白质、柠檬酸盐、磷酸盐及二氧化碳等弱酸性物质构成的，一般鲜奶自然酸度为16度～18度。发生酸度是牛奶存放过程中，由于乳酸增加而增加的酸度。

3.5 总细菌数

每毫升牛奶中含细菌的总数，单位：万个/mL。

3.6 机械挤奶

模仿犊牛吸吮的动作，利用机械抽真空的方式使牛奶从乳池和乳头管中流出，当乳头末端的真空度足够大（一般达到5.0 MPa）时，乳头外压低于内压，牛奶被吸出。

3.7 "两次药浴，纸巾干擦"

是指国际上普遍采用的一种挤奶操作规程。即挤奶操作的全过程遵循：先弃头几把奶，用专用的乳头药浴液对乳头进行预药浴，再用纸巾或干燥洁净的小毛巾擦干乳头，上机挤奶；排乳结束后，断真空，摘掉奶杯，然后，迅速再次对乳头进行药浴。这种挤奶工艺有利于防治奶牛乳房炎发生。

3.8 过度挤奶

奶牛排乳接近结束时，由于人为因素下压挤奶杯组继续挤奶；或没有及时断真空摘杯组，对牛进行空挤，都称为过度挤奶。过度挤奶是造成奶牛机械性乳房炎的主要因素。

3.9 芽孢杆菌

能够形成芽孢的一种杆状菌。芽孢是指某些细菌在生存条件不利的情况下，如：冷、热、有毒、缺乏湿度和营养物质时所形成的一种自我保护形式。

3.10 嗜冷菌

具有耐冷性，能够产生降脂酶和蛋白酶，在 0 ℃左右能够生长的细菌。

4 生鲜牛奶的技术要求

4.1 感官要求应符合附录 A 中 A.1。

4.2 理化要求应符合附录 A 中 A.2。

4.3 微生物指标应符合附录 A 中 A.3。

4.4 抗生素指标应符合附录 A 中 A.4。

5 生鲜牛奶的检测方法

参见附录 B。

6 控制牛奶质量的措施

6.1 奶牛饲养环境

6.1.1 运动场

6.1.1.1 运动场面积应适中，一般成母牛平均 25 m²/头～40 m²/头，后备牛平均 8 m²/头～12 m²/头。

6.1.1.2 运动场要经常修整，保持干燥、平整、无积水，粪便及时清除，冬春季应清粪拉沙改善运动场环境。

6.1.1.3 运动场及周围每周要消毒 1 次，用电蚊蝇灯清除蚊蝇。

6.1.2 牛舍

6.1.2.1 牛舍要经常打扫，保持干净、干燥，定期灭鼠、夏季灭蚊蝇。

6.1.2.2 牛舍定期消毒，每周 1 次。

6.1.3 卧床

保持卧床清洁、平整，垫料充足。

定期消毒，每周 1 次。

6.1.4 牛体

刷拭牛体，保持牛体干净、卫生。

定期修剪牛尾。

6.2 挤奶

6.2.1 挤奶机的基本部件

6.2.1.1 真空系统

6.2.1.1.1 真空泵：作用是将奶管和乳头杯内的空气抽出，使之形成真空状态以便挤奶。

6.2.1.1.2 真空调节器：功能是保持挤奶系统真空度的稳定。在真空压力超过标准值时，让空气进入真空系统以维持适当的真空度（真空压力维持在 4.5 MPa～5.0 MPa）。

6.2.1.1.3 脉动器：控制乳头杯组阀门的开关，使空气交替进出脉冲腔，乳头杯的运转由脉动器调控。脉动器分单节拍和双节拍。单节拍脉动器使 4 个奶杯同时工作，双节拍脉动器使 4 个奶杯前后交替工作。脉动频率一般为 55 次/min～65 次/min，脉动比为 60：40。

6.2.1.1.4 挤奶杯组：包括 4 个挤奶杯和集乳器，奶杯由奶衬和不锈钢外套组成，奶衬直接与牛乳头接触，其质量好坏直接影响挤奶质量和乳头健康。其材质有天然橡胶、合成橡胶等，按其材质不同使用寿命长短不一，一般使用 2 500 头次后都须进行更换。

6.2.1.1.5 集乳器：收集输送奶杯组挤下的牛奶，通过集乳器把牛奶输送到挤奶管道。集乳器上有一个细小的气孔让空气进入，有助于稳定挤奶期间乳头杯内的真空水平并顺利地将牛奶输送走。挤奶前应检查小孔是否通畅。

6.2.1.2 牛奶收集系统由集乳罐、奶泵、牛奶过滤器组成。

6.2.1.3 **自动清洗系统**

6.2.1.3.1 清洗器：挤奶完毕，自动清洗挤奶杯组和管道。

6.2.1.3.2 清洗剂：分为专用酸性清洗剂和碱性清洗剂。

6.2.2 **挤奶程序**

6.2.2.1 **操作规程**

统一使用"两次药浴，纸巾干擦"的挤奶工艺，其过程如下：

——清洁检查：挤奶前先观察或触摸乳房外表是否有红、肿、热、痛症状或创伤；

——乳头预药浴：挤掉头几把奶后，对乳头进行预药浴，选用专用的乳头药浴液，药液作用时间应保持在 20 s～30 s（乳房特别脏时，可先用含消毒水的温水清洗干净，再药浴乳头）；

——擦干乳头：用一次性纸巾在药浴后擦干乳头及基部，要求每头牛至少 1 张；

——挤头几把奶：把头几把奶挤到专用容器中，检查牛奶看是否有凝块、絮状物或水样，牛奶正常的牛方可上机挤奶；异常的，及时报告兽医治疗，单独挤奶，严禁混入正常牛奶中；

——上机挤奶：上述工作结束后，及时套上挤奶杯组（套杯过程中尽量避免空气进入杯组中），时间是从刺激乳头开始 1 min 内；挤奶过程中观察真空稳定情况，挤奶杯组奶流情况，适当调整奶杯组的位置；排乳接近结束，先关闭真空，再移走挤奶杯组；严禁下压挤奶机，避免过度挤奶；

——挤奶后药浴：挤奶结束后，应迅速进行乳头药浴，停留时间为 3 s～5 s。

6.2.2.2 **其他**

6.2.2.2.1 固定挤奶顺序，切忌频繁更换挤奶员。

6.2.2.2.2 挤奶结束后，保证奶牛站立 1 h。

6.2.2.2.3 药浴液每班挤奶前现用现配，并保证有效的药液浓度。每班药浴杯使用完毕应清洗干净。

6.2.2.2.4 应用抗生素治疗的牛只，应单独用一套挤奶杯组，每挤完一头牛后应进行消毒，挤出的奶放置容器中单独处理。

6.2.2.2.5 初乳不能混入商品奶中。

6.3 **牛奶冷却、储存、运输**

6.3.1 **冷却**

牛奶应先进入冷热交换器，预冷后再进入奶罐，2 h 之内冷却到 4 ℃以下保存。

6.3.2 **储存**

冷却后的牛奶在运至加工厂前，应存储在制冷罐中，温度保持恒定在 4 ℃左右，存储时间不超过 48 h。

6.3.3 **运输**

用专用的奶罐车将牛奶运到加工厂。出场前牛奶温度应在 5 ℃以下。运输过程中，中途不能停留。

6.3.4 **其他**

6.3.4.1 在挤奶、冷却、储存、运输过程中，应在密闭条件下操作，避免牛奶与空气接触，严禁与有毒、有害、挥发性物质接触。

6.3.4.2 保持乳室、挤奶机、管道及运输车辆的清洁卫生。

6.4 清洗、消毒

6.4.1 挤奶设备的清洗、消毒

6.4.1.1 清洗、消毒的四大要素

6.4.1.1.1 冲刷力：只有保证充足的水量，才能有足够的冲刷力。根据管道的长短和挤奶杯组的多少计算出清洗所需水量。

6.4.1.1.2 水温：预冲洗温度 35 ℃～40 ℃，洗涤温度 70 ℃～80 ℃，洗涤后出水口温度保持 40 ℃以上。

6.4.1.1.3 药液浓度：按照药品说明书进行配置，保证药液的浓度。

6.4.1.1.4 时间：清洗时间保证 30 min 以上。

6.4.1.2 清洗、消毒的程序

6.4.1.2.1 每班挤奶前，应用清水对挤奶设备进行冲洗，一般 10 min。

6.4.1.2.2 预冲洗：挤奶完毕后，应马上进行冲洗，不加任何清洗剂，只用清洁的温水 35 ℃～40 ℃进行冲洗。预冲洗不用循环，冲洗到水变清为止。

6.4.1.2.3 碱洗：碱液浓度 pH 11.5（碱洗液浓度，应考虑水的 pH 和硬度），预冲洗后立刻进行，循环清洗 7 min～10 min，开始温度应在 70 ℃～80 ℃，循环后水温不能低于 40 ℃。

6.4.1.2.4 酸洗：酸液浓度 pH 3.5（酸洗液浓度，应考虑水的 pH 和硬度）循环清洗 7 min～10 min，温度应在 60 ℃左右。

6.4.1.2.5 酸洗碱洗交替使用，一般"两班碱，一班酸"。

6.4.1.2.6 最后温水冲洗 5 min。清洗完毕，管道内不应留有残水。

6.4.2 奶车、奶罐的清洗、消毒

6.4.2.1 奶车、奶罐每次用完后内外彻底清洗、消毒 1 遍。

6.4.2.2 温水清洗，水温要求：35 ℃～40 ℃。

6.4.2.3 用热碱水（温度 50 ℃）循环清洗消毒。清洗前必须关闭制冷电源。

6.4.2.4 清水冲洗干净。

6.4.3 奶泵、奶管、节门的清洗、消毒

6.4.3.1 奶泵、奶管、节门每用 1 次用清水冲刷 1 次。

6.4.3.2 奶泵、奶管、节门定期通刷、清洗，每周 2 次。

附　录　A

（规范性附录）

生鲜牛奶的技术要求

A.1　感官要求

项　目	指　　标
色泽	呈乳白色或微黄色
滋味、气味	具有新鲜牛乳固有的香味、无其他异味
组织状态	呈均匀的胶态液体、无沉淀、无凝块、无肉眼可见的杂质和其他异物

A.2　理化要求

项　目	指　　标
相对密度	1.028~1.032
脂肪,%	≥3.4
蛋白质,%	≥3.0
非脂乳固体,%	≥8.5
酸度,°T	≤17
杂质度,mg/kg	≤2
酒精试验	75°阴性
煮混试验	阴性
出厂牛奶温度,℃	≤5

A.3　微生物指标

项　目	指　　标
细菌总数,万个/mL	30
芽孢杆菌	(待定)
嗜冷菌	(待定)

A.4　微生物指标

A.4.1　体细胞≤60万个/mL。

A.4.2　抗生素含量 ≤0.9 mg/kg。

A.4.3　抗生素≤0.9 mg/kg。

<h1 style="text-align:center">附　录　B</h1>
（规范性附录）
生鲜牛奶的检测方法

B.1　密度
按 GB 5409 中的条款检测。

B.2　酒精试验
按 GB 5409 中的条款检测。

B.3　煮沸试验
按 GB 5409 中的条款检测。

B.4　脂肪
按 GB 5409 中的条款检测或乳成分快速检测仪进行检测。

B.5　蛋白质
按 GB 5409 中的条款检测或乳成分快速检测仪进行检测。

B.6　杂质度
按 GB 5413.30 进行检测。

B.7　细菌总数
按 GB 4789.2 进行检测。

B.8　掺杂使假
按 GB 5409 进行检测。

B.9　抗生素
按 GB 5409 进行检测。

B.10　体细胞
体细胞测定仪进行检测（定期送样到石河子兽医站）。

防疫检疫技术标准

1 范围

本标准规定了奶牛饲养过程中的疫病检测、疫病预防和药物使用等方面的要求。

本标准适用于石河子所有奶牛场的防疫检疫工作。

2 规范性引用文件

下列文件中的条款通过本标准的引用而成为本标准的条款。凡是注日期的引用文件，其随后所有的修改单（不包括勘误的内容）或修订版均不适用于本标准。然而，鼓励根据本标准达成协议的各方研究是否可使用这些文件的最新版本。凡是不注日期的引用文件，其最新版本适用于本标准。

中华人民共和国动物防疫法（以下简称《动物防疫法》）

GB/T 14926.1～14926.64—2001 实验动物微生物学检测方法

3 防疫检疫总则

3.1 奶牛场的防疫、检疫和免疫，严格按照《动物防疫法》执行。

3.2 建立、健全防疫责任制及养殖场的防疫制度和消毒预防措施。

3.3 奶牛的检疫、免疫工作，由专职技术人员按检疫免疫的规定和要求进行。

3.4 奶牛发生疫病要尽快采取隔离、封锁、消毒等措施，防止疫情扩散，并及时上报有关部门。

4 奶牛防疫检疫技术

4.1 防疫方针

奶牛场应贯彻以防为主、防治结合的方针。奶牛场日常防疫的目的是防止疾病的传入或发生，控制传染病和寄生虫病的传播。

4.2 防疫要求

4.2.1 奶牛场所有出入口应设立消毒池，车辆出入口消毒池尺寸：长×宽×深≥6 m×3 m×0.3 m。池内保持有效的消毒液量及浓度，一般用2%的火碱或1∶800倍的消毒威。门口应配备高压消毒枪，对进场车辆进行消毒。

4.2.2 建立出入登记制度，奶牛场谢绝参观，非生产人员不得进入生产区。

4.2.3 生产区与生活区间设立隔离带，并设立更衣室，更衣室应清洁、无尘埃，具有紫外线灯及衣物消毒设施。职工进入生产区，应穿戴工作服穿过消毒间，洗手消毒方可入场。

4.2.4 运动场无积水、积粪、硬物及尖锐物。饮水池保持清洁无沉积物。排水沟保持畅通无杂物，定期清除杂草。

4.2.5 定点堆放牛粪，定期喷洒杀虫剂，防止蚊蝇滋生。奶牛场设专门供粪车等污染车辆通行的道路。

4.2.6 奶牛场员工每年应进行一次健康检查，如患传染性疾病应及时在场外治疗，痊愈后方可上岗。新招员工应经健康检查，需确定无结核病与其他传染病。

4.2.7 奶牛场员工家中不得饲养偶蹄动物，不得互串车间，各车间生产工具不得互用。在奶牛场不得饲养其他种类的畜禽，禁止将畜禽或其产品带入场区。

4.2.8 死亡牛只应做无害化处理，尸体接触过的器具及其所处的环境做好清洁消毒工作。

4.2.9 淘汰及出售牛只应经检疫并取得检疫合格证明后方可出场。运牛车辆经过严格消毒后方可进入指定区域装牛。

4.2.10 奶牛发生疑似传染病或附近牧场出现烈性传染病时，应立即采取隔离封锁及其他应急措施。

4.3　日常消毒

4.3.1　常用消毒液

见表1。

表 1

名　称	浓　度	适用范围
消毒威	1∶800	牛舍内消毒、洗手消毒
万福金安	1∶200	牛舍内消息、洗手消毒
火碱	2%～3%	牛舍外环境、门口消毒池
Delaval 乳头药浴液	1∶10	乳头药浴消毒
聚维酮碘、硫酸铜、福尔马林	5%	蹄浴液

4.3.2　环境消毒

奶牛场每月进行1次全场大消毒；运动场、牛舍、挤奶厅、饮水器、采食槽每周消毒1次。

4.4　免疫

4.4.1　要求

4.4.1.1 疫苗应按规定保存，注射时如遇瓶盖松动、破裂、瓶内有异物或凝块应弃用。

4.4.1.2 免疫时做好详细记录，首免牛及时佩带免疫耳标。

4.4.1.3 免疫时应详细记录疫苗生产厂家、批号、操作人员等。

4.4.1.4 注射所用的针头、针管等器具应事先进行消毒。注射部位经剪毛消毒后注射疫苗，严禁"飞针"方式注射，注射时针头逐头更换，禁止1个注射器供2种疫苗使用。

4.4.1.5 注射量严格按照疫苗说明进行，布鲁氏菌病疫苗严禁种牛、挤奶牛应用，不得喷雾使用。

4.4.1.6 注射疫苗时，应备足肾上腺素等抗过敏药；凡患病、瘦弱及临产牛（产前10 d～15 d）缓注疫苗，待病牛康复、体况恢复及产后再按规定补注。

4.4.1.7 疫苗包装容器使用后应焚烧深埋。

4.4.2　强制免疫

炭疽：凡6月龄以上的牛每年春季均需皮下注射第二号炭疽芽孢苗1次（注射时应用12×15针头）。

4.4.3　检疫

4.4.3.1　结核检疫

4.4.3.1.1 奶牛场要配合检疫部门安排好每年春秋两次全群牛的结核检疫。

4.4.3.1.2 结核检疫出现的阳性牛只，应在3 d内扑杀。初次检疫可疑的牛只，应隔离饲养，45 d后复检；两次检疫均可疑的按阳性处理。

4.4.3.1.3 对阳性牛所在牛舍增加消毒频率，暂停牛只调动。该群牛每隔45 d复检1次，连续2次不出现阳性反应牛为止。

4.4.3.2　布鲁氏菌病检疫

4.4.3.2.1 牛场应配合检疫部门进行每年春秋两次检疫，凡3月龄以上的牛均需采血检疫。

4.4.3.2.2 采血针头和部位应严格消毒，一牛一针，严禁一针多牛。

4.4.3.3 副结核检疫

4.4.3.3.1 每年对 3 月龄以上的牛进行 1 次副结核检疫，检疫规定与结核检疫相同。

4.4.3.3.2 定期开展牛传染性鼻气管炎和牛病毒性腹泻—黏膜病的血清学检查。当发现病牛或血清抗体阳性牛时，应采取严格防疫措施，必要时要注射疫苗。

4.4.3.4 其他疫病检疫按上级防疫主管部门安排进行。

4.5 卫生消毒

4.5.1 消毒前的准备

4.5.1.1 消毒前应清除污物、粪便、饲料、垫料等。

4.5.1.2 消毒药品应选用对细菌、病毒等病原微生物有效的。

4.5.1.3 备有喷雾器、消毒车辆、消毒防护器械（如口罩、手套、防护靴等）、消毒容器等。

4.5.2 消毒方式

4.5.2.1 金属设施设备的消毒，可采取喷洒等方式消毒。

4.5.2.2 圈舍、场地、道路、车辆等，可采用消毒液清洗、喷洒等消毒方式。

4.5.2.3 饲料、垫料等，可采取深埋发酵处理或焚烧处理等消毒方式。

4.5.2.4 粪便可采取堆积密封发酵或焚烧处理等消毒方式。

4.5.2.5 饲养、兽医、繁殖、管理等人员，可采取淋浴消毒；饲养、管理等人员的衣帽鞋等可能被污染，可采取浸泡、高压灭菌、紫外线等方式处理。

4.5.2.6 办公区、饲养人员宿舍、公共食堂等场所，可采用喷洒的方式。

4.5.3 常用的消毒剂和应用方法

4.5.3.1 氢氧化钠（火碱）：对细菌、病毒和寄生虫卵都有杀灭作用，常用 2%～3%浓度的溶液消毒圈舍、饲槽、运输用具、道路及车辆等，门卫入口可用 2%～3%溶液消毒，注意对人的皮肤、金属制品、棉毛织品和油漆面等有损害。

4.5.3.2 氢氧化钙（生石灰）：一般加水配成 10%～20%；石灰乳液，粉刷牛舍的墙壁或舍内的柱子，也可把干粉撒在地面或牛舍出入口做消毒用。

4.5.3.3 次氯酸钠：含有效氯量 14%。牛群发生乳房炎时，挤奶前用 0.1%～0.2%消毒乳房，挤奶完毕后用 0.1%～0.2%次氯酸钠溶液浸泡乳头。用于牛舍和各种器具表面消毒，用于带牛消毒时，常用浓度 0.1%～0.5%。

4.5.3.4 碘氟：奶牛挤奶完毕后，常用 0.1%～0.2%溶液浸泡乳头。

4.5.3.5 过氧乙酸：该药品为 15%～20%的溶液，有效期 6 个月，应现用现配。0.3%～0.5%溶液可用于牛舍、食槽、墙壁、通道和车辆喷雾消毒，0.1%可用于带牛消毒。

4.5.3.6 消毒威：具有较好的消毒效果，对各种细菌、芽孢、病毒及真菌等病原微生物都有杀灭作用，且无毒副作用，可用于牛舍、器具、车辆、牛只体表、饮水消毒。用量：常规消毒：1∶400；特定消毒 1∶200，为疫期特定消毒，饮水消毒 3 g/t～10 g/t。

4.5.3.7 高锰酸钾：0.1%溶液用于饮水消毒；2%～5%水溶液可用于浸泡、洗刷塑料、玻璃器具等，用于外伤的消毒。

4.5.3.8 新洁尔灭：0.1%～0.2%溶液浸泡助产器械和清洗、消毒临产母牛及产后母牛后躯。

4.5.3.9 碘酊：5%溶液浸泡新生牛脐带及处理外伤。

4.5.3.10 酒精：75%溶液用于器具表面、牛体表面消毒。

4.5.3.11 场所消毒

4.5.3.11.1 牛场生产区应设两条通道即净物通道和污物通道，人员、车辆、饲料等进出场走净物通道，牛粪等污物进出场走污物通道。所有通道都设置消毒池，配备消毒用具。外来车辆进出大门，应对车体四周实施喷雾消毒。随车人员应洗手消毒。

4.5.3.11.2　运动场内应定期铺垫干沙土。干沙土过筛、阳光暴晒或喷洒消毒液后方可铺垫。运动场应定期消毒。消毒药应过氧乙酸、氢氧化钠和消毒威交替使用。

4.5.3.11.3　牛场水源为清洁饮用水，饮水槽（碗）要经常刷洗，夏季每天刷洗 1 次，冬季每周刷洗一次。饮水槽（碗）每月应消毒 1 次。

4.5.3.11.4　采食槽每天至少清理 1 次，每月至少消毒 1 次。

4.5.3.11.5　牛舍在屋顶墙壁四周设通风口、通风窗。定期消毒牛舍。牛舍宜 1 周消毒 1 次。

4.5.3.11.6　产房用具每次用过后应清除污物并用消毒药液浸泡消毒，产房每天清理消毒。

4.5.3.11.7　犊牛岛消毒：每批犊牛转出后进行彻底消毒。犊牛岛内放牛后注意岛内垫土，经常保持干燥。饲料盘和喂奶桶每次喂食后用清水冲洗干净。

4.5.3.11.8　道路、饲料间及办公区和员工宿舍应每季度消毒 1 次。粪场每半月消毒 1 次。

4.5.3.11.9　定期进行全场的灭鼠，宜每季度 1 次。

4.5.3.11.10　定期进行全场的灭蝇，蚊蝇滋生季节，宜每周 1 次。

4.5.4　消毒记录

4.5.4.1　消毒计划应由兽医拟定，由防疫人员执行。

4.5.4.2　及时记录消毒过程，包括消毒时间、地点、用药量、参加人员等情况。

4.6　无害化处理

4.6.1　粪便处理

牛粪经堆积发酵后，返还于农田。堆粪场应定期清理消毒。

4.6.2　污水处理

生活区的污水不能流向生产区。各种污水经污水管道流到化粪池处理。

4.6.3　病、死牛处理

对病死或死因不明的牛只应化制或消毒深埋。

4.7　疫病检测

在牛群中定期开展牛传染性鼻气管炎和牛病毒性腹泻—黏膜病的血清学检查，当发现病牛或血清抗体阳性时，应采取严格防疫措施，必要时要注射疫苗。

牛场设备设施技术标准

1 范围

本标准规定了奶牛场设施设备的技术要求以及操作、维护规程。

本标准适用于石河子所有奶牛场。

2 规范性引用文件

下列文件中的条款通过本标准的引用而成为本标准的条款。凡是注日期的引用文件，其随后所有的修改单（不包括勘误的内容）或修订版均不适用于本标准。然而，鼓励根据本标准达成协议的各方研究是否可使用这些文件的最新版本。凡是不注日期的引用文件，其最新版本适用于本标准。

GB 8186—87　挤奶设备技术要求

GB/T 10820—2002　生活锅炉热效率及热工试验方法

3 要求

3.1 牛舍

3.1.1 牛舍分类

3.1.1.1 根据生产需要，牛舍分为泌乳牛舍、干奶牛舍、后备牛舍以及产房和犊牛舍。

3.1.1.2 根据饲养方式不同，牛舍可以分为拴系饲养牛舍和散栏饲养牛舍；根据不同的气候条件，牛舍类型又可以分为封闭式牛舍和开放式牛舍。

3.1.1.3 牛舍要求

3.1.1.4 牛舍内采用头对头或尾对尾双列式布局，床位宽度为 100 cm～120 cm，长为 165 cm～175 cm。牛床后部应有漏粪式排粪沟宽 30 cm、深 7 cm，排粪沟与墙距离应不小于 1 m，牛床地面应向粪沟做 1/100 m 的倾斜并做水泥麻面防滑处理。

3.1.1.5 牛颈夹为钢结构。头对头式饲喂槽道宽度应不低于 4 m，便于饲料搅拌车行走。

3.1.1.6 牛舍带有附属运动场，每头牛面积为 15 m²～30 m² 时，其中凉棚面积不少于 8 m²～10 m²。

3.1.2 犊牛岛

3.1.2.1 专门用于哺乳期犊牛单独饲养的圈舍，一牛一栏，可移动，便于消毒。

3.1.2.2 前段三面围栏，设有食槽、饮水槽和喂奶器具；后段为半封闭式小屋，屋顶有隔热层，防寒保暖，地面垫沙土或褥草，后屋一般设有通风孔。

3.1.3 凉棚

3.1.3.1 一般建在运动场中间，为四面敞开的棚舍，钢筋混凝土柱蹲，铁管立柱，石棉瓦或彩钢板顶棚，凉棚下采用三合土地面。

3.1.3.2 一般跨度 15 m～36 m，高 3.5 m～9 m，长度根据牛群情况而定，便于通风、遮阳、避雨。其面积为成乳牛每头 4 m²，育成牛每头 3 m²，犊牛每头 1 m²～2 m²。

3.1.4 饮水槽

3.1.4.1 饮水槽一般为长方形（3 m 长×0.5 m 宽×0.4 m 深），为水泥结构或金属结构，槽中放置暖气管 2 根，冬季用热水或电加热；底部留有放水孔，便于刷槽时排放脏水。固定饮水槽一般靠运动场的一侧。

3.1.4.2 地温式半地上自动饮水装置，有圆形（直径 1.5 m）和长方形（4 m 长×0.6 m 宽×0.6 m 深），便于保温、清洗和消毒。

3.1.4.3　水槽周围应铺设 3 m 宽的防滑地面，以利于排水。

3.1.5　食槽

水泥混凝土结构，与饲喂道连为一体，便于机械撒料、清扫和清理。

3.1.6　运动场

3.1.6.1　运动场大小根据牛群规模而定，其面积一般为成乳牛平均 15 m²/头～30 m²/头，青年牛及育成牛平均 15 m²/头，犊牛平均 8 m²/头，有条件可再大 1 倍。

3.1.6.2　运动场地面用三合土压实，要求整体呈丘状，便于排水，四周设有排水沟。

3.1.6.3　运动场四周设围栏，栏高 1.3 m，栏柱间距 2 m，围栏用钢管焊接，围栏门宽 2 m。

3.2　通用设备

3.2.1　受压容器

3.2.1.1　受压容器一般包括氧气瓶和乙炔瓶。

3.2.1.2　所购置的压力容器应是有资格的制造厂家的产品，任何单位和个人不得擅自设计和改装。

3.2.1.3　新购置的受压容器应有图样（总图、安装图和主要受压部件图）及受压部件的强度计算书、质量证明书、安装说明书、使用说明书等。

3.2.1.4　应有产品合格证、证明书、施工图。

3.2.2　锅炉

3.2.2.1　应符合 GB/T 10820—2002 的要求。

3.2.2.2　分为压力锅炉和热水锅炉两种。

3.2.2.3　所购置的锅炉应是有资格的制造厂家的产品，应有产品合格证、证明书、施工图。

3.2.2.4　新购置锅炉的安装要由制造厂家派出的专业技术人员安装。

3.2.2.5　锅炉受压部件的安全阀、压力表、水位计应保持灵敏可靠。

3.2.2.6　司炉工和司炉管理人员，要学会热水锅炉安全检查规程和锅炉压力容器监察暂行条例，并严格执行。

3.2.3　柴油机

3.2.3.1　柴油机包括手扶拖拉机、四轮拖拉机和大拖的 TMR 主机。

3.2.3.2　手扶拖拉机、四轮拖拉机一般配 8.95 kW～12.68 kW 的柴油机，大拖一般配 41 kW 或 75 kW 的柴油机。

3.2.3.3　柴油机的性能应达到相应的国家或部级技术标准。

3.3　专用设备

3.3.1　挤奶机

3.3.1.1　应符合 GB 8186—87 的要求。

3.3.1.2　奶厅式集中挤奶，挤奶机大小、型号根据牛群规模以及要求的挤奶时间而定，一般并列式或鱼骨式效率为 4 批牛/h。

3.3.1.3　棚式管道挤奶，根据管道长短，一般配有 12 套～28 套挤奶杯组。

3.3.1.4　真空泵形成真空状态以便挤奶，常用的有旋片式和水冷式两种，真空压力一般为 4.5 MPa～5.0 MPa，额定电压为 380 V，配套功率为 4 kW～15 kW。

3.3.1.5　真空调节器起保持挤奶系统真空度稳定作用。

3.3.1.6　脉动器分单节拍和双节拍，单节拍脉动器使 4 个奶杯同时工作，双节拍脉动器使 4 个奶杯前后交替工作。脉动频率一般为 55 次/min～65 次/min，脉动比为 60∶40。

3.3.2　制冷压缩机

3.3.2.1　每个奶罐配有压缩机 2 台（采用风冷和水冷相结合，制冷剂为 F22）。

3.3.2.2 制冷量为 1 500 W/台。

3.3.2.3 配套功率为 20 kW。

3.3.3 饲料搅拌车

3.3.3.1 根据牛群大小和饲喂次数确定饲料搅拌车的型号。一般 500 头成母牛以上牛场配备 12 m³～16 m³ 搅拌车，500 头规模以下牛场配备 10 m³～12 m³ 搅拌车。

3.3.3.2 饲料搅拌车分为自走式和牵引式；同时根据其结构不同，又分为立式和卧式。

3.3.3.3 12 m³ 搅拌车，要求牵引动力在 75 kW 以上。

3.3.3.4 严格执行操作规程，按时检修、保养，保证车辆正常运行。

4 设备的维修保养

4.1 受压容器

4.1.1 作业人员持证上岗操作，无证不得上岗。

4.1.2 压力表应经常检查，保持灵敏可靠。

4.1.3 压力容器应每年定期强制检验 1 次。

4.2 锅炉

4.2.1 锅炉房的除尘设备应保持良好，定期检查并清理所聚集的尘埃，发现设备失效时应停炉检修。

4.2.2 锅炉压力表应每年定期强制检验 1 次。

4.2.3 每年定期按锅炉使用说明书要求除垢 1 次。

4.2.4 锅炉受压部件的安全阀、压力表、水位计应经常检查，保持灵敏可靠。

4.2.5 司炉工应经过安全技术培训，具有司炉工操作许可证方可独立操作。

4.3 柴油机

4.3.1 柴油机操作人员应熟悉本机结构，严格按说明书规定技术要求操作和保养。

4.3.2 柴油机冷车启动后应慢慢提高转速，不可猛然高速运转，更不要超时间空转。

4.3.3 停车后如果环境温度低于 5 ℃时，而且未使用防冻剂时，应将水箱和柴油机体内水放净。

4.3.4 禁止柴油机在无空气滤清器的情况下工作，防止空气未经过滤进入气缸。

4.3.5 向柴油机加燃油和机油时，应选用规定的牌号，加入时都要经过滤网过滤，燃油要经过沉淀 72 h 以上方可使用。

4.4 挤奶机

4.4.1 操作人员应熟悉挤奶机的结构和工作原理，严格按照挤奶机的要求进行操作和保养。

4.4.2 定期更换或添加真空泵机油，防止干转造成旋片破损。

4.4.3 定期更换挤奶机部件，如奶气管、奶衬等。

4.4.4 定期检查、核对、调试脉动器脉动频率，使之保持在 55 次/min～65 次/min。

4.4.5 定期检查真空调节器，保证其正常工作。

4.4.6 管道冲洗时严格按照操作程序进行。

4.5 制冷机

4.5.1 操作人员应熟悉制冷机的工作原理，严格按照制冷机的要求进行操作和保养。

4.5.2 每班检查压缩机的工作状况和压力情况，制冷效果不好时及时充氟，保持良好的制冷效果。

4.5.3 经常检查电路和配电柜，保证电路工作正常。

4.6 搅拌车

4.6.1 操作搅拌车机手必须经过严格的专业培训，熟悉搅拌车的各种功能和注意事项。

4.6.2 机手在操作使用过程中，严格遵守操作程序，不得违规操作。

4.6.3 杜绝酒后作业，禁止疲劳驾驶。搅拌车工作时必须注意安全，操作人员和其他人员必须在《使用说明书》规定的安全距离之外。

4.6.4 搅拌车的日常维护内容如下：

——根据搅拌车使用频率，至少每2个月调整1次方形切刀与底部对刀之间的距离，最大不要超过1mm，缩短搅拌时间，降低油耗，保证日粮搅拌效果；根据刀片磨损情况，及时调整刀片方向或更换新刀片；

——经常留意链条松紧，及时调整，并经常加油；

——绞龙、链轮每5d注1次黄油，后面取青贮大臂2d～3d加1次黄油；

——经常留意电瓶电解液；

——PTO连接轴要经常抹黄油。

4.7 拖拉机

4.7.1 拖拉机的使用要求为：

——开始使用新拖拉机之前，要检查新车的制动系统、仪表系统、灯光是否齐全、转向油高度、两用油高度等；油面未达到标准高度的要及时加油，有质量问题的及时找厂家修理或退货。使用前应在转向系统，水泵和四轮中加黄油；

——使用前要至少直接磨合50h；

——在使用初期，要做到发动机中速运转，起步不急加油门；

——在使用过程中不急踩刹车，不猛轰油门，不强加速；

——拖拉机开动前务必松开手刹！如果拉着手刹行车，对拖拉机的使用寿命将会有很大影响；

——禁止长时间拉起副离合器手柄。

4.7.2 拖拉机的日常维护要求为：

——每使用500h更换机油，同时更换机油滤油器；

——每使用1年，两用油沉淀1次；具体做法：排空两用油，沉淀一定时间，取上层清澈的油加入车内，同时更换滤芯；

——每500h更换转向滤芯；

——每500h紧固钢垫，调整进排气门间隙；

——每500h更换空气滤芯，日常使用过程中经常清除杂物，保证畅通；

——每1200h更换柴油滤芯；

——每100h检查柴油泵机油；

——为了在拖拉机出现故障时节约修理时间，保证正常生产，各场维修组应常备以下拖拉机零部件，包括：离合器拉线、油门拉线、手油门拉线、主离合器片、副离合器片、"三爪"、推力轴承、喷油头等。

检验和试验方法技术标准

1 范围

本标准规定了生鲜牛乳生产过程中原材料、中间产品、产成品、疫病检验、试验方法。

本标准适用于生鲜牛乳生产过程中原材料、中间产品、产成品、疫病的检验和试验。

2 规范性引用文件

下列文件中的条款通过本标准的引用而成为本标准的条款。凡是注日期的引用文件，其随后所有的修改单（不包括勘误的内容）或修订版均不适用于本标准。然而，鼓励根据本标准达成协议的各方研究是否可使用这些文件的最新版本。凡是不注日期的引用文件，其最新版本适用于本标准。

GB 6914—86　生鲜牛奶收购标准

GB/T 6432—94　饲料中粗蛋白测定方法

GB/T 6434—94　饲料中粗纤维测定方法

GB/T 6435—86　饲料中水分测定方法

GB/T 6436—92　饲料中钙测定方法

GB/T 6437—92　饲料中总磷量测定方法光度法

GB/T 6438—92　饲料中粗灰分测定方法

GB/T 14926.1～14926.64—2001　实验动物微生物学检测方法

Q/shz T 02 02—2014　奶牛胚胎技术标准

Q/shz T 02 03—2014　奶牛冷冻精液产品技术标准

Q/shz T 04 01—2014　荷斯坦牛品种标准

3 检验和试验方法

3.1 生鲜牛乳检验

3.1.1 检验内容

3.1.1.1 感官指标。

3.1.1.2 理化指标。

3.1.1.2.1 密度。

3.1.1.2.2 脂肪。

3.1.1.2.3 蛋白质。

3.1.1.2.4 酸度。

3.1.1.2.5 酒精试验。

3.1.1.2.6 杂质度。

3.1.1.3 微生物指标。

3.1.1.3.1 细菌总数。

3.1.1.3.2 体细胞：460 万个/mL。

3.1.1.4 抗生素指标：40.9 mg/kg。

3.1.2 取样规则

按 GB 6914—86 生鲜牛奶收购标准中的 3.1 条款进行。

3.1.3　试验方法

3.1.3.1　感官指标

3.1.3.1.1　色泽：肉眼进行观察。

3.1.3.1.2　滋味、气味：嗅闻和品尝。

3.1.3.1.3　组织状态：肉眼进行观察。

3.1.3.2　理化指标

3.1.3.2.1　密度：按 GB 6914—86 中的 3.4 条款检测。

3.1.3.2.2　脂肪：按 GB 6914—86 中的 3.2 条款检测。

3.1.3.2.3　蛋白质：按 GB 6914—86 中的 3.3 条款检测（由乳品厂检测）。

3.1.3.2.4　酸度：按 GB 6914—86 中的 3.5 条款检测。

3.1.3.2.5　酒精试验：按 GB 6914—86 中的 3.5 条款检测。

3.1.3.2.6　杂质度：按 GB 6914—86 中的 3.6 条款检测（由乳品厂检测）。

3.1.3.3　微生物指标

3.1.3.3.1　细菌总数：按 GB 6914—86 中的 3.9 条款检测（由乳品厂检测）。

3.1.3.3.2　体细胞：由奶牛中心乳品督导站检测。

3.1.3.4　抗生素指标由乳品厂检测。

3.2　原材料检验、检测方法

3.2.1　饲料中粗蛋白测定方法按 GB/T 6432 执行。

3.2.2　饲料中粗纤维测定方法按 GB/T 6434 执行。

3.2.3　饲料中水分测定方法按 GB/T 6435 执行。

3.2.4　饲料中钙测定方法按 GB/T 6436—92 执行。

3.2.5　饲料中总磷量测定方法按 GB/T 6437—92 执行。

3.2.6　饲料中粗灰分测定方法按 GB/T 6438—92 执行。

3.3　疫病检验方法

疫病检测方法按照 GB/ T 14926.1～14926.64—2001 执行。

3.4　冷冻精液

检验方法参照 Q/shz T 02 03—2014 中第 5 章执行。

3.5　胚胎

检验方法参照 Q/shz T 02 02—2014 中第 4 章执行。

3.6　荷斯坦牛

检验方法应符合 Q/shz T 04 01—2014 的要求。

包装、搬运、储存技术标准

1 范围

本标准规定了生鲜奶牛乳、药品、饲料、牛冷冻精液和胚胎的包装、搬运、储存技术要求。

本标准适用于石河子所有奶牛场各类产品及饲料、药品。

2 引用文件

下列文件中的条款通过本标准的引用而成为本标准的条款。凡是注日期的引用文件，其随后所有的修改单（不包括勘误的内容）或修订版均不适用于本标准。然而，鼓励根据本标准达成协议的各方研究是否可使用这些文件的最新版本。凡是不注日期的引用文件，其最新版本适用于本标准。

Q/shz T 02 02—2014 奶牛胚胎技术标准

Q/shz T 02 03—2014 奶牛冷冻精液产品技术标准

Q/shz T 07 01—2014 饲料加工技术标准

3 要求

3.1 生鲜奶牛乳

3.1.1 生鲜奶牛乳的储存应采取表面光滑的不锈钢制成的贮奶罐。

3.1.2 应采取机械化挤奶，牛奶挤出后先进入冷热交换器，预冷后再进入奶罐，1 h～2 h内冷却到 (4±1)℃以下保存，存储时间最好不超过 24 h～48 h，温度恒定到 4 ℃左右。

3.1.3 生鲜牛乳的运输应使用表面光滑的不锈钢制成的保温罐车。

3.1.4 出场前牛奶储存温度应保持 5 ℃以下，中途不能过多停留，将牛奶运到加工厂，保持牛奶冷链状态。

3.1.5 保持奶库清洁卫生，每天清扫、冲刷 1 遍。

3.1.6 奶车、奶罐每次用完后内外彻底清洗、消毒 1 遍。

3.1.7 奶车、奶罐消洗时，先用温水清洗，水温要求：35 ℃～40 ℃；然后用热碱水循环清洗消毒。碱水浓度按照药品说明书进行配置，最后用清水冲洗干净。

3.1.8 奶泵、奶管使用前及时清洗和消毒。

3.1.9 及时记录出入库数据。

3.2 药品

3.2.1 药品在货架上分类摆放整齐，严禁挤压。

3.2.2 严禁储存过期和禁用药品。

3.2.3 对激素类、生物制剂和疫苗应按要求低温（0 ℃～4 ℃）保存。

3.2.4 药品常温保存，严禁阳光照射、雨淋或结冰。

3.2.5 严格出入库手续，入库的数量、质量、规格要与货单相符，出库时应有兽医签字，做好出入库登记。

3.2.6 搞好库房及周围的环境卫生，保持整洁、干净。

3.2.7 药品的运输由兽医站负责，在运输过程中保证药品避免挤压、阳光照射、雨淋或结冰，要求低温保存的药品应配备冷藏箱和冰块。运输及装卸过程中勿碰撞、抛掷。

3.3 饲料

3.3.1 精饲料储存应符合 Q/shz T 07 01—2014 中第 7.3 条的要求。

3.3.2 青贮空缺薄膜损坏，及时修补，雨后及时排出青贮窖内积水，严防被雨水浸泡变质。

3.3.3 在运输各类物品对应按照各类物品的要求和交通管理规定，严禁超高、超宽、超长，避免挤压、撞击、阳光照射、雨淋，中途不做停留。

3.3.4 严格出入库手续，入库的数量、质量、规格要与货单相符，出库时应有相关人员签字，做好出入库记录。

3.4 牛冷冻精液

3.4.1 牛冷冻精液用液氮生物容器保存，容器内液氮应浸没冻精。

3.4.2 储存精液的容器应定期补充液氮，每周至少补充 1 次。

3.4.3 经常检查液氮生物容器的状况，如发现容器异常，应立即将冻精转移到其他完好的容器内。

3.4.4 取放冻精之后，应及时盖好容器塞，防止液氮蒸发或异物进入。

3.4.5 液氮生物容器应在使用前后彻底检查和清理。清洗时，先用中性洗涤剂洗刷，再用 40 ℃～50 ℃温水清洗干净，在室温下放置 48 h 后充入液氮。长期储存冻精的容器，应定期清理和洗涤。

3.4.6 取放冻精时，提筒只需提到容器的颈下，严禁提到外边。停留时间不能超过 10 s。如向另一容器转移冻精时，盛冻精的提筒离开液氮面的时间不能超过 5 s。

3.4.7 冻精的存放位置应有明确的标识，以便取放，并做好登记。

3.4.8 无继续储存价值的冻精，应及时报请上级主管部门批准，妥善处理。

3.4.9 移动液氮生物容器时，应把其手柄，轻拿轻放，防止冲撞。

3.4.10 储存冻精的生物容器和储存液氮的生物容器，均不可横放、叠放或倒置。装车运输时，应在车厢板上加防震垫。容器加外套，并根据运输条件，用厚纸箱或木箱装好，牢固地系在车上，严防冲击倾倒。

3.4.11 运输冻精时，应有专人负责，办好交接手续，途中及时检查和补充液氮。

3.5 奶牛胚胎

奶牛胚胎的包装、搬运、储存应符合 Q/shz T 02 02—2014 中第 5 章的规定。

服务技术标准

1 范围

本标准规定了奶牛销售服务技术要求。

本标准适用于石河子所有奶牛场。

2 引用文件

下列文件中的条款通过本标准的引用而成为本标准的条款。凡是注日期的引用文件，其随后所有的修改单（不包括勘误的内容）或修订版均不适用于本标准。然而，鼓励根据本标准达成协议的各方研究是否可使用这些文件的最新版本。凡是不注日期的引用文件，其最新版本适用于本标准。

Q/shz T 08 01—2014 饲料与营养

Q/shz T 08 02—2014 饲养管理与生产工艺

3 奶牛服务要求

3.1 对购买奶牛的顾客，应依据 Q/shz T 08 01—2014、Q/shz T 08 02—2014 等提供技术方案。

3.2 顾客对各项技术服务提出的反馈意见及时答复，给予满意解决。

3.3 经常与顾客主动沟通。

3.4 出现问题应采取措施及早解决。

能源技术标准

1　范围

本标准规定了奶牛场使用水、电、油的技术要求。

本标准适用于石河子所有奶牛场。

2　规范性引用文件

下列文件中的条款通过本标准的引用而成为本标准的条款。凡是注日期的引用文件，其随后所有的修改单（不包括勘误的内容）或修订版均不适用于本标准。然而。鼓励根据本标准达成协议的各方研究是否可使用这些文件的最新版本。凡是不注日期的引用文件，其最新版本适用于本标准。

GB 5749　生活饮用水卫生标准

3　内容与要求

3.1　生产用水应尽可能使用中水，奶牛场冷却水宜循环使用。

3.2　生活用水应符合 GB 5749。

3.3　动力电电压 380 V，照明电电压 220 V，电压不正常时应控制设备使用。

3.4　车辆燃油应根据不同车型使用 90 号、93 号、97 号汽油及各种柴油。大型货车使用 90 号汽油，轿车使用 93 号或 97 号汽油，拖拉机、自行搅拌车及各种以内燃机为动力的机械应按机械要求和气温使用相应的柴油或汽油。

4　能源定额标准

生产每千克奶消耗电、燃煤、燃油、水分别为：电 0.095 度、燃煤 0.038 kg、燃油 0.05 kg、水 15 kg。

安全技术标准

1 范围

本标准规定了牛奶、良种奶牛、精液、胚胎产品及生产安全的技术标准。

本标准适用于石河子所有奶牛场。

2 规范性引用文件

下列文件中的条款通过本标准的引用而成为本标准的条款。凡是注日期的引用文件，其随后所有的修改单（不包括勘误的内容）或修订版均不适用于本标准。然而，鼓励根据本标准达成协议的各方研究是否可使用这些文件的最新版本。凡是不注日期的引用文件，其最新版本适用于本标准。

GB/T 6914—86　生鲜牛乳收购标准

GB/T 13459　劳动防护服防寒保暖要求

DL 409—91　电工安全工作规程

NY 5027　无公害食品畜禽饮用水水质

NY 5028　无公害食品畜禽产品加工用水水质

NY 467　畜禽屠宰卫生检疫规范

Q/shz T 02 03—2014　奶牛冷冻精液产品技术标准

Q/shz T 04 01—2014　荷斯坦牛品种标准

Q/shz T 06 02—2014　奶牛胚胎技术标准

中华人民共和国道路交通安全法

3 要求

3.1 产品安全

3.1.1　牛奶应符合 GB/T 6914—86 中的要求，农药残留不得超标。

3.1.2　良种奶牛应符合 Q/shz T 04 01—2014 的要求，不得出售有疫病的牛只。

3.1.3　奶牛胚胎质量应符合 Q/shz T 06 02—2014 的要求。

3.1.4　精液质量应符合 Q/shz T 02 03—2014 的要求。

3.2 生产过程安全

3.2.1　奶牛饮用水和加工用水应符合 NY 5027 和 NY 5028 的要求。

3.2.2　电工、修理工的工作安全要求应按照 DL 409—91 的规定执行。

3.2.3　挤奶工工作时应穿戴工作服、胶鞋，遵守挤奶操作规程。

3.2.4　采精时应穿专用工作服、手套和鞋。

3.2.5　化验员应有白大褂，按化验要求操作。

3.2.6　各工作点应配备足够的消防器材，特别是牛场的草场。消防器材应符合国家相关标准规定，及时更新。

3.2.7　财务室等工作地点应安装防盗门、窗和防盗报警器。

3.2.8　锅炉工应持司炉工岗位证书上岗，严格按锅炉操作规定操作。

3.2.9　使用生产机械应按其规定操作。

3.3　劳动防护品技术标准

按照 GB/T 13459 的要求执行。

3.4　交通安全

3.4.1　行车走路应遵守交通法规，自行车应铃、闸齐全有效。

3.4.2　机动车驾驶员应按照《中华人民共和国道路交通安全法》要求执行。

安全操作技术标准

1　范围

本标准规定了奶牛场客货车司机、电工、司炉工安全操作的技术标准。

本标准适用于石河子所有奶牛场。

2　规范性引用文件

下列文件中的条款通过本标准的引用而成为本标准的条款。凡是注日期的引用文件，其随后所有的修改单（不包括勘误的内容）或修订版均不适用于本标准。然而，鼓励根据本标准达成协议的各方研究是否可使用这些文件的最新版本。凡是不注日期的引用文件，其最新版本适用于本标准。

DL 409—91　电工安全工作规程

中华人民共和国道路交通安全法

3　要求

3.1　货车辆司机

身体健康，具有一定的车辆机械知识，了解所驾车辆性能，按车辆使用要求进行保养。熟悉《中华人民共和国道路交通安全法》，严格按《中华人民共和国道路交通安全法》要求驾车。

3.2　电工

应持有电工本上岗，具有必要的电工知识，熟悉 DL 409—91 的工作规定，严格按 DL 409—91 的规定执行，工作时应认真做好安全防护。

3.3　司炉工

3.3.1　司炉工的要求

3.3.1.1　锅炉司炉工必须经过专业安全技术培训，考试合格，持特种作业操作证上岗作业。

3.3.1.2　作业时必须佩带防护用品。严禁擅离工作岗位，接班人员未到位前不得离岗。严禁酒后作业。

3.3.2　锅炉运行前的准备与检查

3.3.2.1　锅炉投运前的检查

3.3.2.1.1　锅炉受压元件的检查：

——锅炉受压元件有无鼓包、变形、裂纹、渗漏、腐蚀、过热、胀粗等缺陷，拉撑是否牢固、胀口；

——是否严密；

——受热面管子及锅炉范围内的管道是否畅通；

——气水挡板、气水分离装置、给水装置、定期排污管、连续排污管是否齐全、牢固。

3.3.2.1.2　锅炉炉墙及烟风道的检查：

——锅炉炉墙、烟道有无破损、裂缝，炉门、看火门、清灰门、防爆门等是否牢固、严密并开关灵活；

——炉膛内有无积灰、结焦、检修用的脚手架等已经清除；

——炉拱的隔火墙是否完整严密；

——烟道、风道及室内是否严密、有无积灰，其调节挡板是否完整、开关灵活，开启度指示是否准确，并有可靠的固定装置；

——空气预热器是否完好，省煤器、空气预热器有无积灰。

3.3.2.1.3　安全附件、保护装置及仪表的检查包括：

安全阀、压力表、水位表、高低水位报警器及低水位连锁保护装置、蒸汽超压的报警和连锁保护装置、自动给水调节器、各种热工测量仪表等应齐全、灵敏、可靠，且清洁、照明良好。

3.3.2.1.4　蒸汽、给水、排污管道的检查：

——锅炉的蒸汽管道、给水管道、排污管及（放）水管道；

——管道的支吊架应完好，管道应能自由膨胀，管道的保温是否完整、漆色是否符合规定；

——管道和阀门连接应完好、应严密不漏。

3.3.2.1.5　燃烧设备辅助设备的检查：

——链条炉排应平齐完整、无杂物；煤闸门平齐完整、操作灵活，其标尺正确且处于工作位置；

——抖弧形门开关灵活；翻灰板完整、动作灵活；

——链条炉排的减速机及传动装置完整、变速装置操作灵活，离合器保险弹簧的松紧程度合适；

——水泵、风机等传动设备的安全罩完整、牢固，地脚螺栓紧固，联轴器连接完好，转动皮带齐全；

——紧度适当；

——转动设备的转向正确，应无摩擦、撞击或咬死等现象；

——除尘设备完好并处于备用状态。

3.3.2.1.6　其他检查：

——平台、栏杆等应完好，墙壁、门窗及地面需修补完整；

——设备及其周围通道上清洁无杂物，地面不积水、不积煤、不积油；

——锅炉各部位的照明齐全、亮度足够；

——操作用工具齐备；

——在锅炉房内备有足够的合格的消防器材。

3.3.2.1.7　水压试验：对新安装、移装、受压元件经重大修理或改造和距上次水压试验已达 6 年的锅炉，应进行水压试验。

3.3.2.2　锅炉投运前的准备

锅炉检查符合生火条件后，方能进行锅炉生火前准备工作。

3.3.2.2.1　调整阀门到启动前状态：

——蒸汽系统的主气阀关闭、副气阀关闭；

——给水系统的给水阀、放水阀、省煤器旁路管道关闭；

——表面式减温器的入口阀、出口阀、调整阀、放水阀关闭；混合式减温器入口阀关闭、出口阀开启；

——放水系统的锅筒和各联箱的定期排污阀、连续排污二次阀、事故放水阀关闭；定期排污总阀、连续排污一次阀开启；

——所有的疏水阀开启；

——水位表的气旋阀、水旋阀开启，放水旋塞关闭；

——压力表的三通旋塞应处于工作位置；

——低地位水位计及自动调整器的一次门开启；

——所有流量表的一次阀开启；

——排污阀开启。

3.3.2.2.2　非沸腾式省煤器的旁路烟道挡板开启，省煤器前的烟道挡板关闭。

3.3.2.2.3　引风机的入口调整门关小，烟道内其他挡板开启。

3.3.2.2.4　开启风机、除渣机等的冷却水管阀。

3.3.2.2.5 开启湿式除尘器的给水阀；关闭除尘器锁气器，使之严密。

3.3.2.2.6 向锅炉进水开启给水阀，经省煤器向锅炉进合格软水到锅炉最低安全水位线上 10 mm；
——进水温度夏季不超过 90 ℃，冬季不超过 50 ℃；
——进水期间，应检查人孔、手孔、阀门及阀栏等是否泄露；
——上水应缓慢进行；
——当升到规定水位时，停止进水；
——锅炉进水时，不得影响运行锅炉的给水；
——若锅炉原已有水，经分析化验水质合格时，可将水位调至规定水位处，如水质不合格，可放掉锅炉水，重新进水。

3.3.2.2.7 对炉膛烟道进行通风。

3.3.2.2.8 新安装、移装、长期停用的锅炉或炉墙、炉拱经修理、改造的锅炉，需根据炉墙的情况进行烘炉。

3.3.2.2.9 新安装、移装、长期停用的锅炉或受压元件经重大修理、改造的锅炉，需根据受压元件内表面的泊污、铁锈的多少，行煮炉。

3.3.3 锅炉的启动

3.3.3.1 锅炉点火应经单位负责人批准。

3.3.3.2 在点火过程中，应维持适当的炉膛负压，炉膛不得向外冒烟。

3.3.3.3 锅炉点火方法因燃烧设备而异。

3.3.3.4 锅炉生火速度不能太急速，以免造成锅炉热膨胀不匀，使锅炉部件和炉墙损坏。

3.3.3.5 点火应注意调整燃烧，保持炉内温度均匀上升，使承压部件受热均衡，膨胀正常。

3.3.3.6 点火后必须严密监视锅炉水位，并维持水位正常。

3.3.3.7 锅炉气压升到 0.05 MPa 时，关闭排空气阀。

3.3.3.8 气压升到 0.05 MPa～0.1 MPa 时，冲洗水位表。

3.3.3.9 气压升到 0.1 MPa～0.15 MPa 时，冲洗压力表存水弯管。

3.3.3.10 气压升到 0.2 MPa 时，对各种排污阀依次放水。

3.3.3.11 气压升到 0.2 MPa～0.3 MPa 时，紧固法兰人孔及手孔等泄露处的螺栓。

3.3.3.12 锅筒气压升到工作压力的 50% 时，应进行全面检查。

3.3.3.13 气压升到工作压力的 2/3 左右时，应对蒸汽管道进行暖管。

3.3.3.14 对新安装或长期停用的锅炉的安全阀以及更新或检修后的安全阀，在锅炉供气前都应调整与检验安全阀的使启压力、起座压力和回座压力，以保证安全阀动作准确可靠。

3.3.3.15 锅炉供气前，应再次全面检查，冲洗锅筒水位表、校对各压力表和低地位水位计的指示，并对水位报警器进行试叫，验证其可靠性，试用各种水设备。

3.3.3.16 供气后，应开启省煤器的主烟道挡板，关闭其旁路烟道挡板；无旁路烟适的锅炉，则应关闭省煤器出口回水阀，使锅炉给水和烟气通过省煤器。

3.3.3.17 供气后，应注意维持锅炉水位，再次检查各压力表、水位表和低地位水位计的指示，注意各仪表指示的变化，并开始做运行记录。

3.3.3.18 供气后，对锅炉及辅机进行一次全面的检查。

3.3.4 锅炉的正常运行

3.3.4.1 锅炉运行调节的任务：
——保持锅炉的蒸发量在额定蒸发量内，满足用气的需要；
——保持正常的气压和气温；

——均衡进水，并保持正常水位；

——保证蒸汽品质合格；

——保证燃烧良好，提高锅炉热效率，减少环境污染；

——保证锅炉设备安全运行。

3.3.4.2 锅炉水位调节：

——在正常运行中，锅炉应均衡进水，须维持锅炉水位在正常水位±50 mm 以内，并有轻微波动；

——锅炉给水应根据锅筒水位表的指示进行调节。只有在自动给水调节器，两只低地位水位计和高低水；

——水位报警器完全灵敏可靠时，方可依地位水位计的指示调节锅炉水位；

——当自动给水调节器投入运行时，仍必须经常监视锅炉水位的变化，保持给水量变化平稳；

——当采用手动调节给水时，应防止因负荷变化而出现的假水位；

——在运行中，应经常监视给水压力和给水温度的变化；

——应定期试验高低水位报警器和低水位连锁保护装置；试验时须保持锅炉运行稳定，水位表指示正确；

——在锅炉水位表中看不到水位时，应立即停炉（压火），并停止上水。

3.3.4.3 气压和气温的调节：

——锅炉运行中，应根据负荷的变化，相应调整锅炉的蒸发量，保持气压稳定在使用工作压力±0.05 MPa 以内，且不得超过锅炉最高允许蒸汽压力；

——在运行中，安全阀严禁解列；严禁用加重物，移动重锤，将阀芯卡死等手段任意提高安全阀的开启压力或安全阀失效，应每周对安全阀进行 1 次手动放气或放水试验；

——锅炉压力表的指示每班至少对照 1 次，若发现指示不正常，应及时处理，应定期冲洗压力表存水弯管，每半年至少校验 1 次压力表；

——当锅炉负荷变化时，可按下述方法进行调节，使气压、水位保持稳定：

- 当负荷降低时气压升高，如果水位高时，应先减少鼓、引风量和给煤量，当燃烧减弱，然后减少给水量，使气压、水位恢复正常；

- 当负荷降低时气压升高，如果水位低时，先增加击给水量，待水位正常后，再根据气压的变化调节燃烧；

- 当负荷增高时气压下降，如果水位高时，先减少给水量，再增加给煤量和鼓、引风量，使燃烧加强，气压、水位趋于稳定；

- 当负荷增高时气压下降，如果水位低时，在气压开始上升时，再缓慢加大给水量，使气压、水位恢复正常；也可先增给水量，待水位正常后，再加强燃烧，使气压恢复正常。

——在运行中，过热蒸汽温度应不超过额定蒸汽温度 10 ℃；

——当过热蒸汽温度过高时，可采用下列方法降低气温：

- 有减温器的，可增加减温水量；

- 对过热器的受热面进行吹灰；

- 在允许范围内降低过剩空气量；

- 调整燃烧，适当降低蒸发量；

- 提高给水温度；

- 减少饱和蒸汽用量。

——当过热蒸汽温度过低时，可采用下列方法升高温度：

- 适当加强燃烧，提高蒸发量；

- 对过热器进行吹灰；

- 降低给水温度；

· 有接温器时，可减少温水量。

3.3.4.4 燃烧的调节：

——燃烧调节的主要任务是对燃料量和风量的调节，亦即风煤比的调节，以保证燃料投入量适当以适应锅炉负荷的需要，供给适当的风，保持燃烧的稳定，提高燃烧的经济性；

——对燃烧调节的主要的要求：

· 在正常运行中，应根据锅炉负荷的变化，及时调整给煤量和鼓、引风量，使燃料充分燃烧，保持锅炉气压和气温稳定；

· 在运行中，锅炉炉膛出口负压保持 0 mm~4 mm 水柱，不允许正压运行；

· 在运行中，所有看火门、拨火门、清灰门等应关闭严密，发现漏风应及时采取措施消除；

· 在运行中，应经常注意锅炉各部位的烟气温度和阻力的变化。

3.3.4.5 排污：

——为了保持受热面水测的清洁，避免发生气水共腾及蒸汽品质恶化，必须对锅炉进行系统排污；

——在运行中，适当调节连续排污阀的开度；

——在运行中，每班应至少进行 1 次定期定量排污，定期排污应在"负荷低、水位高"时进行；

——定期排污的程序是：先开一次阀，再微开二次阀、预热排污管道，无水击时全开二次阀，进行排污；排污完后，先关二次阀，后关一次阀，再将二次阀开关 1 次，放出两阀间的残水。排污应缓慢进行，以防止水冲击；

——定期排污时，应注意监视给水压力和锅筒水位的变化，并维持水位正常；

——排污时，严禁使用加元杆 Y 套筒，敲击等方法强行开启排污阀；

——排污过程中，如锅炉发生事故，应立即停止排污；

——排污完毕后，过 10 min 左右检查各排污阀后的管道是否烫手，确认各排污阀是否关闭。

3.3.4.6 吹灰：

——为保持受热面火测的清洁，防止炉内积灰和结焦，提高传热效率，应定期吹灰；

——锅炉吹灰应按烟气流动方向依次进行；

——吹灰时，应保持锅炉运行正常，燃烧稳定，并适当增大炉膛负压，以防向外喷烟。

3.3.4.7 转动机械的运行：

——对水泵、风机、上煤和出渣等转动机械，在启动前，须检查各转动部分应无摩擦和异声现象；

——轴承转向正确，泊位计不漏泊、泊位正常、泊质清洁；轴承冷却水充足、畅通，传动皮带完整、无跑偏；

——联轴节完好；安全护罩完好，地脚螺栓牢固；

——水泵启动前，向泵内灌满水并排出泵内空气，泵启动时，应缓慢开启进水阀，当水压达到规定值时，再缓慢开启出水阀，并调节给水量；

——风机启动时，应关闭其进口调节挡板，当风机启动运转正常后；再缓慢开大进口调节挡板，并调节好风量；

——锅炉运行中，应按规定的周期检查转动机械的运行情况；

——运行中，定期检查转动机械电机的电流和温升；

——转动机械轴承润滑油的品种和质量应符合要求；

——使用润滑脂的轴承，应定期拧入适量的润滑脂；

——水泵停止运行时，应先慢慢关闭出水阀，再停电机，然后关进水阀。

3.3.4.8 自动装置的运行：

——炉运行时，应将自动装置投入使用；

——自动装置投入运行时，仍需监视锅炉运行参数的变化，并注意自动装置的工作情况；

——锅炉运行不正常，自动装置不能维持锅炉运行参数在允许范围内变化或自动装置失灵时，应将有关的自动装置解列。

3.3.4.9 除尘器的运行：

——除尘器应完好无损，其锁气器应动作灵活，关闭时应严密不漏；

——干式除尘器应定时放出积灰抖中的烟灰；

——水膜除尘器应保证供水充足，水压稳定，喷嘴水流畅通，锁气器水封严密，水封池工作正常。

3.3.4.10 巡回检查及维修：

——水位、气压、气温正常、安全附件和测量、控制仪表以及保护装置灵敏可靠；

——受压元件各可见部位无鼓包、变形、渗漏等异常现象；

——炉墙无裂缝、倾斜或倒塌，钢架未烧红或变形，炉门完整，开关灵活；

——气、水及排污管道和阀门无泄露现象，阀门开关灵活；

——锅炉燃烧状况良好，供气正常；

——燃烧设备及其他转动机械完好、冷却、润滑正常；

——煤、水、电、气等计量仪表指示正常；

——环保设施运行正常。

3.3.5 锅炉的停炉

3.3.5.1 暂时停炉：

——暂时停炉前，应适当降低锅炉负荷；

——负荷降低后，应进行排污并向锅炉进水，使水位稍高于正常水位；

——关闭主气阀，开启过热器疏水阀和省煤器的旁路烟道门，关闭主烟道门；紧闭各孔门及烟道挡板，尽量减少热损失；

——暂时停炉期间，锅炉气压不得回升，一般应留人监视锅炉。

3.3.5.2 正常停炉：

——接正常停炉的通知后，对锅炉设备进行全面检查，将缺陷予以记录，以便检修时处理，并进行 1 次彻底的吹灰；

——减少给煤和鼓引风量，逐渐降低锅炉负荷，锅炉停止供气后，停止给煤和鼓风，减弱引风，使炉火熄灭；

——锅炉停止供气后，关闭主气阀，并开启过热器集箱疏水阀和对空排气阀 30 min～50 min，以冷却过热器；

——关闭主气阀后，应继续经省煤器向锅炉进水，保持锅炉水位稍高于正常水位；

——停炉后 4 h～6 h 内，应紧闭所有的门孔和烟道挡板，防止锅炉急骤冷却；

——停炉 18 h～24 h 后，锅水温度不超过 70 ℃时，方可将锅水放净；

——停炉后，应将停炉过程中的主要操作及所发现的问题予以记录。

3.3.5.3 紧急停炉：

——紧急停炉的使用范围：

• 锅炉水位低于水位表的下部可见边缘；

• 不断加大给水及采取其他措施，但水位仍然继续下降；

• 锅炉水位超过最高可见水位，经放水仍不能见到水位；

• 给水泵全部失效或给水系统故障，不能向锅炉进水；

• 水位表或安全阀全部失效；

• 锅炉元件损坏，危及运行人员安全；

- 燃烧设备损坏，炉墙倒塌或锅炉构架被烧红等，严重威胁锅炉安全运行；
- 其他异常情况危及锅炉安全运行。

——紧急停炉的一般程序：

- 发事故信号，通知有关部门做停产准备；
- 停止给煤、停止鼓风，减弱引风；
- 熄灭炉内明火，严禁向炉膛内浇水灭火；
- 关闭主气阀，开启锅筒排空气阀，排气降压，排气期间应注意锅炉水位，不得缺水；
- 非严重缺水事故时，应尽量维持锅炉水位正常；
- 炉火熄灭后，开启省煤器旁路烟道，关闭主烟道，开启烟道挡板、炉门、灰门，进行自然通风，冷却锅炉；
- 当锅水温度降低于 70 ℃以下时，经锅炉检验员检验以决定锅炉能否投入运行。

3.3.6 锅炉的停炉保养：

——锅炉在停止使用期间应认真做好防腐保养工作；

——停炉时间不超过 1 周的可采用"压力保养"防腐，其方法：

- 锅炉停止供气后，紧闭各阀门及有关的风门、烟道挡板，减少热损失，减缓气压下降；
- 维持锅筒气压在 0.05 MPa～0.1 MPa，保持锅水温度在 100 ℃以上，含氧量合格；
- 气压低于 0.05 MPa 时，可起火适当升压。

——停炉时间不超过 1 个月的锅炉，可采用"湿法保养"防腐，其方法是：

- 停炉后清除水垢、泥渣和烟灰，进软化水到最低安全水位线；
- 将配置好的碱性保护液注入锅炉；
- 继续向锅炉进软化水到灌满锅炉，直至水从空气阀冒出；
- 保养期间维持炉水碱度在 5 毫克当量/L～12 毫克当量/L；
- 保养期间保持受热面外部干燥；
- 室温低于 0 ℃时，不宜采用"湿法保养"。

——停炉时间超过 1 个月的锅炉可采用"干法保养"防腐，其方法是：

- 停炉清扫锅炉外部灰尘，清除炉排上、炉体各受热面上的烟灰和灰渣；
- 清除锅炉内的水垢、泥渣；
- 在炉膛、烟道内放置干燥剂；
- 将盛有干燥剂的敞口托盘放入锅筒内，并关闭人孔、手孔、检查孔；
- 干燥剂用量：用生石灰时，每立方米容积 3 kg；用无水氯化钙时，每立方米容积 2 kg；
- 每隔 1 个～2 个月应打开炉门或人孔检查 1 次，看锅炉内有无腐蚀，并及时更换失效的干燥剂。

安全事故应急救援预案标准

1 范围

本标准规定了安全事故应急救援预案。

本标准适用于石河子所有奶牛场安全事故处理。

2 规范性引用文件

下列文件中的条款通过本标准的引用而成为本标准的条款。凡是注日期的引用文件，其随后所有的修改单（不包括勘误的内容）或修订版均不适用于本标准。然而，鼓励根据本标准达成协议的各方研究是否可使用这些文件的最新版本。凡是不注日期的引用文件，其最新版本适用于本标准。

Q/shz M 09 01—2014 安全生产管理

Q/shz M 18 01—2014 值班管理标准

3 职责

3.1 奶牛场负责指挥应急救援工作和重大事故的处理。

3.2 各管理层负责应急救援工作的具体实施。

4 内容与要求

4.1 指挥部组成

牛场应急救援指挥部由管理人员组成。

4.2 重大事件处理预案

4.2.1 报告与报警

4.2.1.1 发现事故的牛场人员应马上向场领导报告，场领导及时向上一级领导报告。火灾事故必须同时向消防部门报警。

4.2.1.2 指挥部成员根据事故类型迅速向主管部门、公安、劳动等上级领导报告。

4.2.1.3 报告内容主要包括：

——事故类型：火灾、触电、中毒、重大交通事故；

——事故发生的时间、地点、初步估计的损失情况；

——所能采取的初步救援措施。

4.2.2 现场抢救

维护现场秩序，引导专业抢险人员迅速进入现场施救，对未毁坏财产进行抢救，视事故发展情况，决定是否向指挥部请求支援。

4.2.3 应急预案

4.2.3.1 火灾

——火灾发生时要沉重冷静立即报警，牢记"119"火警电话，同时向上级报告；

——初起火时最易扑灭，在消防车未到之前，利用现有的消防器材，全力组织现场人员抢救，保持消防通道畅通；

——要先救火，后抢救财物，尽最大可能避免人员伤亡；

——楼房发生火灾，必须撤退时，应严守秩序，避免互相拥挤，阻塞通道，导致自相践踏，会造成不应有的伤亡。

4.2.3.2　触电

——应立即切断电源；

——如果是由电线引起触电，无法关断电源时，可以用木棒、板等将电线挑离触电者身体；救援者最好戴上橡皮手套，穿橡胶运动鞋等；

——如果发现触电者已停止呼吸，需马上做心、肺复苏术抢救；同时检查一下患者头部、胸部受伤和有无灼伤情况，立即送医院治疗；除此之外，还应做好现场保护，防止事态扩大。

4.2.3.3　中毒

——迅速将患者救出现场，根据不同情况采取抢救措施；同时拨打"120"急救电话；

——切忌在毫无防护措施下进入现场抢救，因为现场可使抢救者立即昏迷，造成更多人中毒，使抢救工作更为困难；

——抢救出现场后应保持患者呼吸道通畅，如清除鼻腔、口腔内分泌物等；

——如呼吸急促、表浅，应进行人工呼吸，针刺内关、人中、足三里，注射呼吸兴奋剂；

——检查有无头颅、胸部外伤、骨折等；

——立即转送医院，并及时通知医院做好抢救准备工作，去医院途中要有经过训练的医护人员陪同，继续进行抢救，并做好记录；

——强酸、强碱致皮肤、眼灼伤，应立即用大量流动水彻底冲洗；

——口服中毒者如患者处于清醒状态，可先饮水 300 mL，然后用筷子、手指等物刺激软腭、咽后壁及舌根部催吐，吐出物保留待检查，但口服腐蚀剂或惊厥、休克者禁用。

4.2.3.4　重大交通事故

——发生重大交通事故应立即报警，组织对伤员进行抢救；

——按交通法规要求在车后设立危险警告标；

——通知保险公司。

4.3　条件保障

4.3.1　器材

通讯器材包括手机、固定式电话；防护器材包括胶鞋、工作服、防护手套。

4.3.2　人员

人员由牛场管理人员组成救援组织。

4.3.3　相关制度

4.3.3.1　值班制度

参照 Q/shz M 18 01—2014 执行。

4.3.3.2　教育、检查制度

参照 Q/shz M 09 01—2014 执行

4.4　预案的评估和修改

牛场管理人员每年对预案进行评估，每3年重新修订1次。

环保技术标准

1　范围

本标准规定了奶牛场环境保护的技术要求。

本标准适用于石河子所有奶牛场。

2　规范性引用文件

下列文件中的条款通过本标准的引用而成为本标准的条款。凡是注日期的引用文件，其随后所有的修改单（不包括勘误的内容）或修订版均不适用于本标准。然而，鼓励根据本标准达成协议的各方研究是否可使用这些文件的最新版本。凡是不注日期的引用文件，其最新版本适用于本标准。

GB 7959　粪便无害化卫生标准

GB 8978　污水综合排放标准

GB 13457—1992　肉类加工工业水污染物排放标准

GB 14554　恶臭污染物排放标准

GB 16548　畜禽病害肉尸及其产品无害化处理规程

3　环境要求

3.1　总则

3.1.1　奶牛场场址的选择

3.1.1.1　应选择在生态环境良好、无或不直接受工业"三害"及农业、城镇生活、医疗废弃物污染的生产区域。选址应参照国家相关标准的规定，避开水源保护区、风景名胜区、人口密集区等环境敏感地区，符合环境保护、兽医防疫要求，场区布局合理，生产区和生活区严格分开。

3.1.1.2　场区在 500 m 范围内，水源上游没有对产地环境构成威胁的污染源，包括工业"三废"、农业废弃物、医院污水及废弃物、城市垃圾和生活污水等污物。

3.1.1.3　场址应选择在地势较高沙土地、背风向阳、地势开阔整齐、地下水低于建筑地基 2 m 以下、土层结实、透气透水性良好、无断层滑坡、塌方，隔离条件好的区域。

3.1.1.4　与水源有关的地方病高发区，不能建场。

3.1.1.5　应选择在水质洁净、无污染、水源水量充足，取用方便，能够满足奶牛场饮水、用水、易排水的地方。

3.1.1.6　应建在靠近电源、保证用电方便、可靠的地方。

3.1.2　奶牛场场区的总体布局

3.1.2.1　场区的总体布局和建筑物应以工作联系方便，有利于饲养管理、卫生防疫。明确划分为生产区和生活区。

3.1.2.2　各区应从任何奶牛的保健角度出发，按地势和风向进行安排布置。生产区应安排在生活区的下风向。病牛隔离区在生产区的下风向。

3.1.2.3　场内的道路设置，既要保证场内各生产环节的联系方便，又要直而线路短。场区四周应建围墙。

3.1.2.4　雨雪水可用明、暗沟排放，污水排放要与供水源严格分开。

3.1.2.5　畜禽舍建筑布局符合卫生要求和饲养工艺的要求具有良好的防鼠、防蚊蝇、防虫、防鸟等设施。

3.1.2.6 设备有良好的卫生条件并适合卫生检验。

3.1.2.7 设有消毒设施、更衣室、兽医室、并配有工作所需的仪器设备。

3.1.2.8 应设有粪尿污水处理设施，粪便处理应符合 GB 7959、GB 13457—1992 和 GB 14554 的规定，病死畜禽的无害化处理应符合 GB 16548 的有关规定。

3.1.3 环境设施要求

3.1.3.1 奶牛场设计与生产应选用节水工艺，减少排污量。

3.1.3.2 奶牛场应有完善的排水系统，实现雨水和污水分流，并能方便清理淤泥。

3.1.4 "三废"排放

3.1.4.1 废水排放标准

废水排放标准按 GB 8978 的规定执行。

3.1.4.2 废气排放标准

废气排放标准按 GB 14544 的规定执行。

3.1.4.3 粪便无害化卫生标准

粪便无害化卫生标准按 GB 7959 执行。

3.2 牛场环保技术要求

3.2.1 牛舍的建造应便于饲养管理，便于采光，便于夏季防暑、冬季防寒，便于防疫。有多栋牛舍时，应采取长轴平行配制，各栋牛舍之间应有 50 m～60 m 的距离，有 5 m～10 m 的隔离带。

3.2.2 饲料库建造地位应选在离每栋牛舍的位置都较适中，且位置稍高，既干燥通风，又利于向各牛舍运送饲料的地方。

3.2.3 干草棚及草库设在下风地段，与周围房舍应保持 50 m 以上的距离，便于防火安全。

3.2.4 青贮窖位置适中，地势较高，有集水设计，防止粪尿等污水进入和青贮汁液的流出。

3.2.5 兽医室、病牛舍应设在下风头，位置相对偏僻一角，便于隔离，减少对空气和水的污染传播。

3.2.6 牛场应设有牛粪尿污水处理设施，化粪池对牛粪尿进行沉淀和处理，堆粪场对牛粪尿进行堆积发酵，牛粪便处理应符合 GB 7959 和 GB 14554 的规定。

职业健康技术标准

1　范围

本标准规定了奶牛生产过程中的职业健康要求。

本标准适用于石河子所有奶牛场生产。

2　规范性引用文件

下列文件中的条款通过本标准的引用而成为本标准的条款。凡是注日期的引用文件，其随后所有的修改单（不包括勘误的内容）或修订版均不适用于本标准。然而，鼓励根据本标准达成协议的各方研究是否可使用这些文件的最新版本。凡是不注日期的引用文件，其最新版本适用于本标准。

GB 14554　恶臭污染物排放标准

DB11/T 150.4—2002　奶牛饲养管理技术规范　第4部分：卫生保健

3　要求

3.1　奶牛场有害气体浓度应符合 GB 14554 的要求。

3.2　牛场员工身体健康状况符合 DB11/T 150.4—2002 中第 6.1.3 的要求。

第三部分
工作标准

场长工作标准

1 范围

本标准规定了奶牛场场长的职责、权限、工作内容与要求。

本标准适合石河子所有奶牛场场长的工作范围。

2 规范性引用文件

下列文件中的条款通过本标准的引用而成为本标准的条款。凡是注日期的引用文件，其随后所有的修改单（不包括勘误的内容）或修订版均不适用于本标准。凡是不注日期的引用文件，其最新版本适用于本标准。

Q/shz M 01 01—2014 方针目标管理

Q/shz M 21 01—2014 检查与考核

3 职责与权限

3.1 场长代表股东对全场生产活动行使统一指挥权。

3.2 场长代表股东对全场的人员（除干部、技术人员外）、资金、物资，有调度处置权。

3.3 场长对全场各班组长有任免权。

3.4 场长按有关规定对职工进行奖励和惩罚，对严重违反纪律的职工，有权处分或提请董事会通过开除。

3.5 场长有权拒绝无偿抽调本场的人员、资金和物资以及对劳务的不合理摊派。

3.6 场长在紧急情况下，对不属于自己的范围内工作有临时应急处理权。

3.7 有权提出年度财务预、决算方案和利润分配方案及弥补亏损方案。有权决定员工的分配方案，对员工奖励或处罚。

3.8 场长要同上级领导保持一致，与场党支部协调工作，抓好本场的精神文明建设。

3.9 场长主持召开场长办公会。

3.10 负责安全生产及文化建设。

4 工作内容与要求

4.1 执行 Q/shz M 01 01—2014。贯彻执行党和国家方针政策，遵纪守法，贯彻执行团主管领导的指令和团党委的决议，接受和维护畜牧兽医管理站监督人员的监督和管理。

4.2 统一领导和组织企业的生产、行政工作，坚决维护国家利益，正确处理国家、企业和职工个人三者关系。

4.3 场长要依靠群众及各级领导，不断改进和提高企业管理水平，确保上级下达的各项经济指标的完成，力争更好的经济效益。

4.4 推进标准化体系建设，提升牛场管理现代化水平。

4.5 制订企业发展的远景规划和年度生产、财务计划，组织落实各种技术培训工作。

4.6 对影响企业发展的重大事项提交场长办公会讨论，并向上级申报，由上级单位讨论或报主管领导决定。

4.7 注意改善职工的劳动条件，做好安全生产及劳动保护工作，关心职工生活。

4.8 调整、协调好副场长工作，建立良好的工作秩序。督促、检查副场长工作，并对其工作业绩进行考评。

4.9 完成上级下达的企业承包经营管理目标任务、计划任务及攻关指标。

4.10 完成上级下达的安全管理目标任务。

4.11 机构设置应体现因岗设职、权责一致、适合发展、精简高效的原则。

4.12 明确各职能部门工作内容、制度，不断完善牛场制定的各项标准。

4.13 严格按照单位与牛场的约定运营，不得出现倒卖活畜及其他产品物资的现象，认真按照兵团的基本经营制度及财务预算管理办法执行，坚持"五统一"的原则。

4.14 正确处理单位、牛场、股东、职工四者的利益关系。

5 检查与考核

执行 Q/shz M 21 01—2014 中第 4.3 条的规定。

生产副场长工作标准

1　范围

本标准规定了生产副场长的职责、权限及工作内容与要求。

本标准适用于石河子所有奶牛场生产副场长的工作范围。

2　规范性引用文件

下列文件中的条款通过本标准的引用而成为本标准的条款。凡是注日期的引用文件，其随后所有的修改单（不包括勘误的内容）或修订版均不适用于本标准。凡是不注日期的引用文件，其最新版本适用于本标准。

Q/shz M 01 01—2014　方针目标管理

Q/shz M 03 01—2014　生产管理

Q/shz M 03 02—2014　辅助生产管理

Q/shz M 04 01—2014　防疫卫生管理

Q/shz M 21 01—2014　检查与考核

3　职责与权限

3.1　在场长的直接领导下进行工作，对自己所分管的工作负全面责任。

3.2　负责完成奶牛年度生产计划。

3.3　负责奶牛生产管理、育种和防疫工作。

3.4　主管生产技术部，负责检查生产技术部的工作。

4　工作内容与要求

4.1　执行 Q/shz M 01 01—2014。贯彻执行党和国家的各项方针政策，遵纪守法。

4.2　按照 Q/shz M 03 01—2014 中第 4 章、Q/shz M 03 02—2014 中第 4 章、Q/shz M 04 01—2014 的要求负责奶牛生产管理、检查育种方案的实施情况和防疫工作。安排落实关于奶牛生产的各项决议和规定。

4.3　按照 Q/shz M 03 01—2014 中第 4 章的要求领导生产部提出年度生产计划，报办公会批准，并负责实施工作领导各部门的生产管理工作，定期召开生产分析会，落实计划完成情况，分析解决生产中出现的问题。

4.4　执行场长的各项指令，对场长布置的工作要积极组织所属部门实施，确保生产管理和各项经济指标的完成。按时参加场务会议及有关分管工作方面的会议，执行会议决议。

4.5　检查和督促所属部门各项工作落实情况。

4.6　每天及时审阅所分管部门的各种报告和报表，了解掌握分管工作的实际情况，发现问题及时解决。重大问题必须及早向场长汇报。

4.7　领导生产部做好日常生产管理工作。

4.8　监督检查生产管理人员和技术人员的培训工作。

4.9　完成场长交办的其他任务。

5　检查与考核

执行 Q/shz M 21 01—2014 中第 4.3 条的规定。

后勤副场长工作标准

1 范围

本标准规定了牛场后勤副场长的职责、权限及工作内容与要求。

本标准适用于石河子所有牛场后勤副场长工作范围。

2 规范性引用文件

下列文件中的条款通过本标准的引用而成为本标准的条款。凡是注日期的引用文件，其随后所有的修改单（不包括勘误的内容）或修订版均不适用于本标准。然而，鼓励根据本标准达成协议的各方研究是否可使这些文件的最新版本。凡是不注日期的引用文件，其最新版本适用于本标准。

Q/shz M 03 01—2014　生产管理标准

Q/shz M 03 02—2014　辅助生产管理标准

Q/shz M 04 01—2014　防疫卫生管理

Q/shz M 08 01—2014　能源管理标准

Q/shz M 21 01—2014　检查与考核

3 职责与权限

3.1 协助场长做好后勤管理工作。

3.2 主管牛场劳资员、库管员、核算员和后勤班组工作。

3.3 负责牛场的生产交通安全工作，做好防火、防盗工作。

4 工作内容与要求

4.1 执行 Q/shz M 03 01—2014、Q/shz M 03 02—2014、Q/shz M 04 01—2014、Q/shz M 08 01—2014，全面做好牛场的一切后勤服务工作。

4.2 按照财务部门的要求，协助场长，制订牛场工资分配方案。

4.3 参与解决内部劳动纠纷，协助办理协保、内退、退休人员的相关手续。

4.4 及时做好饲草、饲料和物资的储备与供应，保证生产正常进行。

4.5 监督、检查电工维修组、警卫、司机、积肥组、食堂、锅炉工和服务员的工作，发现问题及时解决，重大问题必须当日向场长汇报。

4.6 执行场里的决议，定期向场长汇报工作。

4.7 完成场长交办的其他工作。

5 检查与考核

执行 Q/shz M 21 01—2014 中第 4.4 条。

会计工作标准

1 范围

本标准规定了会计的职责、权限和工作内容与要求。

本标准适用于会计的工作范围。

2 规范性引用文件

下列文件中的条款通过本标准的引用而成为本标准的条款。凡是注日期的引用文件，其随后所有的修改单（不包括勘误的内容）或修订版均不适用于本标准。然而，鼓励根据本标准达成协议的各方研究是否可使用这些文件的最新版本。凡是不注日期的引用文件，其最新版本适用于本标准。

Q/shz G 23 01　审计管理标准

Q/shz M 01 03—2014　合同管理

Q/shz M 01 04—2014　财务管理

Q/shz M 21 01—2014　检查与考核

3 职责与权限

3.1 在团场主管畜牧工作领导的组织下，负责财务、税务工作。

3.2 严格按照国家财经法规及本单位各项财务管理制度开展工作，保证会计信息质量，保护资产的安全和完整。

3.3 及时、准确地编制会计凭证、进行成本核算、登记会计账簿，保证会计基础信息的真实、准确和完整。

3.4 指导出纳做好财务工作。

4 任职要求

热爱本职工作，遵守职业道德，熟练掌握会计理论和技能，持会计证上岗。

5 工作内容与要求

5.1 执行 Q/shz M 01 04—2014 的要求，组织制定牛场的内部会计管理制度和会计核算方法，并监督贯彻执行。

5.2 按照 Q/shz M 01 04—2014 中 4.1 和 4.7 的要求拟定本部门年度工作目标和计划，检查工作进展情况。

5.3 按照审定、监督牛场财务收支和计划完成情况，及时掌握资金使用和周转情况，定期向主管领导出具现金流量的预测和分析报告。

5.4 组织财务预、决算工作，负责财务报告的审定及财务指标的分析工作，为决策提供可靠数据信息。

5.5 按照 Q/shz G 23 01 要求，组织内部审计工作，检查各项财务管理制度的执行情况，并提出合理化建议。

5.6 及时完成主管领导交办临时工作，协调与其他相关部门的关系。

5.7 按照规定设置会计账簿，使用会计科目，填制会计凭证，登记会计账簿，定期与库房管理部门核对账目，做到证证相符、账证相符、账账相符。

6 检查与考核

执行 Q/shz M 21 01—2014 中第 4.4 条的规定。

专业技术人员工作标准

1 范围

本标准规定了所有专业技术人员职责、权限、工作内容与要求。

本标准适用于石河子所有奶牛场专业技术人员工作范围。

2 规范性引用文件

下列文件中的条款通过本标准的引用成为本标准的条款。凡是注日期的引用文件，其随后所有修改单（不包括勘误的内容）或修订版不适用于本标准。然而，鼓励根据本标准达成协议的各方研究是否可使用这些文件的最新版本。凡是不注日期的引用文件，其最新版本适用于本标准。

Q/shz M 02 03—2014　兽医技术人员工作标准

Q/shz M 02 05—2014　繁殖技术人员工作标准

Q/shz M 24 01—2014　检查者考核标准

3 基本技能

中专以上学历，具备相关专业知识，熟练掌握本专业操作技能，特殊技术岗位应持证上岗。

4 职责与权限

4.1 职责

4.1.1 负责制订兽药的采供计划，做好兽药的采供工作。

4.1.2 负责具体执行牛场的消毒、防疫，牛群的免疫及疾病防治。

4.1.3 负责牛群的繁育工作，做好后备牛、成母牛的转群工作。

4.1.4 负责制订饲草、饲料的储备计划及饲料的调制混合工作。

4.1.5 做好员工的专业知识教育和专业技能培训工作。

4.1.6 负责上级下达的相关科研项目的实施。

4.2 权限

4.2.1 有权按招标采供原则选择合适的兽药采购点。

4.2.2 有权对牛场的消毒、防疫和牛群的免疫、防治提出改进意见并实施。

4.2.3 有权监督牛群的健康状况，并提出合理建议。

4.2.4 有权监督饲料的营养水平和兽药使用情况。

4.3 工作内容

4.3.1 繁殖技术人员

4.3.1.1 坚持每日3次观察发情和检查槽内草料剩余情况，做好发情鉴定、记录、打号。

4.3.1.2 严格按照人工授精程序输精，并做好记录；做好性控吸管的保管。

4.3.1.3 对配种后2月以上未发情牛只进行妊检和干奶前第二次妊检，并将第二次妊检结果通知兽医。

4.3.1.4 对各种繁殖数据制成报表，每月向主管技术副场长汇报。

4.3.1.5 配合兽医人员，完成每年牛群定期检疫工作。

4.3.1.6 协助主管场长工作，并认真完成领导交办的工作。

4.3.1.7　严格遵守场内的规章制度，以身作则。

4.3.1.8　完成牛场下达的受胎率、母犊数、胎间距等任务指标。

4.3.2　兽医技术人员

4.3.2.1　坚持每日两班查槽，发现异常情况及时处理。

4.3.2.2　调查研究本地区及国内外奶牛饲养及流行性传染病的防治技术和有关信息的收集、整理、分析。

4.3.2.3　对本场生产环境卫生进行管理检查，制定防疫检疫奖惩制度并监督执行，确保防检疫密度达到100%。

4.3.2.4　对各种牛群发病情况和治疗情况制成报表，建立完善诊疗档案，每月汇总1次，向主管技术副场长汇报。

4.3.2.5　制订本场全年的灭鼠、灭蝇虫及场区消毒计划与要求，并组织落实。

4.3.2.6　加大生产区及主要部门防疫工作监控力度，其主要范围包括场区大门口进出车辆、人员的消毒、生产区门口及生产区内全面消毒工作。

4.3.2.7　加强企业员工防疫知识的培训学习，不定期组织专业技术的考试，以提高员工的专业水平。

4.3.2.8　完成上级下达的防疫检疫任务，并认真及时准确地填报各项报表。

4.3.2.9　协助场长工作，并认真完成领导交办的工作。

4.3.2.10　严格遵守场内的规章制度，以身作则。

4.3.3　资料技术人员

4.3.3.1　对牛场内的饮水卫生，饲料及饲料原料的质量、卫生进行检验把关。

4.3.3.2　及时参加场里组织的各种会议，及时向领导反映生产工作中存在的问题，并协调解决，不准虚报、瞒报。

4.3.3.3　每班坚持查槽。主管营养的资料员应上各棚查槽，认真观察每一棚牛对饲料的采食情况，认真听取饲养员反映牛只采食的信息。

4.3.3.4　负责营养的资料员每天早班查完槽后，应立即检查饲喂站的工作状态以及牛只的采食情况，记录饲草饲料使用情况并归档。

4.3.3.5　育种资料员根据测重计划定期对后备牛进行测重，测重时应在早班上班后立即称牛体重（称重必须空腹）。

4.3.3.6　填制谱系由育种资料员负责。母犊和胚胎公犊出生后必须在15 d以内画出花片图形。牛只谱系及时填写，必须一周一清。牛只耳号丢失后应立即补上。

4.3.3.7　牛只转群由营养资料员负责。当发生牛只转群、产犊、死淘等事情时，应于当天将有关情况汇总后上报场内统计人员，并报单位备案。

4.3.3.8　每年年底制订第二年的转群及生产计划。每月末制订下月的工作计划。

4.3.3.9　制订、调整各群牛只的饲料配方。及时统计分析饲料消耗情况。

4.3.3.10　做好日常数据的收集整理工作。泌乳牛每周测奶1次，每月测DHI 1次。后备牛按规定测体重和体尺。

4.3.3.11　及时填写物品采购计划，物品出入库要有详细记录，物品堆放要有标识。

4.3.3.12　按时整理、分析各种技术资料并及时、如实上报场长。妥善保存所有原始资料。

4.3.3.13　向职工普及奶牛饲养管理知识，掌握科技信息，推广先进技术和经验。

4.3.3.14　负责牛群的统一编号、注册、生产性能测定（DHI）、个体鉴定（评定）分级与选种选配登记等工作。

4.3.3.15　按照牛只不同生长发育阶段，测定体尺、体重及体况评定、外貌鉴定。

4.3.3.16 防疫检疫后及时填写防疫检疫情况记录。

4.3.3.17 利用计算机对采集完的育种资料进行、整理、分析、存储、上报。

5 考核

执行 Q/shz M 24 01—2014 中第 4.4 条。对兽医技术人员的考核（引用奶牛场承包奖惩管理办法）。

兽医组组长工作标准

1　范围

本标准规定了牛场兽医组长的职责、权限与工作内容和要求。

本标准适用于石河子所有奶牛场兽医组长工作范围。

2　规范性引用文件

下列文件中的条款通过本标准的引用而成为本标准的条款。凡是注日期的引用文件，其随后所有的修改单（不包括勘误的内容）或修订版均不适用于本标准。凡是不注日期的引用文件，其最新版本适用于本标准。

Q/shz M 21 01—2014　检查与考核

Q/shz T 04 01—2014　防疫卫生管理标准

Q/shz T 08 03—2014　奶牛饲养管理技术标准：卫生保健

Q/shz T 09 01—2014　防疫技术标准

3　职责与权限

3.1　职责与权限

3.1.1　负责牛场兽医组的管理工作和全场的消毒防疫工作。

3.1.2　对消毒防疫工作有建议权，对兽医有监督权。

3.1.3　对自己的工作质量负责。

3.2　资格与技能

了解掌握兽医基本知识和技能。

4　工作内容与要求

4.1　做好牛场兽医组全面的管理工作，完成兽医组的各项工作任务。

4.2　按照牛场年初的生产计划，安排好兽医组的生产活动，确保牛群的整体健康。

4.3　严格执行 Q/shz T 04 01—2014、Q/shz T 08 03—2014、Q/shz T 09 01—2014。

4.4　领导、检查全场的消毒防疫、免疫、检疫和疾病的防治工作。

4.5　做好兽药的计划和使用工作。

4.6　监督、检查兽医及时填写各种记录，如病历、处方等。

4.7　监督全场的消毒、防疫、免疫、检疫和疾病的防治工作。

4.8　坚持查槽、巡槽，观察场内牛群的健康状况。

4.9　对疑难病及时组织会诊，随时向领导反映生产过程中存在的问题，并协调解决。

4.10　坚持值班制度，值班期间坚守岗位，出现问题及时解决。

4.11　搞好环境卫生，保持室内清洁卫生，药品、器械摆放整齐。

4.12　加强自身学习，提高技术水平，协助技术员做好职工的技术培训。

5　检查与考核

Q/shz M 21 01—2014 中的第 4.4 条。

兽医技术人员工作标准

1 范围

本标准规定了兽医技术人员的工作职责、权限、工作内容与要求。

本标准适用于石河子所有奶牛场兽医技术人员。

2 规范性引用文件

下列文件中的条款通过本标准的引用而成为本标准的条款。凡是注日期的引用文件，其随后所有的修改单（不包括勘误的内容）或修订版均不适用于本标准。凡是不注日期的引用文件，其最新版本适用于本标准。

Q/shz M 21 01—2014　检查与考核

3 职责与权限

3.1 职责与权限

3.1.1 配合上级领导的工作，完成领导布置的各项工作任务。

3.1.2 完成疾病防治、防疫、检疫工作。

3.1.3 有对本场生产的建议权。

3.2 基本技能

3.2.1 畜牧兽医专业及相关专业大专以上学历，并取得初级以上专业资格证书。

3.2.2 具备一定的管理知识和才能。

4 工作内容和要求

4.1 兽医工种，一日上两班。夏季：上午 8：00—12：00；下午 16：00—20：00。冬季：上午 10：00—13：30；下午 15：30—19：30。

4.2 查槽。上班后有紧急事情（如产房有牛要生，牛被夹住，测隐性乳房炎等）时，应立即处理紧急事情。在没有紧急事情时，全体兽医应一同查槽，分别从牛的前部和尾部通过，认真观察每一头牛的体况。查棚的顺序根据上槽的时间确定。查槽时要有统一的查槽记录，每班的查槽记录必须完整。

4.3 病牛处理。根据查槽记录，由兽医主管分派处理任务，原则上各片的病牛由分片的兽医处理，在一片待处理病牛比较多时，由兽医主管调剂人员安排。

4.4 病牛处理完毕后，必须在当班次认真填写处理记录，不得漏记、补记。每天晚班统计全天的发病情况，处方与病历应分别记录，每天的处方汇总后交给司药人员，病历在月底汇总后集中存放。

4.5 报表。每月（季度、半年、全年）1 d，各片兽医将上月（季度、半年、全年）本片的发病情况汇总后上交兽医主管，由兽医主管将上月（季度、半年、全年）的发病情况汇总后上报技术主管场长。牛只淘汰或死亡必须有淘汰报告或死亡剖检记录。

4.6 调牛。兽医调牛仅限于干奶牛与使用抗生素牛。对于必须要使用抗生素处理的牛只，必须将病牛调到病牛舍进行治疗和处理。对于注射抗生素的牛只，应立即以书面的形式通知挤奶员。对于使用抗生素处理的牛只，单独处理 7 d 以后，牛奶方可入罐销售。

4.7 干奶。牛只干奶由负责大棚的兽医进行。兽医应提前 15 d 通知繁殖人员对需要干奶的牛只进行最后一次妊检。兽医根据繁殖人员提供的牛号，与该棚管理人员一起严格核对牛号后，方可进行送药干奶。干奶牛一经送药，应立即调到干奶牛圈。负责干奶的兽医处理完毕后立即将干奶牛号及预产期以书面形式通知负责干奶牛群的兽医。

4.8　预产与接产。牛只接产工作由兽医负责。根据配种记录挑出临产牛，预产牛只应提前 15 d 进入产房。兽医应负责牛只分娩的全过程。上班时间由产房的兽医负责，下班后由值班兽医负责。牛只出生后应立即打上耳号。

4.9　每班结束后由当班兽医整理兽医处理室的卫生，清洗并消毒当班使用的兽医器具，以备下一班次使用。

4.10　有重大疫情及时上报场长及上级领导。

4.11　工休。兽医人员工休实行轮休制。兽医休息向兽医主管请假，兽医主管休息向技术副场长请假。兽医休息时应与接班人员履行交班手续，上班后应与交班人员履行接班手续。所有交班手续与接班手续应有详细的记录。在本人负责的片内有患严重疾病的牛只时，该片兽医不能休息。

4.12　值班。兽医人员实行轮流值班制度，严禁擅自脱岗。兽医值班主要负责接生牛只、紧急异常情况及其他情况的处理。兽医值班要有详细的值班记录。

4.13　兽医主管职责。兽医主管除了以上职责外，还应于每月 1 d 向其他兽医人员公示本月的工作计划；在向主管技术副场长汇报发病情况中，应重点分析发病原因及预防措施以及根据领导的安排加强对兽医工种的管理。

4.14　兽医例会。兽医工种 1 周召开 1 次例会，由兽医主管主持，通报兽医岗位的情况及出现的问题。

4.15　兽医人员在工作过程中，应一切以企业的利益为重，厉行节约，严禁发生浪费财物的行为。

5　考核

执行 Q/shz M 21 01—2014 中第 4.4 条。对兽医技术人员的考核（引用奶牛场承包奖惩管理办法）。

附 录 A
（规范性附录）
兽医工作细则

日期： 年 月 日

主管签字：

	工作内容	岗位人员	工作时间
每日工作	1. 早、中、晚定时巡视牛舍，重点观察围产前、后期牛圈、干奶牛圈、产房，做好登记和异常牛记录，并由该圈饲养员签字		
	2. 病弱牛诊断工作，记录好病弱牛体温、心跳次数、呼吸次数、病症及初步诊断结果		
	3. 完成治疗工作，根据诊断结果，由首席兽医制定处方，按处方规范用药，并做好处方签和记录		
	4. 对所用的器械进行高压灭菌消毒，并做好每日兽医器械消毒记录		
	5. 对病弱牛圈进行消毒，定期更换消毒液，做好记录，并由饲养员签字		
	6. 做好病弱牛、干奶牛转圈工作，注明转圈原因、转移去向，当天将转群记录交牛场资料员		
	7. 按计划修蹄、去角		
	8. 乳房检查及产前乳头药浴，对患有乳房炎牛和异常牛对症处理并做记录		
	9. 对新产牛进行体温监测工作，及时处理体温异常牛只		
	10. 对新产牛进行外阴部清洗、消毒工作，发现产道撕裂、胎衣不下、恶露不止等异常及时治疗并记录		
	11. 发现淘汰牛只时，及时上报公司兽医站，按程序淘汰		
	12. 发现死亡牛只时，及时上报公司兽医站，按程序上报处理		
	13. 做好兽医室卫生清扫工作，要求地面清洁，墙角无蛛网，兽医用具摆放整齐，各种记录及时、完好		
	14. 做好兽医保健、治疗、防疫、消毒、免疫、处方等各种资料的记录整理工作，将当日资料上报资料室		

场督查领导及检查人员签字：

日期： 年 月 日

主管签字：

	工作内容	岗位人员	工作时间
每日工作	1. 定时巡视围产前期牛舍，及时发现临产牛只，指导饲养员将临产牛赶入产房		
	2. 接产时视奶牛情况决定是否保定，固定尾部，清洗外阴，使用一次性直检手套，判定子宫颈口是否完全开张，胎儿大小及姿势是否正常，是否双胎，并根据实际情况决定助产方式		
	3. 按规程做好接产工作。接产步骤：步骤1，1人拉住犊牛下肢直到犊牛肩部到达母牛骨盆（犊牛球关节超过阴门10 cm～15 cm），将1个绳套或链条用2个半活扣固定在犊牛腿上，一个应位于球关节以上，在其下面的另一个应扣在趾关节上；步骤2，当犊牛的头、颈部、前腿分娩出后，旋转犊牛90°，直至犊牛完全拉出		

（续）

	工作内容	岗位人员	工作时间
每日工作	4. 遇到胎位不正时，应做好消毒措施，带好防护用具，将手伸入产道，对异常胎位进行校正，待校正完毕后正常助产		
	5. 遇到难产，且无法校正胎位，应立即通知主管兽医，经主管兽医允许后进行剖腹产		
	6. 接产完毕，立即清理犊牛口鼻中残留羊水，促进犊牛呼吸。于犊牛腹部 8 cm～10 cm 剪断脐带，使用 5% 碘酒浸泡消毒。检查母牛是否有第二头犊牛，检查母牛产道是否撕裂，发现异常及时处理		
	7. 每次接产完将接产用过的一次性用具收集到废物袋中，将接产中重复使用器械使用消毒液浸泡 30 min 消毒，以备后用		
	8. 产后奶牛视体况进行补糖、补钙，做好记录		
	9. 产后 30 min 内对新生犊牛灌服 4 kg 38 ℃初乳，并做好记录		
	10. 做好产犊记录，协助资料员做好新产犊牛打耳牌工作		
	11. 对新产奶牛做好灌服红糖麸皮水 20 kg 或混合营养液 20 kg，并做好记录		
	12. 对治疗、保健工作中使用的兽医器械进行高压灭菌消毒，并做好记录		
	13. 做好新产奶牛转群工作，将产房兽医鉴定后的健康新产牛及时转入新产牛群		
	14. 做好新生犊牛转出产房工作，及时烘干犊牛湿毛		
	15. 做好产犊、灌服初乳记录，转群等记录，每月 19 日上报资料室		
	16. 遇见产前产后瘫痪牛只，及时通知主治兽医		
其他工作	17. 指导饲养员每天对产房消毒，定期更换消毒液		
	18. 指导饲养员饲喂工作（包括待产牛和新产牛），降低疾病发病率		
	19. 指导饲养员及时打扫圈舍卫生，及时更换垫草		
	20. 指导手工挤奶人员对异常牛只进行手工挤奶和药物保健		

繁殖组组长工作标准

1 范围

本标准规定了牛场繁殖组长的职责、权限与工作内容和要求。

本标准适用于石河子所有牛场繁殖组长工作范围。

2 规范性引用文件

下列文件中的条款通过本标准的引用而成为本标准的条款。凡是注日期的引用文件,其随后所有的修改单（不包括勘误的内容）或修订版均不适用于本标准。凡是不注日期的引用文件,其最新版本适用于本标准。

Q/shz M 21 01—2014　检查与考核

Q/shz T 06 01—2014　奶牛繁殖标准

3 职责、权限、资格与技能

3.1 职责与权限

3.1.1 负责牛场繁殖组管理工作、选种选配计划和年度配种计划的制订以及牛场各项繁殖指标的完成。

3.1.2 对配种工作有建议权,对配种员有监督权。

3.1.3 对自己的工作质量负责。

3.2 资格与技能

掌握配种的基本知识与技能。

4 工作内容与要求

4.1 执行 Q/shz T 06 01—2014。做好牛场配种组全面的管理工作,完成配种组的各项工作任务。

4.2 按时制订选种选配计划、逐月配种计划和年度配种计划。

4.3 按照年初的生产计划,安排好配种组的生产活动,确保完成各项繁殖指标。

4.4 做好选种选配工作及冻精的入库、出库和正常使用工作。

4.5 监督和完成奶牛的发情观察,发情鉴定,人工授精,妊娠诊断,繁殖疾病的治疗和产后监控。

4.6 做好流产牛的管理工作。

4.7 做好配种用药的计划和使用工作。

4.8 及时填写配种记录,整理配种资料,月底进行分析和总结。

4.9 做好配种组的"日事日毕,日清日结"工作,对出现的问题主动向有关部门和人员反映或解决。

4.10 组织配种人员进行专业和新科技的学习,引进和吸收先进的技术和经验。

4.11 协助技术员做好职工的技术培训。

4.12 搞好环境卫生,保持室内清洁卫生,药品、器械摆放整齐。

5 检查与考核

执行 Q/shz M 21 01—2014 中第 4.4 条的规定。

繁殖技术人员工作标准

1　范围

本标准规定了奶牛繁殖技术人员的职责、权限、工作内容及要求。

本标准适用于石河子所有奶牛场繁殖技术人员。

2　规范性引用文件

下列文件中的条款通过本标准的引用而成为本标准的条款。凡是注日期的引用文件，其随后所有的修改单（不包括勘误的内容）或修订版均不适用于本标准。凡是不注日期的引用文件，其最新版本适用于本标准。

Q/shz M 21 01—2014　检查与考核

Q/shz T 06 01—2014　奶牛繁殖标准

3　职责、权限与基本技能

3.1　职责与权限

3.1.1　配合上级领导的工作，完成领导布置的各项工作任务。

3.1.2　完成本场的繁殖配种工作。

3.1.3　有对本场生产的建议权。

3.2　基本技能

3.2.1　畜牧兽医专业及相关专业大专以上学历，并取得初级以上专业资格证书。

3.2.2　具备一定的管理知识和才能。

4　工作内容和要求

4.1　繁殖工种，执行 Q/shz T 06 01—2014。一日上两班。夏季：上午 8:00—12:00；下午 16:00—20:00。冬季：上午 10:00—13:30；下午 15:30—19:30。

4.2　查槽。繁殖人员应每班坚持查槽。从牛的尾部通过，认真观察每一头牛的腰荐部，检查是否有爬跨痕迹，检查阴门是否有异常分泌物。认真听取饲养员及挤奶员反映牛只的信息。查槽时要有统一的查槽记录，每班的查槽记录必须完整。

4.3　发情观察及发情鉴定。繁殖技术人员在值班时对每班牛只下槽后要进行仔细的发情观察工作，观察时间要保证在 1 h 左右，随时随地观察和记录牛只发情情况，积极听取其他人员对牛只发情的反映并结合每班上槽后的查槽记录。有必要的要进行直肠检查。做好发情鉴定。要有详细的发情观察记录，建立发情预测机制。

4.4　输精。根据发情观察与查槽记录，确定输精工作。解冻精液的水温控制在 40 ℃ 左右，水浴 10 s～20 s。实行二次输精法，早晨输精后，下午或晚上要进行第二次输精；晚上或下午输精后，第 2 d 上午上班后要进行第二次输精。输精枪使用完毕后要清洗消毒，经干燥箱烘干后备用。输精处理完毕后，输精记录必须在当班次认真详细填写输精记录，不得漏记、补记。

4.5　子宫疾病治疗。繁殖人员应积极做好产后牛只子宫康复性治疗，新生牛产后 15 d 左右要统一进行子宫复位检查，根据直检情况，认真观察子宫的分泌物性状，根据不同的情况选择不同的治疗措施。产后 40 d 左右要进行第二次子宫恢复检查，对个别子宫恢复不好的牛只要进行重点治疗。处理完毕后，应在当班次认真填写子宫送药处理记录，不得漏记、补记。

4.6　妊检。牛只输精后，两个情期未返情时，60 d 应开始进行妊娠检查，90 d 确定妊娠结果，并认真填写妊娠记录。中途如有牛只流产，要及时填写流产记录。临近干奶时做最后一次妊检，并将妊检结果以书面形式通知负责牛群干奶的兽医。对于未妊牛只，应立即纳入配种计划。

4.7　报表。每月（季度、半年、年）1 日，由繁殖主管将上月（季度、半年、年）的繁殖情况汇总后，按照繁殖明细表的要求上报给技术主管副场长。

4.8　由繁殖技术人员在当班结束后整理繁殖处理室的卫生，清洗并消毒当班使用的器具以备下一班次使用。

4.9　繁殖技术人员实行轮流值班制度，严禁擅自脱岗。繁殖技术人员值班主要负责观察牛只发情，发生紧急异常情况（牛只难产等）时，协助值班兽医一同进行处理。繁殖技术人员值班要有详细的值班记录，繁殖人员公休实行轮休制，1 次只能休息 1 人，休息时应与接班人员履行交班手续，上班后应与交班人员履行接班手续。

4.10　繁殖例会。每周定期举行繁殖例会，由繁殖主管主持，通报繁殖的情况及存在的问题。

4.11　繁殖主管职责。还应于每月月初向其他繁殖人员公示本月的工作计划；在向主管技术副场长汇报的报表中，应重点分析牛群的繁殖问题和预防措施以及根据领导的安排加强对繁殖工种的管理。

4.12　繁殖人员在工作过程中，应一切以企业的利益为重，厉行节约，严禁发生浪费财物的行为。

5　考核

执行 Q/shz M 21 01—2014。对奶牛繁殖技术人员的考核（引用奶牛场承包奖惩管理办法）。

附　录　A

（规范性附录）
牛场育种员工作细则

日期：　　　　　年　　　月　　　日

主管签字：

工作内容		岗位人员	工作时间
6:40—10:40	1. 育种员观察收集发情牛		
8:00—12:00	2. 育种员观察收集发情牛		
	3. 早期妊娠鉴定，同期发情处理，整理育种资料		
	4. 育种员观察发情牛和异常牛		
	5. 发情牛的检查配种，对配种 2 次以上的牛，在配前 8 h 或者排卵后 8 h，用痢菌净 20 mL 稀释头孢 1 支清宫		
13:30—19:30	6. 育种员做好发情牛观察、收集		
	7. 早期孕检，每天对配后 19 d 牛检查卵巢情况，青年牛配后 35 d 孕检，经产牛配后 50 d 孕检，发现空胎牛及时处理配种		
	8. 保胎工作，对配后第 7 d 和第 11 d 的牛肌注黄体酮		
	9. 产后保健、繁殖障碍牛的处理（处理子宫炎、卵巢疾病、黄体囊肿）、同期发情		

标准化工作人员工作标准

1 范围

本标准规定了牛场标准化工作人员的职责、权限及工作内容与要求。

本标准适用于石河子牛场标准化工作人员的工作范围。

2 规范性引用文件

下列文件中的条款通过本标准的引用而成为本标准的条款。凡是注日期的引用文件，其随后所有的修改单（不包括勘误的内容）或修订版均不适用于本标准。凡是不注日期的引用文件，其最新版本适用于本标准。

Q/shz M 13 01—2014　标准化管理标准

Q/shz M 21 01—2014　检查与考核

3 职责、权限与任职资格

3.1 职责与权限

3.1.1　执行 Q/shz M 13 01—2014。在标准化技术委员会领导下开展工作。

3.1.2　负责确定并落实标准化法律、法规、规章中与本单位相关的内容。

3.1.3　负责组织制定并落实标准化工作任务和指标，编制标准规划、计划。

3.1.4　负责建立和实施企业标准体系，编制标准体系表。

3.1.5　负责组织制定、修订标准，认真做好产品标准的备案工作。

3.1.6　负责组织实施有关纳入企业标准体系的有关国家标准、行业标准、地方标准和本单位标准。

3.1.7　负责对新产品、改进产品、技术改造和技术引进提出标准化要求，负责标准化审查。

3.1.8　负责对实施标准情况进行监督检查，组织标准的复审。

3.1.9　负责组织标准化管理。

3.1.10　负责组织标准化培训。

3.1.11　负责统一管理标准化有关文件资料。

3.2 任职资格

具备畜牧业标准化相关的专业知识，标准化知识和相关技能，具有标准化管理的上岗资格。熟悉并能认真执行国家有关标准化的方针、政策和法律、法规、章程。熟悉公司生产、技术、经营管理现状，具备一定的组织协调能力、计算机及语言文字表达能力。

4 工作内容与要求

4.1　认真贯彻执行 Q/shz M 13 01—2014。

4.2　组织制定标准化工作任务和指标，编制标准规划、计划。

4.3　建立和实施标准体系，编制标准体系表。

4.4　组织制定、修订标准，认真做好产品标准的备案工作。

4.5　组织实施有关纳入标准体系的有关国家标准、行业标准、地方标准和本单位标准。

4.6　对新产品、改进产品、技术改造和技术引进提出标准化要求，负责标准化审查。

4.7　对实施标准情况进行监督检查，组织标准的复审。

4.8 组织标准化管理。

4.9 组织标准化培训。

4.10 统一管理标准化有关文件资料。

5 检查与考核

执行 Q/shz M 21 01—2014 中 4.4 条的要求。由标准化技术委员会进行年度检查与考核，依据《标准化管理标准》、《标准化工作导则》和有关标准。

资料管理员工作标准

1 范围

本标准规定了奶牛场资料员的职责及工作要求。

本标准适用于石河子所有奶牛场资料员的工作范围。

2 规范性引用文件

下列文件中的条款通过本标准的引用而成为本标准的条款。凡是注日期的引用文件，其随后所有的修改单（不包括勘误的内容）或修订版均不适用于本标准。然而，鼓励根据本标准达成协议的各方研究是否可使用这些文件的最新版本。凡是不注日期的引用文件，其最新版本适用于本标准。

DB11/T 150 奶牛饲养管理技术规范

Q/shz M 21 01—2014 检查与考核

中国荷斯坦奶牛群改良方案

计算泌乳牛记录的方法（中国奶业协会）

饲料卫生标准

3 工作职责

负责奶牛场所有与生产有关的各种技术资料数据和与牛只谱系相关的各种原始数据的收集、记录、汇总、分析和存档。协助主管副场长做好各类牛群的饲养管理工作。

4 资料工作要求及技术要求

4.1 资料工种上班时间：上午：7:30—11:30。下午：13:30—17:30。

4.2 计划的制订。每个年度末（生产年度）制订下一年度的生产计划。每月末制订下月的工作计划。

4.2.1 每月 25 d 前向畜牧兽医管理站上报生产月报表。

4.2.2 执行《计算泌乳牛记录的方法》（中国奶业协会）、《中国荷斯坦奶牛群改良方案》完成所有牛只的谱系登记，采集并及时填录所有与谱系相关的数据包括牛只的血统数据、体尺数据及生产性能数据等。

4.2.3 饲料场资料员每天统计各种草料使用情况及各类牛群消耗数量。

4.2.4 后备牛称重。年初做出每月后备牛体尺、体重计划。协助育种技术人员对后备牛进行定期体尺、体重的测定工作，根据后备牛生长发育情况，调整日粮配方。

4.2.5 产奶量测定。每周日晚班前将下周一测奶记录表送交给各大棚组长。测奶结束后，及时整理、统计、分析、归档、存储、上报。

4.2.6 DHI 测定。每月定期采集奶样一次，进行 DHI 测定。测定结果及时分析、汇总，反馈到相关部门和人员，并报送相关场长。

4.2.7 泌乳曲线。每月月初根据不同胎次、泌乳月份，编制上月泌乳曲线。

4.2.8 牛只周转。根据泌乳时间、产奶量调动牛只；当发生牛只转群、产犊、死淘等事情时，应于当天将有关情况汇总后上报场内财务统计人员。

4.2.9 报表每月（季、年）初，统计上月（季、年）工作内容，按照统计报表的要求上，报送技术主管副场长（包括牛只异动情况表、饲料营养分析表、饲料消耗表、牛奶产量统计、DHI 分析表、泌乳曲线、产犊情况表、后备牛增重情况表、全场牛群药费开支明细等）。

4.3　工作总结。资料员除了应做好以上工作外，应于每月初向资料组长和其他技术人员汇报工作情况，应重点分析牛群的营养状况及应采取的措施。由资料组长负责报送主管生产副场长。

4.4　科普工作。向职工普及奶牛饲养管理知识，掌握科技信息、动态，积极推广先进实用新技术和经验。

4.5　例会。按时参加技术室周例会，汇报牛群饲养情况、存在的问题、解决的办法。

4.6　资料员应爱岗敬业，求实创新，吃苦耐劳，团结奉献；努力学习，提高政治、文化、科技、业务素质；爱护企业财产，为企业发展献计献策，视企业利益高于一切；遵纪守法，遵守企业制定的一切规章制度。

5　考核

执行 Q/shz M 21 01—2014 中第 4.4 条。

附 录 A

（规范性附录）

牛场资料员工作细则

日期：　　　　年　　月　　日

主管签字：

	日工作内容	岗位人员	工作时间
10：00—11：30	1. 进圈登记产犊记录，给新生犊牛佩戴规定的耳牌、测量体尺、做好记录		
	2. 对当天场内死淘、死胎、弱胎、流产牛做好登记，并拍照存档		
	3. 牛群周转表（包括牛群死亡牛只信息明细，离群牛只信息）		
	4. 将产犊、配种、产奶、牛群周转信息（包括死淘牛只、在群牛调群信息）录入到管理软件		
	5. 将兽医所报诊疗日志、异常牛只信息及预防兽医资料输入电脑存档		
	6. 制作泌乳牛群奶产量日报表		
11：30—13：00	7. 在做奶产量报表时，发现的异常牛只信息，及时打印反馈给兽医检查；将孕检预警、围产前期预警、子宫检查预警、适配牛预警及时打印反馈给育种员		
13：00—16：00	8. 将日报及各种生产预警资料发场长邮箱		
	9. 每天下午 15：30 前将日报发送至公司邮箱		
16：00—19：30	10. 制作干奶牛只预警，补打单耳牌牛只		
	11. 对新生犊牛母犊拍照存档；制作牛只档案工作，将上月产犊信息、305 d 奶量、检免疫信息填写至奶牛卡片		
	12. 将应配未配牛只数反馈给育种员		

牛场化验员工作标准

1 范围

本标准规定了牛场化验员的职责、权限和工作内容与要求。

本标准适用于石河子所有牛场化验员工作范围。

2 规范性引用文件

下列文件中的条款通过本标准的引用而成为本标准的条款。凡是注日期的引用文件，其随后所有的修改单（不包括勘误的内容）或修订版均不适用于本标准。然而，鼓励根据本标准达成协议的各方研究是否可使用这些文件的最新版本。凡是不注日期的引用文件，其最新版本适用于本标准。

GB 13078—1991　饲料卫生标准

DB11/T 150　奶牛饲养管理技术规范

Q/shz M 21 01—2014　检查与考核

中国荷斯坦奶牛群改良方案

计算泌乳牛记录的方法（中国奶业协会）

3 职责、权限、资格与技能

3.1 职责与权限

3.1.1　负责鲜奶的检验工作。

3.1.2　对奶的检验工作有建议权。

3.1.3　对自己的工作质量负责。

3.2 资格与技能

了解掌握化验的基本知识和技能。

4 工作内容与要求

4.1　执行 DB11/T 150、《中国荷斯坦奶牛群改良方案》、《计算泌乳牛记录的方法》（中国奶业协会）、GB 13078—1991 掌握鲜奶化验室检验的一般常规检验方法。

4.2　做好每天鲜奶的温度、比重、脂肪、酸度检验工作。

4.3　严格按照取样规则取样，每天晚班挤奶结束搅拌均匀后取样。

4.4　严格按照检验方法检验各项指标，保证结果真实可靠，并及时记录检验结果。

4.5　经常与乳品厂化验单对比，发现问题及时解决。

4.6　经常下车间抽查检验各班组或个别牛的牛奶质量，为领导管理提供第一手材料。

4.7　发现牛奶质量出现问题及时向成乳牛班长汇报。

4.8　严格按照要求使用和配置化学试剂，保证试剂的有效性和使用的安全性。

4.9　搞好环境干净卫生，保持室内整洁、干净。

5 检查与考核

执行 Q/shz M 21 01—2014 中的第 4.5 条要求。

成乳牛饲养员工作标准

1 范围

本标准规定了牛场成乳牛饲养员的职责、权限和工作内容与要求。

本标准适用于石河子所有奶牛场成乳牛饲养员工作范围。

2 规范性引用文件

下列文件中的条款通过本标准的引用而成为本标准的条款。凡是注日期的引用文件，其随后所有的修改单（不包括勘误的内容）或修订版均不适用于本标准。凡是不注日期的引用文件，其最新版本适用于本标准。

Q/shz M 21 01—2014 检查与考核

Q/shz T 08 01—2014 奶牛饲料与营养

Q/shz T 08 02—2014 奶牛饲养管理与生产工艺技术标准

3 职责、权限、资格与技能

3.1 职责与权限

3.1.1 负责成乳牛的饲养及其他辅助性工作。

3.1.2 对成乳牛的饲养工作有建议权。

3.1.3 对自己的工作质量负责。

3.2 资格与技能

掌握成母牛饲养管理的基本知识与技能。

4 工作内容与要求

4.1 严格遵守场纪场规，服从班组统一安排调动。

4.2 严格执行 Q/shz T 08 01—2014 和 Q/shz T 08 02—2014。

4.3 熟悉奶牛生活习惯，掌握成母牛饲养管理的基本知识。

4.4 熟悉所管牛群的基本情况，能及时发现牛只的异常变化。

4.5 严格按操作规程和日粮标准饲喂，勤添槽、勤拌槽、不空槽、不喂发霉变质饲料。

4.6 下槽后及时清扫食槽，把剩余草料装车运到指定位置，并定期刷洗和消毒食槽，保持食槽清洁卫生。

4.7 保持饲草、饲料码放整齐，所用工具下班后放在固定安全位置。

4.8 定期刷洗和消毒饮水槽，保持饮水槽清洁卫生。

4.9 经常添加补饲槽，保证饲草、矿物质和食盐供应充足。

4.10 观察牛群食欲和精神状况，发现异常及时向班长或兽医汇报。

4.11 配合技术人员做好检疫、治疗、配种等工作。

4.12 搞好所属卫生区卫生，防止饲料浪费。

4.13 注意检查牛栏、门状况，防止跑牛。

4.14 爱护牛舍内设备，夏季按规定使用风扇、喷淋等设施。

5 检查与考核

执行 Q/shz M 21 01—2014 中第 4.5 条的要求。

附　录　A

（规范性附录）

牛场圈舍牧工工作细则

日期：　　　　年　　　月　　　　日

主管签字：

工作内容		岗位人员	工作时间
6:30—7:30	1. 上班打好颈夹，清理圈舍内水槽、清理食槽废弃料渣，为饲喂做好准备		
7:30—9:30	2. 按号抓牛、抓牛后打下颈夹，加小苏打和舔砖，观察异常牛		
	3. 牛群采食 30 min 后推第一次料，捡拾异物，水槽加水		
	4. 每隔 1 h 推 1 次料，捡拾料道、运动场异物		
9:30—10:30	5. 休息		
10:30—11:00	6. 推料，清扫料道、道路和自己圈舍的环境卫生		
11:00—13:00	7. 清理死角积粪，清理卧床沿遗留积粪，平整、疏松卧床，观察发情牛和异常牛		
	8. 水槽加水		
13:00—13:30	9. 休息		
13:30—14:30	10. 清理食槽、加水		
14:30—16:30	11. 饲喂，饲喂 30 min 后第一次推草料		
	12. 抓牛、抓牛后打下颈夹，翻过翻板、防止卡牛		
	13. 每隔 1 h 推 1 次料，观察有无异常牛和发情牛		
16:30—17:30	14. 打扫环境卫生、清理圈舍周边积粪		
17:30—18:30	15. 休息		
18:30—19:00	16. 推料，清扫料道		
19:00—20:30	17. 休息		

后备牛饲养员工作标准

1　范围

本标准规定了牛场后备牛饲养员的职责、权限和工作内容与要求。

本标准适用于石河子所有奶牛场后备牛饲养员工作范围。

2　规范性引用文件

下列文件中的条款通过本标准的引用而成为本标准的条款。凡是注日期的引用文件，其随后所有的修改单（不包括勘误的内容）或修订版均不适用于本标准。凡是不注日期的引用文件，其最新版本适用于本标准。

Q/shz M 03 01—2014　生产管理标准

Q/shz M 21 01—2014　检查与考核

Q/shz T 08 02—2014　奶牛饲养管理与生产工艺技术标准

3　职责、权限、资格与技能

3.1　职责与权限

3.1.1　负责后备牛的饲养及其他辅助性工作。

3.1.2　对后备牛的饲养工作有建议权。

3.1.3　对自己的工作质量负责。

3.2　资格与技能

掌握奶牛饲养的基本知识与技能。

4　工作内容与要求

4.1　严格遵守场纪场规，服从场部和班组统一安排调动。

4.2　做好全场后备牛的饲养管理工作，保证后备牛的生长发育达到制定的标准，能够按时参加配种，适时产犊转成，输送合格的成乳牛。

4.3　严格执行 Q/shz T 08 02—2014 和 Q/shz M 03 01—2014。

4.4　熟悉、了解所管理牛群的基本情况，严格按操作规程和日粮标准饲喂，保证牛群采食到足够的日粮，不空槽，不积槽，防止饲料浪费。

4.5　观察牛群食欲和精神状况，发现异常情况及时向班长或兽医汇报。

4.6　分群、分阶段散放饲养，按时转群调牛，协助做好称重、体尺测量和转群工作。

4.7　育成牛按照后备牛饲养标准配置日粮，保证其生长发育达标，16 月龄达到 370 kg 参加配种。

4.8　注意观察发情牛只，配合配种员工作。

4.9　青年牛按照青年牛饲养标准配置日粮，保证其生长和胎儿发育需要，适时按妊娠期分群。

4.10　搞好牛体和环境卫生，刷拭牛体、清理槽道、床面、保持环境卫生。

4.11　保证充足、清洁、新鲜的饮水，经常清洗、消毒水槽。

4.12　注意检查牛栏、门状况，防止跑牛。

5　检查与考核

执行 Q/shz M 21 01—2014 中的第 4.5 条要求。

犊牛饲养员工作标准

1 范围

本标准规定了牛场犊牛饲养员的职责和工作内容与要求。

本标准适用于石河子所有奶牛场犊牛饲养员工作范围。

2 规范性引用文件

下列文件中的条款通过本标准的引用而成为本标准的条款。凡是注日期的引用文件，其随后所有的修改单（不包括勘误的内容）或修订版均不适用于本标准。凡是不注日期的引用文件，其最新版本适用于本标准。

Q/shz M 03 01—2014 生产管理标准

Q/shz M 21 01—2014 检查与考核

Q/shz T 08 02—2014 奶牛饲养管理与生产工艺技术标准

3 职责、权限、资格与技能

3.1 职责与权限

3.1.1 负责犊牛的饲养管理及其他辅助性工作。

3.1.2 对自己的工作质量负责。

3.2 资格与技能

掌握奶牛饲养的基本知识与技能。

4 工作内容与要求

4.1 严格遵守场纪场规，服从场部和班组统一安排调动。

4.2 负责牛场犊牛的饲养管理工作，保证犊牛健康成长，正常发育。

4.3 严格执行 Q/shz T 08 02—2014 和 Q/shz M 03 01—2014。

4.4 熟悉、了解所管理犊牛的基本情况，严格按照饲养标准和培育方案饲喂，保证犊牛健康，发育正常。

4.5 犊牛哺乳期 60 d，全期奶量为 380 kg～400 kg，2 月内喂精料和干草，不喂青贮。

4.6 哺乳犊牛饲喂做到定时、定量、定温、定质、定人，喂奶器具干净卫生，定期消毒。

4.7 观察犊牛精神、食欲、粪便状况，发现异常及时通知班长或兽医。

4.8 与兽医配合做好疾病预防、治疗和去角工作。

4.9 及时做好断奶、称重和转群工作。

4.10 刷拭牛体，搞好牛体卫生和环境卫生。

4.11 供应充足、清洁、新鲜的饮水。

5 检查与考核

执行 Q/shz M 21 01—2014 中的第 4.5 条要求。

附　录　A
（规范性附录）
育犊工作细则

A.1　饲喂管理

A.1.1　人员上班时间：

早晨	中午	晚上
6:00—7:30	10:00—12:00　14:00—15:30	18:00—19:00　20:30—21:30

A.1.2　具体安排

A.1.2.1　4:00 时 1 名饲养员对奶进行巴氏消毒，温度保证在 80 ℃并且 20 min。

A.1.2.2　6:10 1 名饲养员去奶厅拉奶。

A.1.2.3　4 名饲养员在奶拉回之前做好准备喂奶工作。

A.1.2.4　2 名饲养员饲喂新转 3 日龄～5 日龄的犊牛，用奶瓶灌服，保证每头犊牛吃 2 kg 奶，重点快速教会犊牛用盆吃奶，饲喂发现异常牛及时上报。

A.1.2.5　2 名饲养员饲喂 6 日龄～30 日龄犊牛，保证每头犊牛吃 2 kg 奶。

A.1.2.6　全部一起喂 31 日龄～45 日龄犊牛，保证没有遗漏犊牛。

A.1.2.7　每顿饲喂完，对饲喂用具进行消毒清洗，饲养员 1 人 1 d。

A.1.2.8　对地面进行打扫清理，赶牛，检查草料。

A.1.2.9　冬天饲喂温水，热水锅烧水工作由 7 名饲养员 1 人 1 d 烧。根据情况由组长调配。

A.2　卫生

A.2.1　1 名饲养员负责 2N 垫草、水槽、草料、圈舍及环境卫生。每日清扫圈舍早晚 2 次，换卧床垫草 1 次，冬季每隔 2 d～3 d 对圈舍全面消毒 1 次。消毒液每用 2 次更换成碘伏消毒液。

A.2.2　1 名饲养员负责 1N 垫草、水槽、草料、圈舍及环境卫生。每日清扫圈舍早晚 2 次，换卧床垫草 1 次，冬季每隔 2 d～3 d 对圈舍全面消毒 1 次。消毒液每用 2 次更换成碘伏消毒液。

A.2.3　1 名饲养员负责 1B 垫草、水槽、草料、圈舍及料台卫生。每日清扫圈舍早晚 2 次，换卧床垫草 1 次，冬季每隔 2 d～3 d 对圈舍全面消毒 1 次。消毒液每用 2 次更换成碘伏消毒液。

A.2.4　1 名饲养员负责 2B 垫草、水槽、草料、圈舍及道路卫生。每日清扫圈舍早晚 2 次，换卧床垫草 1 次，冬季每隔 2 d～3 d 对圈舍全面消毒 1 次。消毒液每用 2 次更换成碘伏消毒液。

A.3　防治

A.3.1　2 名饲养员对新转犊牛进行脐带消毒，钙中灵，牲血欣补免，庆大口服。

A.3.2　1 名饲养员检查牛奶品质，测奶温，并做好记录。

A.3.3　2 名饲养员协助饲喂并发现病牛，报给组长。

A.3.4　对犊牛舍进行 1 d 1 次消毒，由 3 名饲养员负责。

A.3.5　1 名饲养员负责检查饲养员各自负责的区域，并做好记录。

A.3.6　技术员协助组长治疗，1 名饲养员做好记录上报资料室。

A.3.7　每 4 天对牛群进行转圈，按牛只月份、体质、饮食进行，由组长负责，饲养员协助。

A.3.8　定时断奶，根据牛只体况进行断奶，组长负责，饲养员协助。

A.3.9　组长负责检查新产犊牛，健康状况。

备注：冬天积雪处理，组长负责，全员出动。

牛场产房接产员工作标准

1 范围

本标准规定了牛场产房接产员职责、权限和工作内容与要求。

本标准适用于石河子所有牛场产房接产员工作范围。

2 规范性引用文件

下列文件中的条款通过本标准的引用而成为本标准的条款。凡是注日期的引用文件，其随后所有的修改单（不包括勘误的内容）或修订版均不适用于本标准。凡是不注日期的引用文件，其最新版本适用于本标准。

Q/shz M 03 01—2014　生产管理标准

Q/shz M 08 02—2014　奶牛饲养管理与生产工艺技术标准

Q/shz M 21 01—2014　检查与考核

3 职责、权限、资格与技能

3.1 职责与权限

3.1.1 负责奶牛的接产、助产、产后护理、新生犊牛的护理和产后牛的挤奶工作，配合兽医、配种员做好奶牛的产后监控工作。

3.1.2 对接产工作有建议权。

3.1.3 对自己的工作质量负责。

3.2 资格与技能

掌握奶牛饲养的基本知识与接产技能。

4 工作内容与要求

4.1 严格遵守场纪场规，服从场部和班组统一安排调动。

4.2 严格执行 Q/shz M 08 02—2014 和 Q/shz M 03 01—2014。

4.3 坚持昼夜 24 h 值班，巡视牛群（预产牛），发现临产牛及时进入产圈，让其自然分娩。出现异常情况，消毒后躯，检查胎儿的胎向、胎位、胎势及产道开张情况，并采取相应的接产、助产措施，严格做好手臂、器械和牛只后躯及环境的消毒工作，出现异常情况及时找兽医处理。

4.4 犊牛出生后，立即清理出口鼻部的黏液，在距腹部 6 cm～8 cm 处断脐，用 5% 碘酒消毒脐部，擦干牛体后称重，并及时填写产犊记录。

4.5 产后 1 h 内挤第一次奶，并在 1 h 内喂 2.0 kg～4.0 kg 的第一遍初乳。若发现奶牛患乳房炎及时向组长和兽医汇报。

4.6 产后 24 h 内观察胎衣排出是否完整，如果有胎衣不下、子宫脱、阴道脱及时报告兽医、配种员处理。

4.7 产间、产圈、助产器械，每次使用后及时清理消毒。

4.8 坚持刷拭牛体，搞好棚舍卫生，清扫地面，擦洗墙壁，保持产房干净卫生。

4.9 出产房时做全面检查，保证奶牛食欲旺盛，身体健康，卡片填写完整，手续齐全，由兽医、配种员、组长、挤奶员共同签字。

5　检查与考核

执行 Q/shz M 21 01—2014 中第 4.5 条的要求。

挤奶班班长工作标准

1 范围

本标准规定了奶牛场挤奶班班长的职责、工作内容与要求。

本标准适用于石河子所有奶牛场挤奶班班长的工作范围。

2 规范性引用文件

下列文件中的条款通过本标准的引用而成为本标准的条款。凡是注日期的引用文件，其随后所有的修改单（不包括勘误的内容）或修订版均不适用于本标准。凡是不注日期的引用文件，其最新版本适用于本标准。

Q/shz M 21 01—2014 检查与考核

Q/shz T 02 01—2014 鲜牛乳标准

Q/shz T 12 01—2014 包装、搬运、储存技术标准

3 职责、权限、资格与技能

3.1 职责与权限

3.1.1 负责挤奶厅的管理工作，对挤奶员工作有监督权。

3.1.2 组织挤奶员做好奶厅卫生。

3.1.3 履行岗位职责，注意安全生产。

3.1.4 对生鲜奶质量负责。

3.2 资格与技能

3.2.1 身体健康。

3.2.2 熟练掌握挤奶程序及挤奶设备保养与基本故障的排除技术。

4 内容与要求

4.1 执行 Q/shz T 02 01—2014、Q/shz T 12 01—2014。

4.2 做好挤奶厅全面管理工作，严格地按照操作规程在工作时间内要保质保量完成生产任务。

4.3 开动挤奶设备后检查设备运转是否正常，否则不能进牛挤奶。

4.4 监督挤奶员严格执行挤奶过程安排，不准私自变更挤奶工艺和程序。

4.5 及时排除机器设备故障，遇有不能排除之故障及时向后勤副场长报告。

4.6 挤奶结束后做好挤奶设备的清洗工作。

4.7 搞好环境卫生，挤奶设备保持清洁。

4.8 厉行节约，爱护公共财物。

4.9 积极配合技术人员做好牛只治疗工作。

5 检查与考核

执行 Q/shz M 21 01—2014 中的第4.5条要求。

挤奶人员工作标准

1　范围

本标准规定了奶牛场挤奶员的职责、工作内容与要求。

本标准适用于石河子所有奶牛场挤奶员的工作范围。

2　规范性引用文件

下列文件中的条款通过本标准的引用而成为本标准的条款。凡是注日期的引用文件，其随后所有的修改单（不包括勘误的内容）或修订版均不适用于本标准。凡是不注日期的引用文件，其最新版本适用于本标准。

Q/shz M 05 01—2014　设备设施管理标准

Q/shz M 21 01—2014　检查与考核

Q/shz T 08 02—2014　奶牛饲养管理与生产工艺技术标准

3　职责、权限、资格与技能

3.1　职责与权限

3.1.1　服从领导安排，认真完成生产任务，自觉遵守场规场纪。

3.1.2　负责本棚内奶牛的挤奶、清粪。

3.1.3　履行岗位职责，注意安全，不擅自留宿场外人员。

3.1.4　积极参加技术培训及场内组织各项活动。

3.1.5　做好日常工作，发现生产问题及时向领导汇报。

3.1.6　搞好牛场内、宿舍责任区卫生。

3.2　资格与技能

3.2.1　身体健康。

3.2.2　熟练掌握挤奶程序及挤奶设备保养技能。

4　内容与要求

4.1　执行 Q/shz M 05 01—2014、Q/shz T 08 02—2014。在工作时间内要保质保量、严格地按照操作规程完成各项生产任务。

4.2　发现问题要及时汇报班组长，不许拖、不许推。

4.3　爱护公物。

4.4　严禁在挤奶过程中吸烟、打闹。

4.5　主动打扫自己的卫生区，保持清洁。

4.6　挤奶工严格执行挤奶过程安排，不准私自变更挤奶工艺和程序。

4.7　牛只在挤奶过程中必须定位，高产牛早中班先挤，晚班后挤。

4.8　前三把奶必须弃掉。发现牛只患乳房炎，立即改用手挤奶。

4.9　1 周测 1 次奶产量。

4.10　加强责任心，在工作过程中做到五观察（即观察牛只精神状态、食欲、粪便、疾病、生殖），发现异常情况及时上报班长和畜牧兽医技术人员。

4.11 积极配合技术人员做好牛只的治疗工作。

4.12 保持牛床的干净、整洁。

4.13 放牛后清理牛床粪便，冬季清扫，其余季节带水刷扫，保持牛床干净。

4.14 爱护牛只，不得鞭打、恫吓牛。

5 检查与考核

执行 Q/shz M 21 01—2014。对挤奶员的考核引用奶牛场承包奖惩管理办法。

附 录 A

（规范性附录）

牛场挤奶工工作细则

日期：　　　　年　　　月　　　日

主管签字：

	工作内容	岗位人员	工作时间
6:30—10:00	1. 所有员工应在规定的时间到达工作现场，按组长要求分工到位		
	2. 统一着装，按要求佩戴橡胶手套、套袖、口罩、围裙等防护用具，备好消毒毛巾，1牛1巾		
	3. 组长在挤奶前认真检查各项准备工作，正常后方可开机；开机后检查真空气压正常、机油正常、管道无漏奶、跑气现象		
	4. 赶牛人员去规定圈舍赶牛并沿牧道检查各处门是否正常开启或关闭，将规定的挤奶牛驱赶至待挤区。使用哨子赶牛，严禁打牛		
	5. 将药浴杯彻底的清洗干净，装入新鲜勾兑好碘液		
	6. 将奶牛前三把奶挤出并弃掉，并记录是否有异常牛		
	7. 挤前药浴消毒并在30 s后用纸巾擦拭4个乳头，将奶牛乳头依次套入集乳器的4个奶杯		
	8. 调整奶杯，使其能顺利地吸取乳房中的牛奶		
	9. 待一侧奶牛全部套完奶杯后，对正在挤奶的牛只进行巡视，发现抽空、漏气的马上采取补救措施		
	10. 其余人员将待挤区奶牛赶进另一侧奶厅		
	11. 避免过度挤奶，观察该牛挤净后即可收杯		
	12. 收杯后用药浴杯进行挤后乳头药浴，全部药浴后放牛，冬季乳头涂抹凡士林		
	13. 挤奶结束牛放出后，必须将所有的奶杯，奶台用自来水进行冲洗		
	14. 待挤区奶牛全部挤完后由赶牛人员送回原圈，关好圈舍门后将下一批奶牛赶至待挤区		
	15. 分配全部奶牛挤完后将奶牛送回原圈关好圈舍门		
	16. 打扫奶厅、待挤区、卫生区卫生		
14:30—17:30	1. 所有员工应在规定的时间到达工作现场，按组长分工到位		
	2. 统一着装，按要求佩戴橡胶手套、套袖、口罩、围裙等防护用具，备好消毒毛巾，1牛1巾		
	3. 组长在挤奶前认真检查各项准备工作正常后方可开机；开机后检查真空气压正常、机油正常、管道无漏奶、跑气现象		
	4. 赶牛人员去规定圈舍赶牛并沿牧道检查各处门是否正常开启或关闭，将规定的挤奶牛驱赶至待挤区。使用哨子赶牛，严禁打牛		
	5. 将药浴杯彻底的清洗干净，装入新鲜勾兑好碘液		
	6. 将奶牛前三把奶挤出并弃掉，并记录是否有异常牛		
	7. 挤前药浴消毒并在30 s后用纸巾擦拭4个乳头，将奶牛乳头依次套入集乳器的4个奶杯		
	8. 调整奶杯，使其能顺利地吸取乳房中的牛奶		

（续）

工作内容	岗位人员	工作时间
14:30— 17:30 9. 待一侧奶牛全部套完奶杯后，对正在挤奶的牛只进行巡视，发现抽空、漏气的马上采取补救措施		
10. 其余人员将待挤区奶牛赶进另一侧奶厅		
11. 避免过度挤奶，观察该牛挤净后即可收杯		
12. 收杯后用药浴杯进行挤后药浴，全部药浴后放牛，冬季乳头涂抹凡士林		
13. 挤奶结束牛放出后，必须将所有的奶杯，奶台用自来水进行冲洗		
14. 待挤区奶牛全部挤完后由赶牛人员送回原圈，关好圈舍门后将下一批奶牛赶至待挤区		
15. 分配全部奶牛挤完后将奶牛送回原圈关好圈舍门		
16. 打扫奶厅、待挤区、卫生区卫生		
22:30— 2:00 1. 所有员工应在规定的时间到达工作现场，按组长分工到位		
2. 统一着装，按要求佩戴橡胶手套、套袖、口罩、围裙等防护用具，备好毛巾，1牛1巾		
3. 组长在挤奶前认真检查各项准备工作正常后方可开机；开机后检查真空气压正常、机油正常、管道无漏奶、跑气现象		
4. 赶牛人员去规定圈舍赶牛并沿牧道检查各处门是否正常开启或关闭，将规定的挤奶牛驱赶至待挤区。使用哨子赶牛，严禁打牛		
5. 将药浴杯彻底的清洗干净，装入新鲜勾兑好碘液		
6. 将奶牛前三把奶挤出并弃掉，并记录是否有异常牛		
7. 挤前药浴消毒并在30 s后用纸巾擦拭4个乳头，将奶牛乳头依次套入集乳器的4个奶杯		
8. 调整奶杯，使其能顺利地吸取乳房中的牛奶		
9. 待一侧奶牛全部套完奶杯后，对正在挤奶的牛只进行巡视，发现抽空、漏气的马上采取补救措施		
10. 其余人员将待挤区奶牛赶进另一侧奶厅		
11. 避免过度挤奶，观察该牛挤净后即可收杯		
12. 收杯后用药浴杯进行挤后药浴，全部药浴后放牛，冬季乳头涂抹凡士林		
13. 挤奶结束牛放出后，必须将所有的奶杯，奶台用自来水进行冲洗		
14. 待挤区奶牛全部挤完后由赶牛人员送回原圈，关好圈舍门后将下一批奶牛赶至待挤区		
15. 分配全部奶牛挤完后将奶牛送回原圈关好圈舍门		
16. 打扫奶厅、待挤区、卫生区卫生		

场督查领导及检查人员签字：

产房挤奶员工作标准

1 范围

本标准规定了牛场产房挤奶员职责、权限和工作内容与要求。

本标准适用于石河子所有奶牛场产房挤奶员工作范围。

2 规范性引用文件

下列文件中的条款通过本标准的引用而成为本标准的条款。凡是注日期的引用文件，其随后所有的修改单（不包括勘误的内容）或修订版均不适用于本标准。凡是不注日期的引用文件，其最新版本适用于本标准。

Q/shz M 05 01—2014 设备设施管理标准

Q/shz M 21 01—2014 检查与考核

Q/shz T 08 02—2014 奶牛饲养管理与生产工艺技术标准

3 职责、权限、资格与技能

3.1 职责与权限

3.1.1 负责产房产后牛的挤奶及其他辅助性工作。

3.1.2 对产后牛挤奶工作有建议权。

3.1.3 对自己的工作质量负责。

3.2 资格与技能

掌握奶牛饲养的基本知识与挤奶技能，熟悉掌握挤奶机的工作原理和操作程序。

4 工作内容与要求

4.1 严格遵守场纪场规，服从场部和班组统一安排调动。

4.2 严格执行 Q/shz M 05 01—2014 和 Q/shz T 08 02—2014。

4.3 掌握奶牛饲养的基本知识与挤奶技能，熟悉掌握挤奶机的工作原理和操作程序。

4.4 熟悉产房每头牛的基本情况和习性。

4.5 根据每头牛的产犊天数和食欲状况投喂精料，保证精料投喂准确。

4.6 若奶牛产后没有乳房炎可正常机器挤奶，挤奶时严格执行 Q/shz M 05 01—2014，坚守岗位，工作认真仔细。如发现牛奶异常应及时向班长或兽医汇报。

4.7 观察牛群食欲和精神状况，发现异常及时向班长或兽医汇报。

4.8 严格执行 Q/shz M 05 01—2014，按照挤奶设备要求进行操作，定期更换乳套。设备出现异常，应及时找维修人员处理，禁止私自拆卸。

4.9 精心保养挤奶设备，确保设备正常工作。

4.10 配合兽医、配种员做好奶牛的产后监控工作。

4.11 坚持刷拭牛体，搞好产房卫生，清扫地面，擦洗墙壁，保持产房干净卫生。

5 检查与考核

执行 Q/shz M 21 01—2014 中的第 4.5 条要求。

饲料班班长工作标准

1 范围

本标准规定了牛场饲料班班长的职责和工作内容与要求。

本标准适用于石河子所有奶牛场饲料班班长工作范围。

2 规范性引用文件

下列文件中的条款通过本标准的引用而成为本标准的条款。凡是注日期的引用文件，其随后所有的修改单（不包括勘误的内容）或修订版均不适用于本标准。凡是不注日期的引用文件，其最新版本适用于本标准。

Q/shz M 03 02—2014　辅助生产管理标准

Q/shz M 05 01—2014　设备设施管理标准

Q/shz M 21 01—2014　检查与考核

Q/shz T 08 01—2014　奶牛饲养管理技术标准　第1部分：奶牛的饲料与营养

3 职责与权限

3.1 负责全场的饲草、精料运送、日粮配制和保管工作。

3.2 负责搅拌车、铲车的使用、保养和一般维修。

3.3 负责全场 TMR 日粮的供应供给。

3.4 负责饲料班的全面管理。

3.5 对自己的工作质量负责。

4 工作内容与要求

4.1 执行 Q/shz M 05 01—2014、Q/shz M 03 02—2014、Q/shz T 08 01—2014。

4.2 做好饲料班全面的管理工作，完成饲料班的各项生产任务。

4.3 做好全场的饲草、精料运送、日粮配制和保管工作。

4.4 做好搅拌车、铲车、拖拉机的使用、保养和一般维修。

4.5 监督、检查日粮配制工作和搅拌车、铲车的使用保养情况，及时完成使用车辆的一般修理。

4.6 按时、按量、按技术员的料单供给饲草、精料、TMR 日粮，保证各牛群的日粮供应。

4.7 监督检查饲草、精料运送工作，保证在装卸和运送途中不遗落、漏撒。

4.8 严把饲草、饲料出入库关，每天记录入、出库数量，做到账平库实。

4.9 料房中各种饲料码放整齐，地面无撒料，减少浪费。

4.10 定期检查饲料库，避免出现饲料发霉变质。

4.11 搞好库房、草棚及周围的环境卫生，保持整洁、干净。

5 检查与考核

执行 Q/shz M 21 01—2014 中第4.5条的要求。

饲料工工作标准

1　范围

本标准规定了奶牛场饲料工的职责、工作内容与要求。

本标准适用于石河子所有奶牛场饲料工的工作范围。

2　规范性引用文件

下列文件中的条款通过本标准的引用而成为本标准的条款。凡是注日期的引用文件，其随后所有的修改单（不包括勘误的内容）或修订版均不适用于本标准。然而，鼓励根据本标准达成协议的各方研究是否可使这些文件的最新版本。凡是不注日期的引用文件，其最新版本适用于本标准。

Q/shz M 21 01—2014　检查与考核

Q/shz T 07 01—2014　饲料加工技术标准

3　职责与权限

3.1　按照技术室饲养技术人员的饲料配方，做好饲料的配制工作。

3.2　做好饲料的入库、出库工作。

3.3　有对饲料加工过程控制的建议权。

4　工作内容与要求

4.1　执行 Q/shz T 07 01—2014。上班前要穿戴好劳动保护用品。

4.2　工作前要仔细检查粉碎机，各部分机件要安全可靠运转灵活无异声。

4.3　投料时放流不要太大免得超负荷运转，入口磁铁要经常清理，防止铁器入内。

4.4　添料者不要正对入料口，要站在侧面入料操作。

4.5　工作中不要赤臂赤脚或穿凉鞋。

4.6　工作地点要利落防止拦倒滑倒。

4.7　临时粉碎机电线不能超过 3 m，电源线要绝缘良好。

4.8　机械电器有故障要及时找有关部门检修，不带病工作。

4.9　工作完毕要清理场地，打扫机器周围，保持卫生。

4.10　饲料加工工程中严格执行 Q/shz T 07 01—2014。

5　检查与考核

执行 Q/shz M 21 01—2014 中第 4.5 条的规定。对饲料工的考核引用奖惩管理办法。

附　录　A
（规范性附录）
牛场营养员工作细则

日期：　　　　年　　　月　　　日

主管签字：

工作内容		岗位人员	工作时间
7：00	营养员、铲车司机、TMR司机到达饲料搅拌场，做前期准备工作		
7：30—9：30	1. 将饲喂单交与铲车司机、TMR司机，泌乳牛日剩料率控制在5%以内及饲喂顺序单，先饲喂青年牛、干奶牛，后喂泌乳牛		
	2. 查看装车顺序，监督、记录装料量，搅拌时间：按照苜蓿—搅拌—青贮—精料—其他辅料—搅拌后进入牛舍饲喂，搅拌时间不少于6 min		
	3. 检查牛舍的投料均匀情况和奶牛采食情况		
	4. 清理料场，打扫料塔下方出料口位置洒落的精料补充料		
11：00—12：30	5. 观察每圈牛的采食情况，根据实际情况加减投料量		
	6. 巡圈监督检查饲草料、饮水槽、粪便		
15：00—18：00	7. 将饲喂单交与铲车司机、TMR司机，调整饲喂量，泌乳牛日剩料率控制在5%以内及饲喂顺序单，先饲喂青年牛、干奶牛，后喂泌乳牛		
	8. 查看装车顺序，监督装料量，搅拌时间：按照苜蓿—搅拌—青贮—精料—其他辅料—搅拌后进入牛舍饲喂，搅拌时间不少于6 min		
	9. 跟踪检查TMR的质量以及投喂情况检查饲喂均匀度，饲草料量是否足够		
	10. 检查混合均匀度，手感水分		
	11. 把日报加料数据输入电脑，做出每天的饲料原料添加量、消耗量与前1 d比较分析		
22：30—24：00	12. 将饲喂单交与铲车司机、TMR司机，调整饲喂量，泌乳牛日剩料率控制在5%以内及饲喂顺序单，先饲喂青年牛、干奶牛，后喂泌乳牛		
	13. 查看装车顺序，监督装料量，搅拌时间：按照苜蓿—搅拌—青贮—精料—其他辅料—搅拌后进入牛舍饲喂，搅拌时间不少于6 min		
	14. 跟踪检查TMR的质量以及投喂情况检查饲喂均匀度每一牛舍的饲料量是否足够		

奶牛场奶车司机工作标准

1　范围

本标准规定了奶牛场奶车司机的工作职责及内容与要求。

本标准适用于石河子所有奶牛场奶车司机人员。

2　规范性引用文件

下列文件中的条款通过本标准的引用而成为本标准的条款。凡是注日期的引用文件，其随后所有的修改单（不包括勘误的内容）或修订版均不适用于本标准。凡是不注日期的引用文件，其最新版本适用于本标准。

Q/shz M 21 01—2014　检查与考核

Q/shz T 12 01—2014　包装、搬运、储存技术标准

Q/shz T 15 01—2014　安全技术标准

3　职责

3.1　负责本场牛奶的运输。

3.2　负责奶车的保养与维修。

4　内容与要求

4.1　装奶

4.1.1　装奶前准备。

4.1.1.1　根据主管副场长下发的装奶指令，到奶厅装奶。

4.1.1.2　装奶前检查机房控制箱上的奶温表，奶温超过 4 ℃时不准装车。

4.1.1.3　检查各连接口是否达到卫生要求，重点查看奶泵与车间奶罐的连接口、奶泵与管路的连接口、管路的卫生。

4.1.1.4　查看车间奶罐内的存奶量。

4.1.1.5　每天装奶前应搅拌 10 min。

4.1.2　装奶时应对奶进行过滤。

4.1.3　装奶后，用水把管路内奶顶到奶车奶罐内。

4.1.4　装车完毕，用水冲净奶车奶罐的外壁。

4.2　清洗与消毒

4.2.1　清洗

4.2.1.1　奶车每天送奶回来后，用清洗剂洗刷车辆，保持车内外清洁、明亮。

4.2.1.2　先用热水将奶罐内壁冲洗干净，再用清洗剂清洗内壁，然后用清水冲洗 3 遍。

4.2.2　消毒

4.2.2.1　将 5％次氯酸钠消毒液 40 mL 的稀释液，加入奶车奶罐内，盖上外盖，对奶罐进行消毒。

4.2.2.2　将消毒液放出，然后用清水冲洗奶车，直至无残留，待用。

4.3　注意安全

具体按 Q/shz T 15 01—2014、Q/shz T 12 01—2014 的规定执行。

5 考核

执行 Q/shz M 21 01—2014 中第 4.5 条的要求。

电工工作标准

1　范围

本标准规定了奶牛场电工的职责、权限、工作内容与要求。

本标准适用于石河子所有奶牛场电工的工作范围。

2　规范性引用文件

下列文件中的条款通过本标准的引用而成为本标准的条款。凡是注日期的引用文件，其随后所有的修改单（不包括勘误的内容）或修订版均不适用于本标准。凡是不注日期的引用文件，其最新版本适用于本标准。

Q/shz M 03 02—2014　辅助生产管理标准

Q/shz M 09 01—2014　安全生产管理标准

Q/shz M 21 01—2014　检查与考核

Q/shz T 10 01—2014　牛场设备、设施技术管理标准

3　职责、权限、资格与技能

3.1　职责与权限

3.1.1　负责本场安全供电。

3.1.2　有对电管理方面的建议权，对非法操作有拒绝权。

3.2　资格与技能

掌握电路、电器设备的基本知识，有电工证。

4　内容与要求

4.1　做好机器设备、电器设备的维修、保养工作。

4.2　电工应掌握电器基本知识和操作技巧，熟悉本单位电器设备情况。

4.3　电工必须持证上岗，对工作认真负责。

4.4　低压用电必须带电维修、接火时，应采取绝缘措施，并严格执行监护人制度，经带班班长同意后方可进行工作，严禁违章用电。

4.5　高空作业时应有牢固的安全带，并戴安全帽，停电、验电、挂地线时要置放明显的警示牌。

4.6　电器设备的金属外壳必须有可靠接地线，照明安装开关，必须控制火线。

4.7　电器或线路维修或拆除时，遗留下的线头必须做绝缘处理。

4.8　电气设备附近禁止堆放易燃、易爆物品，禁止在近距离使用高温工具（如喷灯、电气焊等）。

4.9　维修后的电器设备要先检查后送电，清点工具材料有无遗落。

4.10　定期摇测电器设备的各部绝缘，要坚持以维护为主、维修为辅的原则。

4.11　维修电工要认真刻苦钻研业务技术知识。

4.12　电工值班必须有高度的责任心，严格执行值班巡视制度和交接班制度。

4.13　电工值班必须具备必要的电工知识，熟悉安全操作规程，熟悉供电系统和本系统各部设备性能及操作方法。

4.14　电工值班必须掌握触电紧急救护法及安全工具的使用，消防器材的使用。

4.15 严格执行电工安全操作规程，认真填写运行记录。

4.16 在停电设备上工作，必须进行验电、放电、挂地线、挂警告牌和装临时遮拦。

4.17 定期清扫开关、设备，定期检查操作机构，定期试验安全工具。

4.18 配电室要保持清洁，防尘、防鼠，禁止堆放其他物品，保持安全通道，警界区距离。

4.19 定期检查设备设施的使用情况，定期维修、保养，发现问题，及时处理。

4.20 提高零部件利用率，为企业节约开支，降低成本。

4.21 协助做好职工的安全教育，提高职工的安全意识和自我防范能力。

4.22 工作过程中严格执行 Q/shz M 09 01—2014、Q/shz M 03 02—2014、Q/shz T 10 01—2014。

5 检查与考核

执行 Q/shz M 21 01—2014 中第 4.5 条的要求。

维修人员工作标准

1　范围

本标准规定了奶牛场维修人员的职责、工作要求。

本标准适用于石河子所有奶牛场维修人员的工作范围。

2　规范性引用文件

下列文件中的条款通过本标准的引用而成为本标准的条款。凡是注日期的引用文件，其随后所有的修改单（不包括勘误的内容）或修订版均不适用于本标准。凡是不注日期的引用文件，其最新版本适用于本标准。

Q/shz M 05 01—2014　设备设施管理标准

Q/shz M 09 01—2014　安全生产管理标准

Q/shz M 21 01—2014　检查与考核

Q/shz T 10 01—2014　牛场设备、设施技术管理标准

3　职责

负责设备设施的维修保养工作。

4　工作要求

4.1　执行 Q/shz M 09 01—2014、Q/shz M 05 01—2014、Q/shz T 10 01—2014。

4.2　维修人员应做到保证全场各机器设备的正常运转，各气、水管道接头、阀门等无损坏、无跑漏现象，保证各辅助工具及零件的正常使用。

4.3　遵守场内各项规章制度，操作时不违反操作规程并认真填写工作记录，认真遵守交接班制度。

4.4　每天每班必须到车间观察设备各部位的运转情况，检查设备各部位的温度、异响等不正常现象，做到心中有数。除特殊情况外，必须把发现的故障及时排除，解决在生产实践之前。

4.5　各种材料、配件的去向，要有明细的记录，做到能维修的维修，能节约的节约，使用的各种工具经常清点，经常保养，坚持坏了更换、丢失自负的规定。

4.6　对车间或各部门的服务，应做到有问题及时到位，及时解决，并做到说话客气，文明礼貌。

4.7　每天下班前应把修理间的内外卫生打扫干净，设备工具摆放整齐，并跟接班人员讲清各设备等运行情况和存在的问题，如接班人员解决有困难，应协助解决排除后方可下班，再有困难应上报主管场长，确保生产中各设备的正常运转。

4.8　每周开工作例会1次，每月1次工作评比。

5　考核

执行 Q/shz M 21 01—2014 中第 4.5 条的要求。对维修人员的考核引用奖惩管理办法。

附　录　A

（规范性附录）

机械工工作细则

日期：　　　　年　　月　　日

主管签字：

工作内容		岗位人员	工作时间
7:00	装草料铲车司机、TMR司机到达饲料搅拌场		
7:30—10:30	1. 车辆启动前检查：水位、机油位、液压油位、柴油位及轮胎气压、刹车、转向、离合器、机体有无漏油，并将挡风玻璃、后视镜、称重显示屏擦拭干净		
	2. 按营养员的饲喂单、装料顺序及饲喂顺序单精准装料、精准投料，严格按营养员的时间要求搅拌		
	3. 添加完最后一种饲料再搅拌5 min～8 min得到营养员许可后方可进圈舍喂牛，搅拌时转速表指针应在1 500 r/min～1 800 r/min，车速不能超过20 km/h，饲喂车在行驶过程中不得开动搅拌		
	4. 打黄油、吹散热器及空滤，打扫车内外卫生等。打扫装草料铲车、TMR车卫生及TMR车搅龙、磁铁上铁器		
15:00—17:30	5. 车辆启动前检查：水位、机油位、液压油位、柴油位及轮胎气压、刹车、转向、离合器、机体有无漏油，并将挡风玻璃、后视镜、称重显示屏擦拭干净		
	6. 按营养员的饲喂单、装料顺序及饲喂顺序单精准装料、精准投料，严格按营养员的时间要求搅拌		
	7. 添加完最后一种饲料再搅拌5 min～8 min得到营养员许可后方可进圈舍喂牛，搅拌时转速表指针应在1 500 r/min～1 800 r/min，车速不能超过20 km/h，饲喂车在行驶过程中不得开动搅拌		
	8. 打黄油、吹散热器及空滤，打扫车内外卫生等。打扫装草料铲车、TMR车卫生及TMR车搅龙、磁铁上铁器		
23:00—1:00	9. 车辆启动前检查：水位、机油位、液压油位、柴油位及轮胎气压、刹车、转向、离合器、机体有无漏油，并将挡风玻璃、后视镜、称重显示屏擦拭干净		
	10. 按营养员的饲喂单、装料顺序及饲喂顺序单精准装料、精准投料，严格按营养员的时间要求搅拌		
	11. 添加完最后一种饲料再搅拌5 min～8 min，得到营养员许可后方可进圈舍喂牛，搅拌时转速表指针应在1 500 r/min～1 800 r/min，车速不能超过20 km/h，饲喂车在行驶过程中不得开动搅拌		
其他工作	12. 车辆启动前检查：水位、机油位、液压油位、柴油位及轮胎气压、刹车、转向、离合器、机体有无漏油，并将挡风玻璃、后视镜、称重显示屏擦拭干净		
	13. 每周一检查保养项目为：车头车身、散热系统、发动机、制动系统、空气滤清器、电气系统、润滑系统、液压系统和搅拌系统等		
	14. 每月1日～5日车辆更换机油及滤芯		

牛场库管员工作标准

1 范围

本标准规定了牛场库管员的职责、权限和工作内容与要求。

本标准适用于石河子所有奶牛场库管员工作范围。

2 规范性引用文件

下列文件中的条款通过本标准的引用而成为本标准的条款。凡是注日期的引用文件，其随后所有的修改单（不包括勘误的内容）或修订版均不适用于本标准。凡是不注日期的引用文件，其最新版本适用于本标准。

Q/shz M 02 01—2014 牛场采购管理标准

Q/shz M 03 02—2014 辅助生产管理标准

Q/shz M 09 01—2014 生产安全管理标准

O/shz M 21 01—2014 检查与考核

3 职责、权限、资格与技能

3.1 职责与权限

3.1.1 负责全场的库房管理。

3.1.2 负责饲料的入库、出库工作。

3.1.3 负责兽药的入库、出库工作。

3.1.4 负责维修设备、运输设备、五金设备等材料入库、出库工作。

3.1.5 对自己的工作质量负责。

3.2 资格与技能

掌握库房管理的基本知识与技能。

4 工作内容与要求

4.1 执行 Q/shz M 02 01—2014、Q/shz M 09 01—2014、Q/shz M 03 02—2014 标准。

4.2 饲料入库时要做到：入库、检验、记账数量准确，入库手续要由 2 人经手，严把质量关。

4.3 收货要填写入库单，要求内容齐全，字体清楚。

4.4 饲料要求摆放整齐，各种品种分类明确，做到各种饲料品种及摆放地点心中有数。

4.5 饲料存放要做到先进先出，防腐、防虫、防鼠。

4.6 饲料名称入库与出库要前后一致，确保盘存数量准确、清晰。

4.7 兽药出入库要手续完备，每次入库时，要见货即点、货单相符。

4.8 药品入库要认真检查，以免有过期药品。

4.9 真实、准确地向场长、供应部门反映饲料结存情况，以保证生产经营的正常运转。

4.10 饲料和兽药要做到日清月结，月末清点实物，做到账实相符。如有不符查明原因方可入库。

4.11 要认真、及时、准确地填写饲料、兽药耗用，结存表，饲料月采购计划表，报表时间要遵守公司财务和生产部的安排，及时报送。

4.12 各种账目表要保管好，不得随便乱放。

4.13 库房切实做到人走关窗、锁门、拉灯，地面干净。

4.14 库房饲料、药品、材料要做到码放有序，存放整齐，应注明产品的数量、名称、单价。

4.15 库房严禁烟火，库内不准吸烟，非工作人员禁止入内。油库内外安有明显的防火标志，要备有灭火器和灭火器械，并按时更换灭火器，长期保持灭火器的齐全有效。

4.16 注意与其他部门协调配合，在会计制度规定的范围内，做到既不损害本部门利益，又对公司财务负责。

5 检查与考核

执行 Q/shz M 21 01—2014 中第 4.5 条的要求。

牛场采购员工作标准

1 范围

本标准规定了牛场采购员的职责、权限和工作内容与要求。

本标准适用于石河子所有奶牛场采购员工作范围。

2 规范性引用文件

下列文件中的条款通过本标准的引用而成为本标准的条款。凡是注日期的引用文件，其随后所有的修改单（不包括勘误的内容）或修订版均不适用于本标准。凡是不注日期的引用文件，其最新版本适用于本标准。

Q/shz M 02 01—2014 采购管理标准

Q/shz M 21 01—2014 检查与考核

Q/shz T 03 01—2014 采购技术标准

3 职责与权限

3.1 负责牛场生产工具和低值易耗品的采购。

3.2 对采购工作有建议权。

3.3 对自己的工作质量负责。

4 工作内容与要求

4.1 执行 Q/shz T 03 01—2014、Q/shz M 02 01—2014 标准。

4.2 对本职工作尽职尽责，及时完成采购任务。

4.3 根据生产情况，制订采购计划。

4.4 熟悉生产情况，采购物品应能适应生产需要。

4.5 采购物品应保证质量，尽量降低采购价格。

4.6 物品购回后，及时入库，并将购物单交给库管员核对保存。

4.7 根据物品种类采购，保持适量库存。

4.8 做好其他相关工作。

5 考核与检查

执行 Q/shz M 21 01—2014 中第 4.5 条的规定。

锅炉工工作标准

1 范围

本标准规定了奶牛场锅炉工的职责及工作内容与要求。

本标准适用于石河子所有奶牛场锅炉工的工作范围。

2 规范性引用文件

下列文件中的条款通过本标准的引用而成为本标准的条款。凡是注日期的引用文件，其随后所有的修改单（不包括勘误的内容）或修订版均不适用于本标准。凡是不注日期的引用文件，其最新版本适用于本标准。

Q/shz M 09 01—2014 安全生产管理标准

Q/shz M 21 01—2014 检查与考核

Q/shz T 10 01—2014 牛场设备设施技术标准

3 职责、权限、资格与技能

3.1 职责与权限

3.1.1 负责锅炉的使用和保养以及全场的热水供应与取暖工作。

3.1.2 对锅炉的使用和保养工作有建议权。

3.1.3 对自己的工作质量负责。

3.2 资格与技能

掌握锅炉工基本知识与技能，持司炉工操作证。

4 工作内容与要求

4.1 执行 Q/shz T 10 01—2014、Q/shz M 09 01—2014。

4.2 做好锅炉的使用和保养以及全场的热水供应与取暖工作。

4.3 锅炉工必须经过安全技术培训，具有司炉工操作许可证方可独立操作。

4.4 锅炉工上岗必须穿戴劳动防护用品。

4.5 严格执行锅炉安全操作规程和锅炉压力容器监察暂行条例。

4.6 锅炉工严格执行锅炉房的安全规定，锅炉房内、炉顶、炉膛及四周不能烘烤衣物和堆放其他无关物品。

4.7 非工作人员严禁入内。

4.8 各种设备运转时，严禁维修擦拭润滑，人身不得接近运转部位。

4.9 锅炉受压部件的安全阀、压力表、水位计必须保持灵敏可靠。

4.10 锅炉房内的操作地点、各种仪表处应有足够的照明和水位计检修设备的照明，必须采用安全电压。

4.11 电器设备要做好防潮工作，严禁在附近喷洒水，防止跑电伤人。

4.12 锅炉房的除尘设备应保持良好，定期检查并清理所聚集的尘埃，发现设备失效时应停炉检修。

4.13 注意防火，对没有烧透及没有灭火的炉渣，严禁推出锅炉房。

4.14 保证生产用水达到 70 ℃以上，开水正常供应。冬季保证取暖工作。

4.15　配合相关部门做好水质化验工作，定期在锅炉中加入除垢剂。

4.16　配合安全部门做好锅炉的年检工作。

4.17　做好锅炉运行的各种记录。

4.18　搞好锅炉房内外的卫生，保证环境干净、清洁。

5　考核

执行 Q/shz M 21 01—2014 中的要求。对锅炉工的考核引用奖惩管理办法。

食堂人员工作标准

1 范围

本标准规定了食堂人员的职责、权限及工作内容与要求。

本标准适用于石河子所有奶牛场食堂人员工作范围。

2 规范性引用文件

下列文件中的条款通过本标准的引用而成为本标准的条款。凡是注日期的引用文件，其随后所有的修改单（不包括勘误的内容）或修订版均不适用于本标准。凡是不注日期的引用文件，其最新版本适用于本标准。

Q/shz M 17 01—2014　食堂管理标准

Q/shz M 21 01—2014　检查与考核

3 职责、权限、资格与技能

3.1 职责与权限

3.1.1 负责职工用餐工作。

3.1.2 对职工用餐工作有建议权，对食堂服务工作有建议权。

3.1.3 对自己的工作质量负责。

3.2 资格与技能

掌握餐饮基本知识和技能，持健康证上岗。

4 工作内容与要求

4.1 执行 Q/shz M 17 01—2014。

4.2 保证职工、值班人员和客饭用餐的时间和质量。

4.3 保证饭菜质量，供餐新鲜，营养搭配合理，及时调剂花样，使员工吃饱吃好。

4.4 搞好食品卫生，保证炊具卫生符合要求，做到不买腐烂变质食品，并将生熟食品分开放置，坚决杜绝食物中毒。

4.5 坚持对各种炊具和餐具，用完清洗，每天消毒，保养好机械设备。

4.6 食堂餐具摆放整齐就位，保持室内卫生，做到无蚊蝇、无积水、无垃圾、无污垢、无异味，操作间要通风良好。

4.7 个人卫生做到不用手抓食品，坚持使用食品夹，工作服要勤洗、勤换。

4.8 食堂工作人员应定期体检，若有传染疾病，应调离本岗。

4.9 认真做好职工、客人的就餐服务工作，待人热情，服务周到，价格合理。

4.10 爱护财物，不浪费不损坏。勤俭节约，合理使用餐费。

5 检查与考核

执行 Q/shz M 21 01—2014 中第 4.5 条的要求。

牛场后勤组工作标准

1　范围

本标准规定了牛场后勤组长的职责、权利和工作内容与要求。

本标准适用于石河子所有牛场后勤组工作范围。

2　规范性引用文件

下列文件中的条款通过本标准的引用而成为本标准的条款。凡是注日期的引用文件，其随后所有的修改单（不包括勘误的内容）或修订版均不适用于本标准。凡是不注日期的引用文件，其最新版本适用于本标准。

Q/shz M 03 02—2014　辅助生产管理标准

Q/shz M 09 01—2014　安全生产管理标准

Q/shz M 09 02—2014　消防安全管理标准

Q/shz M 21 01—2014　检查与考核

3　职责与权限

3.1　负责后勤的各项管理工作。

3.2　对后勤工作有建议权。

3.3　对自己的工作质量负责。

4　工作内容与要求

4.1　在后勤副场长的领导下开展工作，做好后勤的全面工作，完成后勤的各项工作任务。

4.2　工作认真负责，安排好后勤各项工作，执行 Q/shz M 09 01—2014、Q/shz M 09 02—2014、Q/shz M 03 02—2014的规定。

4.3　及时了解后勤各岗的工作状况，解决存在的问题。

4.4　以生产为中心，积极主动配合前勤搞好生产。

4.5　合理安排人员，根据工作岗位要求，安排相应人员的工作。

4.6　做好安全生产工作，及时发现、消除生产中的安全隐患。

4.7　监督、检查电工维修组、警卫、司机、积肥组、食堂、锅炉工和服务员的工作，发现问题及时解决，重大问题及时向后勤副场长汇报。

4.8　抓好牛场的生产交通安全，做好防火、防盗工作。

4.9　做好后勤各项工作的记录，定期总结工作。

4.10　做好相关各项工作。

5　检查与考核

按照 Q/shz M 21 01—2014 的第4.5条要求执行。

牛场门卫工作标准

1 范围

本标准规定了奶牛场门卫人员的职责、工作内容与要求。

本标准适用于石河子所有奶牛场门卫人员的工作范围。

2 规范性引用文件

下列文件中的条款通过本标准的引用而成为本标准的条款。凡是注日期的引用文件，其随后所有的修改单（不包括勘误的内容）或修订版均不适用于本标准。凡是不注日期的引用文件，其最新版本适用于本标准。

Q/shz M 04 01—2014 防疫卫生管理标准

Q/shz M 09 02—2014 消防安全管理标准

Q/shz M 21 01—2014 检查与考核

3 职责

3.1 服从领导安排，严格控制、监督进出场人员、车辆，自觉遵守场规场纪。

3.2 履行岗位职责，注意牛群、各种生产物质安全、防火、防盗，不擅自留宿场外人员。

3.3 做好日常工作，发现生产问题及时向领导汇报。

3.4 搞好工作区、宿舍责任区卫生。

4 工作内容与要求

4.1 按时上下班，上下班实行交接制，外来人员和车辆实行登记制。

4.2 文明礼貌，热情待客。严格控制外来人员、车辆进入场区。监督和做好进入场区人员、车辆的消毒工作。

4.3 认真履行工作职责，监督进入场区的外来人员和车辆，发现异常情况及时上报主管领导，不得隐瞒和漏报。

4.4 严禁私自带外来人员进入牛场生产区。

4.5 门卫在岗期间未经领导批准不得擅自离岗或串岗。

4.6 提高工作效率，高质量完成各项工作。如进场物资验收、出场物品（物资）按规章制度办理进出场手续。出入场区物质要有（物品）出门单据和登记（记录）等。

4.7 工作期间不许在牛场里追逐打闹或干一些与生产无关的事。

4.8 爱护公物。

4.9 严禁在工作区吸烟、打闹。

4.10 认真做好工作区、宿舍责任区的环境卫生，保证消毒设备、药品的有效性。

4.11 夜间值班人员要看好各种生产物质，注意草料库的防火、防盗等安全检查，做好牛群的安全保卫，牛只的临产观察。

4.12 按照 Q/shz M 09 01—2014 和 Q/shz M 09 02—2014 要求，做好全场的治安保卫，确保场内工作秩序正常和企业财产不丢失。

4.13 按照 Q/shz M 04 01—2014 要求，做好门房的消毒防疫工作。

5 考核

执行 Q/shz M 21 01—2014 中第 4.5 条的规定。对门卫人员的考核引用奖惩管理办法。